新世纪计算机基础教育丛书 | 丛书主编 谭浩强

计算机公共基础（第9版）

（Windows 7，Office 2013）

徐士良 编著

清华大学出版社

北京

内容简介

本书是在第 8 版(Windows 7,Office 2010)的基础上改写而成的,主要内容包括计算机的发展与应用、计算机中信息的表示、微型计算机系统、操作系统概述、Windows 操作系统、文字处理软件、电子表格软件、电子演示文稿制作软件、计算机网络、多媒体技术基础,每章后面均配有大量习题。

本版所涉及的相关软件版本为 Windows 7 和 Office 2013。

本书内容精练、通俗易懂,不仅可以作为高等院校计算机基础课程的教材,也可以作为培训教材以及计算机各类考试的参考书。

图书在版编目(CIP)数据

计算机公共基础:Windows 7,Office 2013/徐士良编著. —9 版. —北京:清华大学出版社,2017(2022.11 重印)

(新世纪计算机基础教育丛书)

ISBN 978-7-302-48851-4

Ⅰ. ①计… Ⅱ. ①徐… Ⅲ. ①Windows 操作系统－高等学校－教材 ②办公自动化－应用软件－高等学校－教材 Ⅳ. ①TP316.7 ②TP317.1

中国版本图书馆 CIP 数据核字(2017)第 281287 号

责任编辑: 焦 虹
封面设计: 傅瑞学
责任校对: 白 蕾
责任印制: 杨 艳

出版发行: 清华大学出版社
网 址: http://www.tup.com.cn, http://www.wqbook.com
地 址: 北京清华大学学研大厦 A 座 **邮 编:** 100084
社 总 机: 010-83470000 **邮 购:** 010-62786544
投稿与读者服务: 010-62776969, c-service@tup.tsinghua.edu.cn
质量反馈: 010-62772015, zhiliang@tup.tsinghua.edu.cn
课件下载: http://www.tup.com.cn,010-83470236
印 装 者: 北京鑫海金澳胶印有限公司
经 销: 全国新华书店
开 本: 185mm×260mm **印 张:** 18.5 **字 数:** 428 千字
版 次: 1996 年 5 月第 1 版 2017 年 12 月第 9 版 **印 次:** 2022 年 11 月第 11 次印刷
定 价: 56.00 元

产品编号:076205-03

丛书序言

现代科学技术的飞速发展，改变了世界，也改变了人类的生活。作为21世纪的大学生，应当站在时代发展的前列，掌握现代科学技术知识，调整自己的知识结构和能力结构，以适应社会发展的要求。新世纪需要具有丰富的现代科学知识，能够独立完成面临的任务，充满活力，有创新意识的新型人才。

掌握计算机知识和应用，无疑是培养新型人才的一个重要环节。现在计算机技术已深入到人类生活的各个角落，与其他学科紧密结合，成为推动各学科飞速发展的催化剂。无论学什么专业的学生，都必须具备计算机的基础知识和应用能力。计算机既是现代科学技术的结晶，又是大众化的工具。学习计算机知识，不仅能够掌握有关知识，而且能培养人们的信息素养。这是高等学校全面素质教育中极为重要的一部分。

高校计算机基础教育应当遵循的理念是：面向应用需要；采用多种模式；启发自主学习；重视实践训练；加强创新意识；树立团队精神，培养信息素养。

计算机应用人才队伍由两部分人组成：一部分是计算机专业出身的计算机专业人才，他们是计算机应用人才队伍中的骨干力量；另一部分是各行各业中应用计算机的人员。这后一部分人一般并非计算机专业毕业，他们人数众多，既熟悉自己所从事的专业，又掌握计算机的应用知识，善于用计算机作为工具解决本领域中的问题。他们是计算机应用人才队伍中的基本力量。实际上，大部分应用软件都是由非计算机专业出身的计算机应用人员研制的。他们具有的这个优势是其他人难以代替的。从这个事实可以看到在非计算机专业中深入进行计算机教育的必要性。

非计算机专业中的计算机教育，无论目的、内容、教学体系、教材、教学方法等各方面都与计算机专业有很大的不同，绝不能照搬计算机专业的模式和做法。全国高等院校计算机基础教育研究会自1984年成立以来，始终不渝地探索高校计算机基础教育的特点和规律。2004年，全国高等院校计算机基础教育研究会与清华大学出版社共同推出了《中国高等院校计算机基础教育课程体系2004》(简称CFC2004)；2006年、2008年又共同推出了《中国高等院校计算机基础教育课程体系2006》(简称CFC2006)及《中国高等院校计算机基础教育课程体系2008》(简称CFC2008)，由清华大学出版社正式出版发行。

1988年起，我们根据教学实际的需要，组织编写了“计算机基础教育丛书”，邀请有丰富教学经验的专家、学者先后编写了多种教材，由清华大学出版社出版。丛书出版后，迅速受到广大高校师生的欢迎，对高等学校的计算机基础教育起了积极的推动作用。广大读者反映这套教材定位准确，内容丰富，通俗易懂，符合大学生的特点。

1999 年，根据 21 世纪的需要，在原有基础上组织出版了“新世纪计算机基础教育丛书”。由于内容符合需要，质量较高，被许多高校选为教材。丛书总发行量 1000 多万册，这在国内是罕见的。

最近，我们又对丛书做了进一步的修订，根据发展的需要，增加了新的书目和内容。本丛书有以下特点。

(1) 内容新颖。根据 21 世纪的需要，重新确定丛书的内容，以符合计算机科学技术的发展和教学改革的要求。本丛书除保留了原丛书中经过实践考验且深受群众欢迎的优秀教材外，还增加了许多新的教材。在这些教材中反映了近年来迅速得到推广应用的一些计算机新技术，以后还将根据发展不断补充新的内容。

(2) 适合不同学校组织教学的需要。本丛书采用模块形式，提供了各种课程的教材，内容覆盖了高校计算机基础教育的各个方面。丛书中既有理工类专业的教材，也有文科和经济类专业的教材；既有必修课的教材，也包括一些选修课的教材。各类学校都可以从中选择到合适的教材。

(3) 符合初学者的特点。本丛书针对初学者的特点，以应用为目的，以应用为出发点，强调实用性。本丛书的作者都是长期在第一线从事高校计算机基础教育的教师，对学生的基础、特点和认识规律有深入的研究，在教学实践中积累了丰富的经验。可以说，每一本教材都是他们长期教学经验的总结。在教材的写法上，既注意概念的严谨和清晰，又特别注意采用读者容易理解的方法阐明看似深奥难懂的问题，做到例题丰富，通俗易懂，便于自学。这一点是本丛书一个十分重要的特点。

(4) 采用多样化的形式。除了教材这一基本形式外，有些教材还配有习题解答和上机指导，并提供电子教案。

总之，本丛书的指导思想是内容新颖、概念清晰、实用性强、通俗易懂、教材配套。简单概括为：“新颖、清晰、实用、通俗、配套”。我们经过多年实践形成的这一套行之有效的创作风格，相信会受到广大读者的欢迎。

本丛书多年来得到了各方面人士的指导、支持和帮助，尤其是得到了全国高等院校计算机基础教育研究会的各位专家和各高校老师们的支持和帮助，我们在此表示由衷的感谢。

本丛书肯定有不足之处，希望得到广大读者的批评指正。

丛 书 主 编
全国高等院校计算机基础教育研究会荣誉会长
谭 浩 强

第9版

前　言

本书自20世纪90年代初出版以来，前8版已销售了几十万册。

本书的特点是把握基本概念，突出重点，遵循教学规律。计算机基础知识与实际操作过程的细节很多，本书不求面面俱到，而只对其中典型的功能作比较详细的叙述。

全书共分10章。

第1章简要介绍计算机的发展与应用。

第2章介绍计算机中常用的记数制以及字符编码。

第3章介绍微型计算机的硬件系统与软件系统，并简要介绍微型计算机的主要性能指标。

第4章主要介绍操作系统的功能与任务、操作系统的发展过程、操作系统的分类、计算机中的文件组织、DOS操作系统及其常用命令、UNIX操作系统、汉字操作环境、计算机病毒及其防治等内容。

第5章介绍Windows 7的基本操作、系统资源的管理、应用程序的管理、系统的设置以及画图应用程序的使用。

第6章、第7章和第8章分别介绍Windows 7系统下的三个应用程序，即文字处理软件Word 2013、电子表格软件Excel 2013与电子演示文稿制作软件PowerPoint 2013。

第9章与第10章分别简要介绍计算机网络与多媒体技术方面的基础知识。

为了帮助读者理解和掌握基本概念，并兼顾读者参加各类计算机水平测试及计算机等级考试的需要，每章都附有大量习题供读者练习。

由于作者水平有限，书中难免有不足之处，恳请读者批评指正。

作　者

目　　录

第1章 计算机的发展与应用

1.1 计算机的特点与应用

1.1.1 计算机的主要特点

计算机并不神秘。计算机之所以能够应用于各个领域,能完成各种复杂的处理任务,是因为它具有以下一些基本特点。

1. 计算机具有自动进行各种操作的能力

计算机是由程序控制其操作过程的。只要根据应用的需要,事先编制好程序并输入计算机,计算机就能自动地、连续地工作,完成预定的处理任务。计算机中可以存储大量的程序和数据。存储程序是计算机工作的一个重要原则,这是计算机能自动处理的基础。

2. 计算机具有高速处理的能力

计算机具有神奇的运算速度,这是以往其他一些计算工具所无法做到的。例如,为了将圆周率π的近似值计算到707位,一位数学家曾为此花了十几年的时间,如果用现代的计算机来计算,只需要很短的时间就能完成。

3. 计算机具有超强的记忆能力

在计算机中拥有容量很大的存储装置,它不仅可以存储所需要的原始数据信息、处理的中间结果与最后结果,还可以存储指挥计算机工作的程序。计算机不仅能保存大量的文字、图像、声音等信息资料,还能对这些信息加以处理、分析和重新组合,以便满足在各种应用中对这些信息的需求。

4. 计算机具有很高的计算精度与可靠的判断能力

人类在进行各种数值计算与其他信息处理的过程中,可能会由于疲劳、思想不集中、粗心大意等原因,导致各种计算错误或处理不当。另外,在各种复杂的控制操作中,往往由于受到人类自身体力、识别能力和反应速度的限制,使控制精度与控制速度达不到预定的要求,特别是对于高精度控制或高速操作任务,人类更是无能为力。可靠的判断能力,也有利于实现计算机工作的自动化,从而保证计算机控制的判断可靠、反应迅速、控制灵敏。

面对当今迅速膨胀的信息,人们日益需要计算机来完成信息的收集、存储、处理、传输等各项工作。

1.1.2 计算机的主要应用

由于计算机具有高速、自动的处理能力,具有存储大量信息的能力,还具有很强的推理和判断功能,因此,计算机已经被广泛应用于各个领域,几乎遍及社会的各个方面,并且仍然呈上升和扩展趋势。

计算机的应用可概括为以下几个方面。

1. 科学计算

早期的计算机主要用于科学计算。目前，科学计算仍然是计算机应用的一个重要领域。由于计算机具有很高的运算速度和精度，因此可完成很多过去用手工无法完成的计算。随着计算机技术的发展，计算机的计算能力越来越强，计算速度越来越快，计算的精度也越来越高，目前，还出现了许多用于各种领域的数值计算程序包，极大地方便了广大计算工作者。利用计算机进行数值计算，可以节省大量时间、人力和物力。

2. 过程检测与控制

微机在工业控制方面的应用大大促进了自动化技术的提高。利用计算机进行控制，可以节省劳动力，减轻劳动强度，提高劳动生产效率；并且还可以节省生产原料，减少能源消耗，降低生产成本。

利用计算机对工业生产过程中的某些信号自动进行检测，并把检测到的数据存入计算机，再根据需要对这些数据进行处理。这样的系统称为计算机检测系统。但一般来说，实际的工业生产过程是一个连续的过程，往往既需要用计算机进行检测，又需要用计算机进行控制。例如，在化工、电力、冶金等生产过程中，用计算机自动采集各种参数，监测并及时控制生产设备的工作状态；在导弹、卫星的发射中，用计算机随时精确地控制飞行轨道与状态；在热处理加工中，用计算机随时检测与控制炉窑的温度；在对人有害的工作场所，用计算机来监控机器人自动工作等。特别是微型计算机进入仪器仪表后所构成的智能化仪器仪表，将工业自动化推向了一个更高的水平。

3. 信息管理

信息管理是目前计算机应用最广泛的一个领域。所谓信息管理，是指利用计算机来加工、管理与操作任何形式的数据资料，如企业管理、物资管理、报表统计、账目计算、信息情报检索等。当今社会是一个信息化的社会，计算机用于信息管理，为办公自动化、管理自动化和社会自动化创造了最有利的条件。近年来，国内许多机构纷纷建设自己的管理信息系统(MIS)；一些生产企业开始采用制造资源规划软件(MRP)；商业流通领域则逐步使用电子信息交换系统(EDI)，即所谓无纸化贸易。

4. 计算机辅助系统

计算机用于辅助设计、辅助制造、辅助测试、辅助教学等方面，统称为计算机辅助系统。

计算机辅助设计(CAD)是指利用计算机来帮助设计人员进行工程设计，以提高设计工作的自动化程度，节省人力和物力。用计算机进行辅助设计，不仅速度快，而且质量高，为缩短产品的开发周期与提高产品质量创造了有利条件。目前，计算机辅助设计在电路、机械、土木建筑、服装等设计中得到了广泛的应用。

计算机辅助制造(CAM)是指利用计算机进行生产设备的管理、控制与操作，从而提高产品质量，降低生产成本，缩短生产周期，并且还大大改善了制造人员的工作条件。

计算机辅助测试(CAT)是指利用计算机进行复杂而大量的测试工作。

计算机辅助教学(CAI)是指利用计算机帮助学习的自动系统，它将教学内容、教学方法以及学习情况等存储在计算机中，使学生能够轻松自如地从中学到所需要的知识。

总之，计算机的应用很广泛，涉及国民经济、社会生活的各个领域，甚至已进入了家庭。计算机技术与通信技术相结合，出现了计算机网络通信；人工智能是计算机应用的又一个发展方向。

1.2 计算机的发展

随着生产的发展和社会的进步，用于计算的工具也经历了从简单到复杂、从低级到高级的发展过程。人类最早的计算工具可以追溯到中国古代发明的算筹，此后，人们不断地发明和改进各种计算工具，先后发明了算盘、计算尺、手摇机械计算机、电动机械计算机等计算工具。

真正作为世界上第一台计算机的是 1946 年美国研制成功的电子数字式计算机 ENIAC。这台计算机共用了 18 000 多个电子管，占地 170 平方米，总重量为 30t，耗电 140kW/h，每秒能作 5000 次加减运算。在利用 ENIAC 作计算时，首先要根据问题的计算步骤编好一条条指令，然后按指令连接好外部线路，最后让计算机自动运行并输出结果。当所要解决的问题发生变化时，必须重新连接外部线路。显然，为了更换计算题目需要花费很多的时间，而且涉及复杂的硬件线路的连接，因此，ENIAC 计算机的使用对象受到了很大的限制。ENIAC 计算机虽然有许多明显的不足之处，它的功能还不及现在的一台普通微型计算机，但它的诞生宣布了电子计算机时代的到来，其重要意义在于它奠定了计算机发展的基础，开辟了一个计算机科学技术的新纪元。

鉴于 ENIAC 计算机还不是一台通用的计算机，存在许多明显的不足之处，美籍匈牙利数学家冯·诺依曼(vom Neumann)在 1946 年首先提出了“存储程序”的概念。

所谓存储程序，是指将完成某一运算的一系列指令(或程序)和数据一起事先存入计算机的存储器中，只要启动计算机，计算机就按照存储的指令自动执行操作。这是一个从根本上提高计算机运算速度和通用性的思想。根据这个思想，冯·诺依曼和他的同事们研制成功了一台具有存储程序功能的电子计算机 EDVAC。EDVAC 计算机的研制成功，对后来的计算机在体系结构和工作原理上都具有重大的影响。后来，凡是以“存储程序”概念为基础的各类计算机统称为冯·诺依曼计算机。60 多年来，虽然计算机系统从性能指标、运算速度、工作方式、应用领域等方面与当时的计算机有很大差别，但基本结构没有变，仍然称为冯·诺依曼计算机。

在短短的几十年中，计算机的发展突飞猛进，经历了主机——微机——网络等阶段，所用的电子器件经历了电子管、晶体管、集成电路和超大规模集成电路四个阶段，使计算机的体积越来越小，功能越来越强，价格越来越低，应用越来越广泛。

计算机在各个领域中的广泛应用，有力地推动了国民经济的发展和科学技术的进步，同时也对计算机技术提出了更高的要求，从而促进了计算机的进一步发展。根据计算机的处理能力，可以将计算机分成以下几类。

(1) 巨型计算机：巨型计算机是高容量机，上千的处理器可以在一秒内处理几万亿次计算，是十分昂贵但最快的计算机。就像它们的名字，巨型机被用在那些需要处理庞大数据的任务中，比如全国人口普查，天气预报，设计飞机，构造分子模型，破译密码和模拟核弹爆炸等。近一段时期，它们越来越多地被用于商业用途(如过滤人口统计上的营销信息)和制作生动的电影效果。例如日本横滨的 NEC 地球模拟器(如图 1.1 所示)，它看起来就像一排排冰箱大小的盒子。这个巨型机有 5120 个主处理器，每个主处理器由 8 个子处理器组成。它占地约为 4 个网球场，使用了 2800km 的缆线。NEC 的巨型计算机通过处理从卫星、海洋浮标和世界上其他观测点传来的大量数据，产生一个“虚拟的地球”。系统会分析和预测环境活动和变化，包括厄尔尼诺现象、海洋污染、降雨、板块移动、台风、地震等。

图 1.1　巨型计算机——NEC 的地球模拟器

巨型计算机仍然是最强大的计算机，但新的一代已经来临了。正如一位作家所说：“想象一下每滴水里都有上万亿个膝上型电脑。”下一代计算机将由 DNA 制成，能适合人类的细胞。极小的生物计算机将使用 DNA 作为其软件，以生物酶作为其硬件；它将有分子大小的电路，只能通过显微镜观察到(“极小”的意思为十亿分之一)。这种对更小、更快、更强计算机的展望在深入处理的领域里是一个重要的概念。很多公司已在研制极小计算机，希望能投入生产。一些人相信，他们可以生产出橡皮擦大小的计算机，其速度是现在最快的巨型机的 10 倍。毫无疑问，微技术将首先被政府、军队、大学和实验室使用，但微技术最终将出现在生活中的任何设备和用品上。

(2) 大型机：直到 20 世纪 60 年代后期，大型机都是唯一使用的计算机类型，空冷或者水冷的计算机，一般被大型组织(如银行、航空公司、保险公司和大学等)用来处理大量信息。通常用户通过带有显示器和键盘的终端来访问大型机，可以输入、输出数据，但不能自己处理数据。大型机每秒可以处理 10 亿条指令。

(3) 工作站：工作站产生于 20 世纪 80 年代早期，是昂贵且功能强大的个人计算机，通常用于复杂科学、数学和工程上的计算以及计算机辅助设计、计算机辅助制造。与中型机相比，工作站更适合用于类似设计飞机机身、处方药和电影特效这样的任务。工作站的图形处理功能已经吸引了公众的视线，它将三维的生命力注入电影中，如《指环王》和《哈利波特》。低端工作站的性能相当于高端台式微型计算机的性能。

(4) 微型计算机：微型计算机也叫做个人计算机，它们可以安在桌边或桌子上或随身携带。它们既可以是独立的机器也可以连接到计算机网络上，比如局域网。局域网通常使用特殊的缆线连接同一办公室或者同一建筑内的一组台式个人计算机和其他设备。

微型计算机有几种类型：桌上型计算机、塔型计算机、笔记本电脑和个人数码助手——手持电脑或者掌上型电脑。

桌上型计算机是使用场所或主机架置于桌面上的微型计算机，键盘摆放于前方而显示器经常置于上方。塔型计算机是摆放类似"塔"状的微型计算机，通常置于桌边的地板上，这样可以空出桌面空间。

笔记本电脑也叫膝上型电脑，是重量较轻的便携式计算机，显示器、键盘、硬盘驱动器、电池和可以插于电插座上的交流电适配器均采用内置式。

个人数码助手(PDA)也叫手持计算机或者掌上电脑，它集成了个人组织工具——进度计划、地址本、记事本——某些产品还有发 E-mail 和传真的功能。一些掌上电脑有触摸屏的功能，还能与台式计算机相连传送、接受信息。

(5) 微控制器：也叫嵌入式计算机，是很小的专业微处理器，安装在智能仪器和汽车上。比如，这些微控制器可以用在微波炉上，煮土豆所需要的时间及如何设置功率，这些数据都可以存放其中。最近，微控制器被用于开发新的电子用具上——数字信息终端，比如它可以作为小的网络服务器植入衣服、珠宝和冰箱这样的家用设备中。微控制器可用在血压监测器、气囊传感器、检测水和空气中气氛和化学物质的传感器以及震动传感器上。

(6) 服务器：服务器这个词不是用来描述计算机大小的，而是用来描述计算机的一种特殊用途的。随着互联网和万维网的发展壮大，服务器在通信中有着很重要的作用。一台服务器或网络服务器是一台中枢计算机。它保存数据(数据库)和连接程序，或是为客户端如个人计算机、工作站和其他设备等提供服务。这些客户端通过有线或者无线的网络连接起来。整个网络称为客户/服务器网络。在一些小的组织里，服务器可以存储文件，提供打印配置和发送 E-mail。在大的组织中，服务器可能要保存大量的金融、交易和生产信息库。

实际上，从 ENIAC 时代到现在，计算机已经在以下三个方面得到了发展，并将一直沿着这些方向继续发展下去。

1. 小型化

计算机的体积变得越来越小。

1947 年以后，真空管被更小、更快、性能更好的晶体管代替。晶体管是一种很好的器件，它可以在预定的回路(电路)中传输电信号。晶体管后来被小型集成电路所代替。集成电路是整个电路和通路的集合，现在它们已经可以被刻蚀在只有半个拇指指甲大小的硅片上。硅是存在于砂子里的自然元素。纯净的硅是计算机处理设备的基本材料。

今天，个人桌上型计算机中的小型化处理器或微处理器的性能可与曾经需要填满整个屋子的大型计算机相媲美。

2. 速度

由于处理器的小型化和新材料的应用，计算机制造商可以往计算机中填充更多的硬件，从而得到更快的处理速度和更多的数据存储能力。

3. 可购性

今天处理器的价格只有 20 多年前的很小一部分。一个高水平的处理器只需花费

1000 美元，但它能提供 20 世纪 80 年代一台价值超过 100 万美元的巨型计算机的处理能力。

前面说过，信息技术的核心是计算机与通信技术的结合。以上是计算机的主要发展趋势，那么通信技术又是怎样发展的呢？

1.3 信息高速公路

信息高速公路是指数字化大容量光纤通信网络或无线通信、卫星通信网络与各种局部网络组成的高速信息传输通道。信息高速公路的实现，将会大大改变人类的工作与生活方式，推动人类社会走向信息文明的时代。

信息高速公路由高速信息传输通道（如光缆、无线通信网、卫星通信网、电缆通信网）、网络通信协议、通信设备、多媒体硬件、多媒体软件等几部分组成。

Internet 是美国信息高速公路主干网，是当今世界上最大的信息网，是全人类最大的知识宝库之一。

Internet 1969 年由美国国防部高级研究所计划局（ARPA）作为军用实验网络建立，名字为 ARPANET，初期只有四台主机，其设计目标是当网络中的一部分因战争原因遭到破坏时，其他部分仍能正常运行。

20 世纪 80 年代初期，ARPA 和美国国防部通信局研制成功用于异构网络的 TCP/IP 协议并投入使用。1986 年在美国国会科学基金会（NSF）的支持下，用高速通信线路把分布在各地的一些超级计算机连接起来，经过十几年的发展形成了 Internet。Internet 像一个覆盖地球的巨大藤蔓，把全世界的人们生动地联系在一起，使地球变得更小了。

Internet 代表着全球范围内一组无限增长的信息资源，其内容之丰富是任何语言也难以描述的。它是第一个实用信息网络，入网的用户既可以是信息的消费者，也可能是信息的提供者。随着一个又一个连接，Internet 的价值愈来愈高，因此 Internet 以科研教育为主的运营性质正在被突破，商业化趋势日益明显，以硅谷高技术公司为代表的许多企业开始利用 Internet 传递商业信息，进行商业活动。更多的人正在考虑如何利用 Internet 大赚一笔。Internet 正在向商业网过渡。

中国已作为第 71 个国家级网加入 Internet。1994 年 5 月，以“中科院、北大、清华”为核心的“中国国家计算机网络设施”（The National Computing and Network Facility of China，NCFC），国内也称中关村网，已与 Internet 联通。目前，Internet 已经在我国普及。通过中国公用计算机互联网络（CHINANET）或中国教育科研计算机网（CERNET）都可与 Internet 联通。只要有一台微机、一部调制解调器和一部国内直拨电话就能与 Internet 相连，用户只需交付电话费和服务费。

人们可直接利用 Internet 与世界交流对话，随时洞悉环球的最新动态，丰富的信息资源使人大饱眼福，真正做到了“秀才不出门，就知天下事”。

习 题 1

一、选择题

1. 世界上发明的第一台电子数字计算机是(　　)。

A) ENIAC　　B) EDVAC　　C) EDSAC　　D) UNIVAC

2. 目前,制造计算机所用的电子器件是(　　)。

A) 大规模集成电路

B) 晶体管

C) 集成电路

D) 大规模集成电路与超大规模集成电路

3. 电子数字计算机工作最重要的特征是(　　)。

A) 高速度　　B) 高精度

C) 存储程序自动控制　　D) 记忆力强

4. 世界上第一台电子数字计算机研制成的时间是(　　)年。

A) 1946　　B) 1947　　C) 1951　　D) 1952

5. 在下列四句话中,最能准确反映计算机主要功能的是(　　)。

A) 可以代替人的脑力劳动　　B) 可以存储大量信息

C) 是一种信息处理机　　D) 可以实现高速度的运算

6. 信息高速公路传送的是(　　)。

A) 二进制数据　　B) 系统软件　　C) 应用软件　　D) 多媒体信息

7. 中国公用计算机互联网的英文缩写是(　　)。

A) NCFC　　B) CERNET　　C) ISDN　　D) CHINANET

8. 中国教育科研计算机网的英文缩写是(　　)。

A) NCFC　　B) CERNET　　C) ISDN　　D) Internet

二、填空题

1. 根据计算机的处理能力,可以分为__(1)__、__(2)__、__(3)__、__(4)__、__(5)__、__(6)__。

2. 计算机辅助设计的英文缩写为__(1)__,计算机辅助教学的英文缩写为__(2)__。

3. 计算机的四个主要特点是__(1)__、__(2)__、__(3)__、__(4)__。

第2章　计算机中信息的表示

2.1　记数制的基本概念

在日常生活中，人们习惯于用十进制记数。其特点是“逢十进一”。在一个十进制数中，需要用到十个数字符号0～9，即十进制数中的每一位数字都是这十个数字符号之一。

一个十进制数可以用位权表示。什么叫位权呢？在一个十进制数中，同一个数字符号处在不同位置上所代表的值是不同的，例如，数字3在十位数位置上表示30，在百位数位置上表示300，而在小数点后第1位上则表示0.3。同一个数字符号，不管它在哪一个十进制数中，只要在相同位置上，其值是相同的。例如，135与1235中的数字3都在十位数位置上，而十位数位置上的3的值都是30。通常称某个固定位置上的记数单位为位权。例如，在十进制记数中，十位数位置上的位权为10，百位数位置上的位权为10^2，千位数位置上的位权为10^3，而在小数点后第1位上的位权为10^{-1}，等等。由此可见，在十进制记数中，各位上的位权值是基数10的若干次幂。例如，十进制数234.13用位权表示成

$$(234.13)_{10}=2\times10^2+3\times10^1+4\times10^0+1\times10^{-1}+3\times10^{-2}$$

在日常生活中，除了采用十进制记数外，有时也采用别的进制来记数。例如，计算时间采用六十进制，1小时为60分，1分钟为60秒，其记数特点为“逢六十进一”。

计算机是由电子器件组成的，考虑到经济、可靠，容易实现，运算简便，节省器件等因素，在计算机中的数都用二进制表示而不用十进制表示。这是因为，二进制记数只需要两个数字符号0和1，在电路中可以用两种不同的状态——低电平(0)和高电平(1)——来表示它们，其运算电路的实现比较简单；而要制造出具有10种稳定状态的电子器件分别代表十进制中的10个数字符号是十分困难的。图2.1表示了电路状态与二进制数之间的关系。

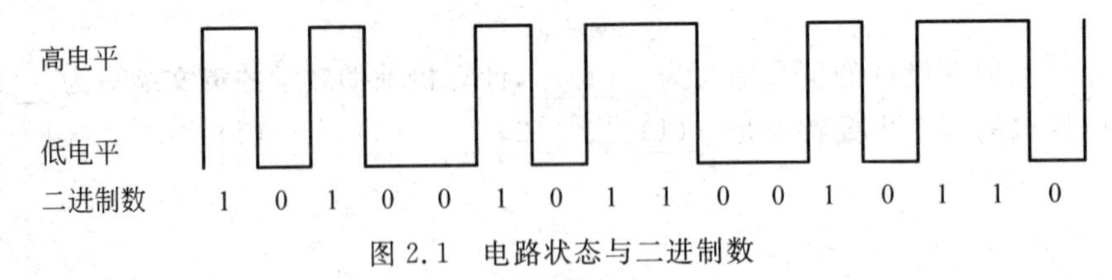

图2.1　电路状态与二进制数

在计算机内部，一切信息(包括数值、字符、指挥计算机动作的指令等)的存储、处理与传送均采用二进制的形式。一个二进制数在计算机内部是以电子器件的物理状态来表示的，这些器件具有两种不同的稳定状态(如图2.1所示，低电平表示0，高电平表示1)，并且，这两种稳定状态之间能够互相转换，既简单又可靠。但由于二进制数的阅读与书写比较复杂，为了方便，在阅读与书写时又通常用十六进制(有时也用八进制)来表示，这是因

为十六进制(或八进制)与二进制之间有着非常简单的对应关系。

2.2 计算机中的常用记数制

2.2.1 二进制

二进制数中只有两个数字符号 0 与 1,其计数特点是“逢二进一”。与十进制记数一样,在二进制数中,每一个数字符号(0 或 1)在不同的位置上具有不同的值,各位上的权值是基数 2 的若干次幂。例如:

$$(10010)_2=1\times2^4+0\times2^3+0\times2^2+1\times2^1+0\times2^0=(18)_{10}$$

由此可见,二进制数转换成十进制数是很简单的。

特别要指出的是,一个二进制数中的数字符号 1 与一个十进制数中的数字符号 1 在同一位置上所代表的值是不同的。例如,二进制数 $(100)_2$ 中的 1 所代表的十进制值为 $2^2=4$,而十进制数 $(100)_{10}$ 中的 1 所代表的十进制值为 $10^2=100$。

十进制整数转换成二进制整数采用“除 2 取余法”。具体作法为:将十进制数除以 2,得到一个商数和一个余数;再将商数除以 2,又得到一个商数和一个余数;继续这个过程,直到商数等于零为止。每次得到的余数(必定是 0 或 1)就是对应二进制数的各位数字。但必须注意:第一次得到的余数为二进制数的最低位,最后一次得到的余数为二进制数的最高位。

例 2.1 将十进制数 97 转换成二进制数,其过程如下:

除数	被除数/商	余数
2	97	
2	48	余数为 1,即 $a_0=1$。
2	24	余数为 0,即 $a_1=0$。
2	12	余数为 0,即 $a_2=0$。
2	6	余数为 0,即 $a_3=0$。
2	3	余数为 0,即 $a_4=0$。
2	1	余数为 1,即 $a_5=1$。
	0	余数为 1,即 $a_6=1$;商为 0,结束。

最后结果为

$$(97)_{10}=(a_6\ a_5\ a_4\ a_3\ a_2\ a_1\ a_0)_2=(1100001)_2$$

2.2.2 十六进制

十六进制数中有十六个数字符号 0～9 以及 A、B、C、D、E、F,其特点是“逢十六进一”。其中符号 A、B、C、D、E、F 分别代表十进制数 10、11、12、13、14、15。与十进制一样,在十六进制中,每一个数字符号(0～9 以及 A、B、C、D、E、F)在不同的位置上具有不同的值,各位上的权值是基数 16 的若干次幂。例如:

$$(1CB)_{16}=1\times16^2+12\times16^1+11\times16^0=(459)_{10}$$

十进制整数转换成十六进制整数采用“除 16 取余法”。具体作法为：将十进制数除以 16,得到一个商数和一个余数;再将商数除以 16,又得到一个商数和一个余数;继续这个过程,直到商数等于零为止。每次得到的余数(必定是 0～9 或 A～F 之一)就是对应十六进制数的各位数字。但必须注意：第一次得到的余数为十六进制数的最低位,最后一次得到的余数为十六进制数的最高位。

例 2.2　将十进制数 986 转换成十六进制数,其过程如下：

16 | 9 8 6

16 | 6 1　　余数为 10,即 a_0＝A。

16 | 3　　余数为 13,即 a_1＝D。

0　　余数为 3,即 a_2＝3;商为 0,结束。

最后结果为

$$(986)_{10}=(a_2\,a_1\,a_0)_{16}=(3DA)_{16}$$

2.2.3　八进制

在八进制数中有八个数字符号 0～7,其特点是“逢八进一”。在八进制数中,每一个数字符号(0～7)在不同的位置上具有不同的值,各位上的权值是基数 8 的若干次幂。例如：

$$(154)_8=1\times8^2+5\times8^1+4\times8^0=(108)_{10}$$

必须注意,在八进制数中不可能出现数字符号 8 与 9。

十进制整数转换成八进制整数采用“除 8 取余法”。

例 2.3　将十进制整数 277 转换成八进制整数的过程如下：

8 | 2 7 7

8 | 3 4　　余数为 5,即 a_0＝5。

8 | 4　　余数为 2,即 a_1＝2。

0　　余数为 4,即 a_2＝4;商为 0,结束。

最后结果为

$$(277)_{10}=(425)_8$$

2.2.4　各种记数制之间的转换

前面几节介绍了计算机常用记数制以及它们与十进制之间的转换。

表 2.1 列出了计算机常用记数制的基数、位权及数字符号。

表 2.2 列出了计算机常用记数制的表示。

二进制与十六进制之间有着简单的关系,它们之间的转换是很方便的。由于 16 是 2 的整数次幂,即 $16=2^4$。因此,四位二进制数相当于一位十六进制数。

同样的道理,三位二进制数相当于一位八进制数。

表 2.1　计算机常用记数制的基数、位权及数字符号

	十进制	二进制	八进制	十六进制
基数	10	2	8	16
位权	10^K	2^K	8^K	16^K
数字符号	0～9	0,1	0～7	0～9 与 A～F

其中 K 为小数点前后的位序号。

表 2.2　计算机常用记数制的表示

十 进 制	二 进 制	八 进 制	十六进制
0	0	0	0
1	1	1	1
2	10	2	2
3	11	3	3
4	100	4	4
5	101	5	5
6	110	6	6
7	111	7	7
8	1000	10	8
9	1001	11	9
10	1010	12	A
11	1011	13	B
12	1100	14	C
13	1101	15	D
14	1110	16	E
15	1111	17	F
16	10000	20	10

1. 十六进制数与八进制数转换成二进制数

十六进制数转换成二进制数的规律是：每位十六进制数用相应的四位二进制数代替。

例 2.4　十六进制数$(2BD)_{16}$转换成二进制数为

$$\begin{array}{ccc} 2 & B & D \\ \downarrow & \downarrow & \downarrow \\ \underline{0010} & \underline{1011} & \underline{1101} \end{array}$$

即$(2BD)_{16}=(1010111101)_2$。

同样的道理，八进制数转换成二进制数的规律是：每位八进制数用相应的三位二进制数代替。

例 2.5　八进制数$(315)_8$转换成二进制数为

$$\begin{array}{ccc} 3 & 1 & 5 \\ \downarrow & \downarrow & \downarrow \\ \underline{011} & \underline{001} & \underline{101} \end{array}$$

即$(315)_8=(11001101)_2$。

2. 二进制数转换成十六进制数或八进制数

二进制数转换成十六进制数的规律是：从最右边的数字开始，向前每四位一组构成一位十六进制数。

例 2.6 二进制数$(1101001101)_2$转换成十六进制数为

$$
\begin{array}{ccc}
\underline{11} & \underline{0100} & \underline{1101} \\
\downarrow & \downarrow & \downarrow \\
3 & 4 & D
\end{array}
$$

即$(1101001101)_2=(34D)_{16}$。

同样的道理，二进制数转换成八进制数的规律是：从最右边的数字开始，向前每三位一组构成一位八进制数。

例 2.7 二进制数$(1101001101)_2$转换成八进制数为

$$
\begin{array}{cccc}
\underline{1} & \underline{101} & \underline{001} & \underline{101} \\
\downarrow & \downarrow & \downarrow & \downarrow \\
1 & 5 & 1 & 5
\end{array}
$$

即$(1101001101)_2=(1515)_8$。

2.3 字符编码

计算机除了用于数值计算外，还有其他许多方面的应用。因此，计算机处理的不只是一些数值，还要处理大量符号如英文字母、汉字等非数值的信息。例如，用计算机编写文章时，就需要将文章中的各种符号、英文字母、汉字等输入计算机，然后由计算机进行编辑、排版。因此，计算机要对各种字符进行处理。通常，计算机中的数据可以分为数值型数据与非数值型数据。其中数值型数据就是常说的“数”(如整数、实数等)，它们在计算机中是以二进制形式存放的。而非数值型数据与一般的“数”不同，通常它们不表示数值的大小，而只表示字符或图形等信息，但这些信息在计算机中也是以二进制信息来表示的。

目前，国际上通用且使用广泛的字符有十进制数字符号 0～9、大小写英文字母、各种运算符、标点符号等，这些字符的个数不超过 128 个。为了便于计算机识别与处理，这些字符在计算机中是用二进制形式来表示的，通常称之为字符的二进制编码。

由于需要编码的字符不超过 128 个，因此，用七位二进制数就可以对这些字符进行编码。但为了方便，字符的二进制编码一般占八个二进制位，它正好占计算机存储器的一个字节。

具体的编码方法，即确定每一个字符的七位二进制代码，是人为规定的。但目前国际上通用的是美国标准信息交换码(American Standard Code for Information Interchange)，简称为 ASCII 码(取英文单词的第一个字母的组合)。用 ASCII 码表示的字符称为 ASCII 码字符。在本书附录 A 中给出了基本 ASCII 码字符的十进制码、八进制码及十六进制码表示，其中前 32 个与最后一个是不可打印的控制符号，没有列出。

特别需要指出的是，十进制数字字符的 ASCII 码与它们的二进制值是有区别的。例如，十进制数 3 的七位二进制数为(0000011)，而十进制数字字符 3 的 ASCII 码为 $(0110011)_2=(33)_{16}=(51)_{10}$。由此可以看出，数值 3 与数字字符 3 在计算机中的表示是不一样的。数值 3 能表示数的大小，并可以参与数值运算；而数字字符 3 只是一个符号，不能参与数值运算。

汉字的编码比常用字符的编码要复杂得多，这是因为汉字的数量比较多，而且汉字的字形也复杂多变。有关汉字的编码问题将在第 4 章介绍。

习　题　2

一、选择题

1. 与十进制数 97 等值的二进制数是(　　)。

A) 1011111　　B) 1100001　　C) 1101111　　D) 1100011

2. 与十六进制数 BB 等值的十进制数是(　　)。

A) 187　　B) 188　　C) 185　　D) 186

3. 与二进制数 101101 等值的十六进制数是(　　)。

A) 2C　　B) 2D　　C) 2A　　D) 2B

4. 二进制数 1110111 转换成十进制数是(　　)。

A) 120　　B) 119　　C) 118　　D) 117

5. 在计算机内部，一切信息的存取、处理和传送的形式是(　　)。

A) ASCII 码　　B) BCD 码　　C) 二进制　　D) 十六进制

6. 十进制数 114 转换成二进制数为(　　)。

A) 1110100　　B) 1110001　　C) 0100111　　D) 1110010

7. 十六进制数 FF 转换十进制数为(　　)。

A) 255　　B) 256　　C) 127　　D) 128

8. 十六进制数 1000 转换成十进制数为(　　)。

A) 4096　　B) 1024　　C) 2048　　D) 8192

9. 十进制数 269 转换成十六进制数为(　　)。

A) 10E　　B) 10D　　C) 10C　　D) 10B

二、填空题

1. 十进制数 44 转换成 8 位的二进制数为________。

2. 二进制数 11101 对应的十六进制数为__(1)__，它所对应的十进制数为__(2)__。

3. 十进制数 85 对应的二进制数为__(1)__，它所对应的十六进制数为__(2)__。

4. 十进制数 105 用 8 位二进制数表示为__(1)__，它所对应的十六进制表示为__(2)__。

5. 十进制数 258 用 16 位二进制数表示为__(1)__，它所对应的十六进制表示为__(2)__。

第3章 微型计算机系统

3.1 微型计算机系统的基本组成

微型计算机是计算机中应用最普及、最广泛的一类。下面主要介绍微型计算机系统的基本组成。

一个完整的微型计算机系统应包括硬件系统和软件系统两大部分。

计算机硬件是指组成一台计算机的各种物理装置，它们由各种实在的器件所组成。直观地看，计算机硬件是一大堆设备，它是计算机进行工作的物质基础。

微型机大多采用以总线为中心的计算机结构。所谓总线是指计算机中传送信息的公共通路，而实际上是一些通信导线。计算机中的所有部件都被连接在这个总线上。图3.1为微型机的总线结构示意图。

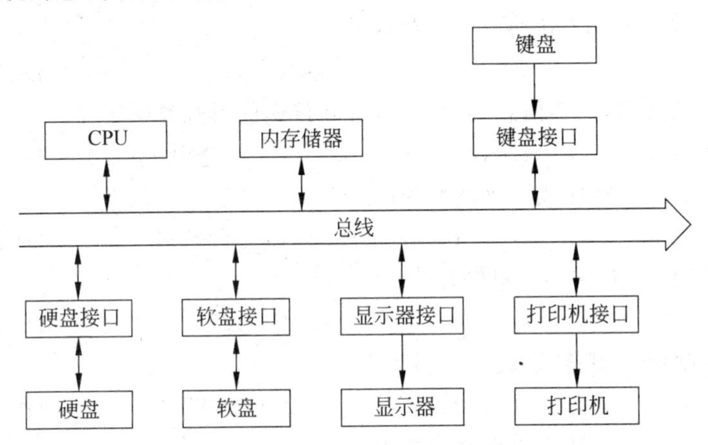

图3.1 微型机的总线结构示意图

计算机软件是指在硬件设备上运行的各种程序、数据以及有关的资料。所谓程序实际上是用于指挥计算机执行各种动作以便完成指定任务的指令集合。人们要让计算机做的工作可能是很复杂的，因而指挥计算机工作的程序也就可能是庞大而复杂的，而且可能要经常对程序进行修改与完善，因此，为了便于阅读和修改，还必须对程序作必要的说明，并整理出有关的资料。这些说明和资料(称之为文档)在计算机执行过程中可能是不需要的，但对于人们阅读、修改、维护、交流这些程序却是必不可少的。

通常，把不装备任何软件的计算机称为硬件计算机或裸机。目前，普通用户所面对的一般都不是裸机，而是在裸机之上配置若干软件之后所构成的计算机系统。计算机之所以能够渗透到各个领域，正是由于软件的丰富多彩，才能够出色地完成各种不同的任务。当然，计算机硬件是支撑计算机软件工作的基础，没有足够的硬件支持，软件也就无法正常工作。实际上，在计算机技术的发展进程中，计算机软件随硬件技术的迅速发展而发展；反过来，软件的不断发展与完善，又促进了硬件的新发展，两者的发展密切地交织着，缺一不可。

一般微型计算机系统的组成如图 3.2 所示。

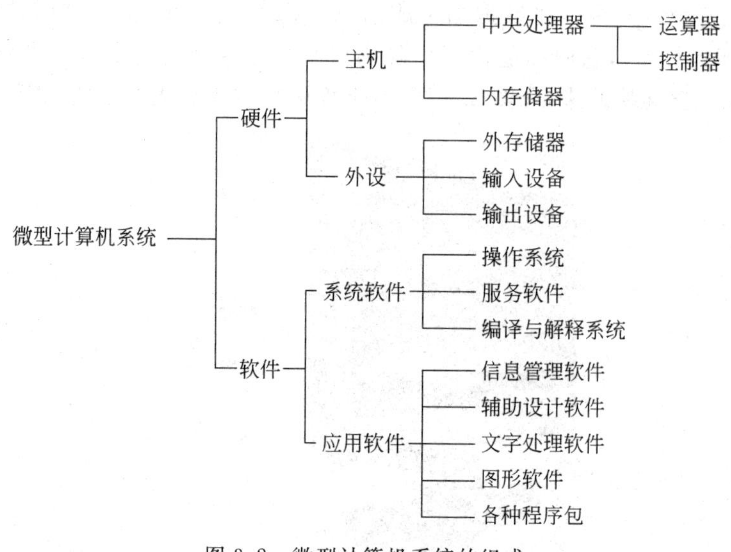

图 3.2　微型计算机系统的组成

3.2　微型计算机系统的硬件系统

一般微型计算机的硬件系统由以下几部分组成。

1. 中央处理器

中央处理器(Central Processing Unit，CPU)主要包括运算器和控制器两个部件。运算器负责对数据进行算术和逻辑运算(即对数据进行加工处理)；控制器负责对程序所规定的指令进行分析，控制并协调输入、输出操作或对内存的访问。

2. 存储器

负责存储程序和数据，并根据控制命令提供这些程序和数据。存储器又分为内存(储器)和外存(储器)。

3. 输入设备

输入设备负责把用户的信息(包括程序和数据)输入到计算机中。

4. 输出设备

输出设备负责将计算机中的信息(包括程序和数据)传送到外部媒介供用户查看或保存。

由此可以看出，计算机硬件的基本功能是接受计算机程序的控制来实现数据输入、运算、数据输出等一系列根本性的操作。

下面分别对其各部分进行介绍。

3.2.1 中央处理器

中央处理器简称处理器,是计算机系统的核心。

CPU 能与其他电路联合工作,比如与内存一起执行处理过程。CPU 是计算机的"大脑";它执行软件(程序)指令将数据加工成信息。CPU 包括两部分:控制器与数学逻辑单元(ALU,即运算器),它们都包含寄存器或高速存储区域。所有这些设备都用一种叫做总线的电子线路连接起来,如图 3.3 所示(上面的框内为放大显示的 CPU)。

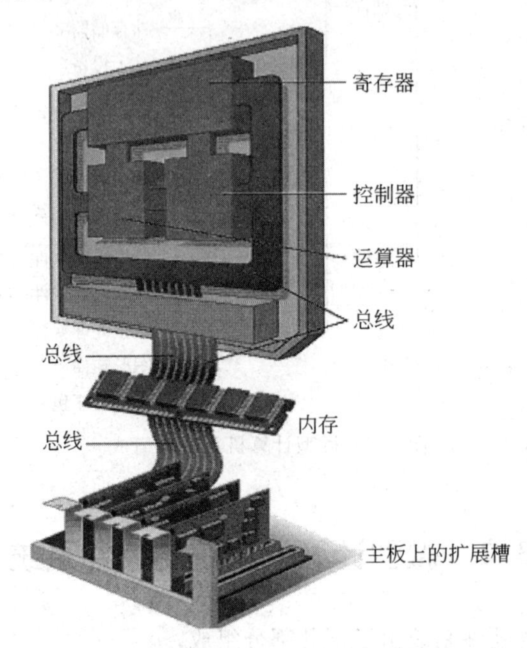

图 3.3 CPU 和内存

通常,运算器和控制器被合成在一块集成电路的芯片上,这就是人们常说的 CPU 芯片。

(1) 控制器:用来指挥电信号。控制器解译存储在 CPU 中的指令,然后执行指令。它能指挥内存和运算器之间电信号的运转,也能指挥内存和输入、输出设备间的信号的运转。

对于每个指令控制单元都要执行 4 个基本操作,称为机器周期。在机器周期中,CPU 首先获取指令,然后分析指令,再执行指令,最后存储结果。

(2) 运算器:用于执行算术和逻辑运算。运算器可以执行算术和逻辑运算,并能控制这些操作的速度。算术运算指的是基本的数学运算:加、减、乘、除。逻辑运算是指比较,就是说 ALU 可以比较两个数据间的关系,如等于(=)、大于(>)、大于或等于(≥)、小于(<)、小于或等于(≤)、不等于(≠)。

(3) 寄存器:特殊的高速存储区域。控制器和运算器中都使用寄存器,它是特殊的 CPU 区域,能提高计算机性能。寄存器是高速存储区域,可以在处理过程中临时存储数据。它们可以在分析指令的时候存储程序指令,可以在运算器处理数据的时候存储数据,或者存储计算结果。所有的数据在处理之前都存在寄存器中，比如要计算两个数的乘积，则将两个数全都放在寄存器中，计算结果也要放在一个寄存器中。寄存器中也可以存放存储数据的内存地址，而不是数据本身。

CPU 中寄存器的数量和每个寄存器的大小（多少位）可以确定 CPU 的性能和速度。比如，一个 32 位的 CPU 是指 CPU 中的寄存器是 32 位的，所以，每个 CPU 指令可以处理 32 位的数据。寄存器的类型很多，包括指令寄存器、地址寄存器、存储寄存器和累加寄存器。

(4) 总线：数据线路。总线是在 CPU 内部以及在 CPU 和主板的其他部件之间传输数据的电子数据线路。总线就像多车道的高速公路，通道越多，位的传输越快。早先微型处理器的旧式 8 位总线只有 8 条通道。32 条通道的 32 位总线，其计算机的数据传输速度是 8 位总线计算机的 4 倍。Intel 的 Pentium（奔腾）芯片同 Macintosh（麦金托什机）G5 处理器一样都是 64 位处理器（一些型号的计算机中有两个处理器）。一些超型计算机的处理器是 128 位的。

CPU 品质的高低直接决定了一个计算机系统的档次。反映 CPU 品质的最重要的指标是主频与字长。

主频说明了 CPU 的工作速度。主频越高，CPU 的运算速度就越快。目前，高性能的 CPU 主频已达到 GHz 量级。

字长是指 CPU 可以同时处理的二进制数据的位数。

顺便指出，在微机中使用的 CPU 也称为微处理器（MPU）。目前，微处理器发展的速度很快，基本上每隔一两年或两三年就有一个新品种出现。

3.2.2 内存储器

存储器是计算机的记忆部件，用于存放计算机进行信息处理所必需的原始数据、中间结果、最后结果以及指示计算机工作的程序。

在存储器中含有大量的存储单元，每个存储单元可以存放八位的二进制信息，这样的存储单元称为字节（B）。即存储器的容量是以字节为基本单位的。存储器中的每一个字节都依次用从 0 开始的整数进行编号，这个编号称为地址。CPU 就是按地址来存取存储器中的数据。

所谓存储器的容量是指存储器中所包含的字节数。通常又用 KB、MB 与 GB 作为存储器容量的单位，其中

1KB＝1024 字节，　1MB＝1024KB，　1GB＝1024MB

计算机的存储器分为内存（储器）和外存（储器）。

内存又称为主存。CPU 与内存合在一起一般称为主机。

内存储器是由半导体存储器组成的，它的存取速度比较快，但由于价格上的原因，其容量一般不能太大。随着微机档次的提高，内存容量可以逐步扩充。

主要的内存芯片有 RAM、ROM、CMOS 和 flash。

(1) RAM（随机存取存储器）芯片：可以临时存储软件指令以及 CPU 处理前后的数据。RAM 的内容是临时性的，当计算机断电或关闭时里面的内容就会丢失。

目前，个人计算机中使用很多种 RAM，比如 DRAM、SDRAM、SRAM、RDRAM 和 DDR-SDRAM。

- DRAM（动态 RAM）：需要 CPU 经常对其更新，否则就会丢失内容。
- SDRAM（同步动态 RAM）：与系统时钟同步并且速度比 DRAM 要快。在一般的计算机广告中，SDRAM 的速度用兆赫来表达。
- SRAM（静态 RAM）：速度比 DRAM 快，并且不必 CPU 的更新就能保留内容。
- RDRAM（动态随机 RAM）：比 SDRAM 更快也更贵。
- DDR-SDRAM（双倍同步动态随机 RAM）：是最新的 RAM 芯片，并被认为是 RDRAM 的主要竞争对手。

微型计算机带有不同数量的 RAM，它们通常用兆字节来度量。拥有的 RAM 越多，计算机操作系统的效率就越高，软件执行得也越好。足够的 RAM 是必要的，如果计算机的内存容量不够，可以通过往主板上插 RAM 模块来增加 RAM 芯片。

现在，RAM 是不稳定的，但研究人员最近已经开发了新的稳定型 RAM。一种形式是 M-RAM（M 代表磁性的），它使用极小的磁性而不是电来存储 1 和 0 的二进制数据。M-RAM 比电流 RAM 更节约能源。当计算机关机或断电时不论内存里有什么都能保存下来。第二种是 OUM（ovonic unified memory，双向变化存储器），它通过在光滑材料上产生高低电阻来存储位。

（2）ROM 芯片：用来存储固定启动指令。与可添加和删除数据的 RAM 不同，没有特殊的工具，计算机用户不能向 ROM（只读存储器）写入或擦除数据。ROM 芯片中包含固定的启动指令。即 ROM 在制造厂里就被载入计算机基本操作的特殊指令，比如启动计算机指令（BIOS）或在屏幕上显示字符的指令。这些芯片是非易失性的，当计算机切断电源后它上面的内容也不会消失。

在计算机术语中，读是指将数据从一个输入源移动到计算机内存或 CPU 中。相对的术语是写，指将计算机 CPU 或内存中的数据移动到输出设备中。因此，ROM 芯片只读的意思是 CPU 只能从 ROM 芯片中获取程序而不能修改或添加程序。还有一种是 PROM（可编程只读存储器），这是一种可以让用户载入只读程序或数据的 ROM 芯片，然而这种载入操作只能执行一次。

（3）CMOS 芯片：用来存储可变的启动指令。CMOS（互补金属氧化物半导体）芯片是由电池供电的，所以当断电时也不会丢失数据。CMOS 芯片中包含了可变启动指令，比如时间、日期和日历，即使计算机关闭了也需要继续对其供电。与 ROM 芯片不同，CMOS 芯片可以重编程序。

（4）flash（闪存）芯片：用来存储可变程序，也是非易失性存储器。闪存芯片可以多次擦除重编程序（与只能写入一次程序的 PROM 芯片不同）。闪存不需要电池，其容量为 32～128 兆字节。它不只在个人计算机上用来存储程序，也用在寻呼机、手机、MP3 播放器、掌上装置、打印机和数码相机上。闪存也用于为最新的 PC 提供 BIOS 指令，这些指令可以在闪存上升级，而不必更换芯片，就像 ROM 芯片一样。

由于 CPU 运行速度一般要比 RAM 的读写速度快很多，因此它会停下来等候信息。这是很没有效率的做法，为此需要使用高速缓冲存储器来减少这一影响。高速缓冲存储器可以临时存储经常使用的数据和指令，这样就提高了处理速度。高速缓冲存储器有两种，1 级和 2 级存储器。

1 级高速缓冲存储器(L1)也叫内部存储器，内置于处理器芯片中。其存储能力从 8 千字节到 256 千字节不等，存储量比 2 级高速缓冲存储器少，但它的运行速度快得多。

2 级高速缓冲存储器(L2)也叫做外部存储器，安放在处理器芯片外部，由 SRAM 芯片组成。容量从 64 千字节到 2 兆字节不等。L2 缓存有时候也被安放在芯片上，但其运行是与 CPU 相对独立的，有时是独立安装在系统主板上的(这种情况下它通常称为 L3 缓存)。L2 缓存通常比 L1 缓存更大(大多数新系统最少有 512 千字节的 L2 缓存)，并且在评价 PC 性能时通常引用的是 L2 缓存。

缓存无法升级，它取决于系统附带的处理器类型。

另外，最近大多数计算机系统都允许使用虚拟内存，它是指将空闲的硬盘空间扩展成 RAM 容量来使用。处理器搜索数据或程序指令的顺序是：先使用 L1，再使用 L2，然后是 RAM，接着是硬盘(或 CD)。在上面的顺序中，每个内存或存储设备的运行都要比前面的器件慢。

内存芯片在主板上的布置直接影响系统性能。因为 RAM 必须存储所有 CPU 处理的信息，所以数据在内存和 CPU 之间传递的时间是对性能的评价之一。还因为 CPU 和 RAM 之间的数据交换是同时且杂乱无章的，所以 CPU 和 RAM 之间的距离也是评价因素。提高数据在内存和 CPU 之间传输速度的方法有交叉存取技术、分片技术、流水技术、超标量体系结构和超线程。

- 交叉存取技术：指 CPU 轮流与两个或更多空白内存通信的过程。交叉存取通常用于服务器和工作站这样的大型系统。比如，每个 SDRAM 芯片都被划分成独立的单元空间，两个单元空间之间的交叉存取操作就形成了连续的数据流。
- 分片技术：为 CPU 提供可能用到的额外数据。这样 CPU 就不用从内存一条一条地获取数据了，它可以根据内存上一些连续的地址获取大块的信息。因为 CPU 所需的下一个数据地址与上一个数据地址往往是连续的，所以这样做可以节省时间。
- 流水技术：将任务分成一系列进程，每个进程都用一些操作来完成。就是说，将一个大的任务分成若干相互重叠的小任务。CPU 不用等一个指令完成机器周期就可以处理下一条指令。大多数 PC 都支持流水技术，每个处理器可以传输 4 条指令。
- 超标量体系结构和超线程：超标量体系结构是指计算机在每个时钟周期(200MHz 的处理器每秒钟执行 2 亿次的时钟周期)里可以处理多于 1 条指令。这种结构的一个类型是超线程。软件和操作系统可以用超线程将微处理器当成两个处理器来使用。这一技术允许微处理器同时处理来自 OS 或软件的请求，大约提高 30%～40%的性能。使用超线程技术的处理器可以通过每几纳秒就切换指令来并行管理接收的数据指令，实质上是使处理器同时处理两个独立的代码线程。

3.2.3 外存储器

外存又称辅助存储器(辅存)。外存储器的容量一般都比较大,而且可以移动,便于在不同计算机之间进行信息交流。

在微型计算机中,常用的外存有磁盘、光盘和磁带等。磁盘又分为硬盘和软盘。

1. 软盘

软盘按尺寸分为5.25英寸与3.5英寸的软盘。以前常用的3.5英寸软盘,它的外形如图3.4所示。

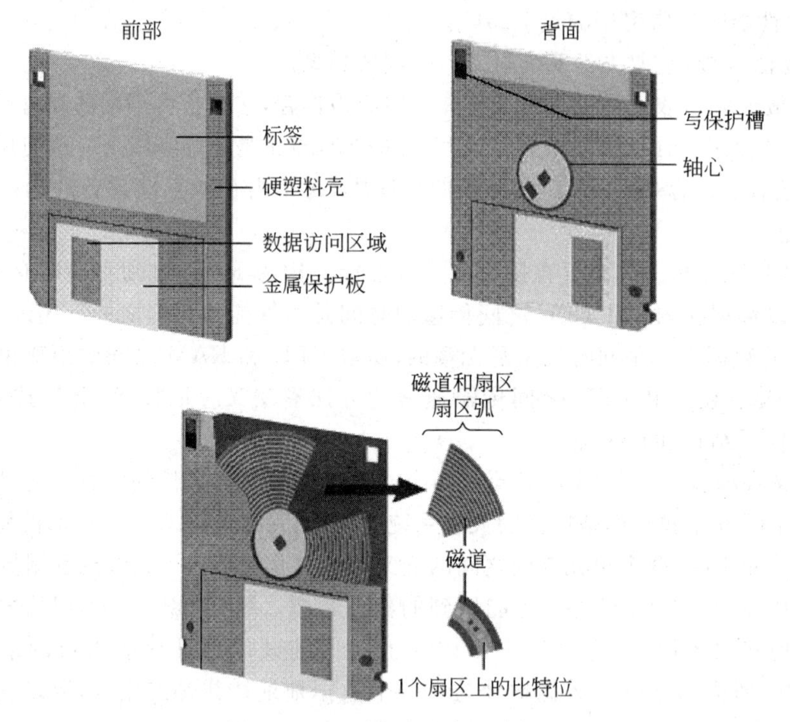

图3.4 3.5寸软盘的各组成部分

软盘要插到软盘驱动器中,软盘驱动器能从软盘上读取数据或向软盘上写入数据。读是指将二级存储器上的数据转换成电信号并将数据的一份副本送到计算机内存上(RAM)。写是指计算机将处理过的电子信息副本传送到二级存储器上。软盘有写保护标志,它能保护磁盘不被写入。换句话说,它能保护已经写入磁盘的数据。用拇指尖或笔尖移动软盘右下方(从软盘后面看)的小滑快就可以将软盘写保护,这时小的方形孔是通的,见图3.4。

数据记录在磁盘的同心记录带上,叫做磁道。与乙烯基的唱片不同,这些磁道既不是可见的凹槽也不是螺旋,它们是很接近的同心圆,每条磁道都在磁盘上形成一个完整的圆。当磁盘被格式化后,它的存储区域就被划分为楔形区域,这些区域将磁道划分成小圆弧,称为扇区。将数据从计算机保存到磁盘上时,数据就通过磁道和扇区分布在磁盘上。就是说,系统软件是通过扇区和磁道的交界点来确定数据存储位置的。

将软盘插到磁盘驱动器前端的插槽(驱动器门)后,磁盘就通过驱动器机构的心轴来定位。读/写头是用来在计算机和磁盘间交换数据的。当磁盘在壳内旋转时,读/写头会在磁盘访问数据区域前后移动。当磁盘不在驱动器中时,金属或塑料片会覆盖住这一数据访问区域。当磁盘使用时,光可以穿过它。使用结束后,可以按驱动器旁边的弹出按钮取出磁盘。

常规的3.5寸软盘达不到软盘磁带或高容量可移动磁盘的存储量,比如压缩磁盘。

- 3.5寸软盘:存储量为1.44MB。目前,标准软盘的容量是1.44MB,相当于400页的输入量,通常软盘上会带有2HD的标签,2代表"双面(即在磁片两面都存有数据)",HD代表"高密度"(这表示它比先前的DD(双重密度)标准能存储更多的数据)。
- 压缩磁盘:存储量为100、250或750MB,由Iomega Corp.(艾美佳公司)生产。压缩磁盘是指涂有特殊高质量磁性涂层的磁盘,它的存储量达到了100、250或750MB。即使是100MB的存储量也是标准软盘的70倍。压缩磁盘用于存储大的制表文件、数据库文件、图像文件、多媒体演示文件和网站。压缩磁盘需要有自己的压缩盘驱动器,新的计算机可能会带有这种驱动器,但也可以使用外置的压缩磁盘驱动。

软盘驱动器和压缩盘驱动器通常都被安装在计算机机箱中,但也可以使用外置的版本用并行端口、SCSI端口或USB端口连接。

2. U盘

U盘有时也称为优盘或USB闪存盘。这是一种移动存储设备,可像在软硬盘一样进行读写。这种存储设备不需要驱动器与驱动程序,也不需要额外电源,只需从标准USB接口总线取电,可直接热插拔。它的优点是体积小,通用性强,容量大,抗震防潮,耐高、低温,真正做到了即插即用。由于这些优点,这种存储设备已被广泛使用。

3. 硬盘

软盘使用的是柔软的塑料,硬盘是很坚硬的。硬盘很薄,是坚硬的金属、玻璃或陶瓷。盘上涂有一种物质,这种物质可以以磁化点的形式来存储数据。多数的硬盘驱动器至少有两个盘;盘的数量越多,则驱动器的存储量越大。驱动器中的盘在空间上是分离的,通过旋转轴让它们固定保持一致。硬盘被密封成为一个硬盘驱动单元,这样能防止外来事件对内部的干扰。盘的两面都可以存储数据。微型计算机中,硬盘被放置在系统单元中,它不像软盘那样容易接触到。图3.5所示的硬盘驱动器是用在笔记本计算机上的。

计算机操作系统依靠簇来跟踪硬盘的扇区。每个簇都是一组磁盘扇区。操作系统为每个簇指定唯一的数字,这样就能把使用的簇制成一种表格,再依据表格来跟踪文件。

磁盘表面带有磁性的位,可以通过磁力显微镜观察到。暗条纹表示0位;亮条纹代表1位,如图3.6所示。

DOS和Windows操作系统通过文件分配表系统(FAT16 and FAT32)来管理簇。一般的Windows系统既支持FAT16文件系统也支持FAT32文件系统,同样支持NTFS(NT文件系统)。NTFS是专门为Windows NT操作系统开发的。NTFS是在团体环境下常用的文件系统。系统管理员可以使用NTFS来控制用户在工作站上的行为。当产生问题时，NTFS 从磁盘故障中恢复的能力很强，而不会丢失数据。FAT 是传统的文件系统，多用于个人计算机。目前一般的 Windows 系统支持 NTFS 文件系统，这将会让一定数量的家庭用户也开始改用 NTFS 了。

图 3.5 硬盘驱动器

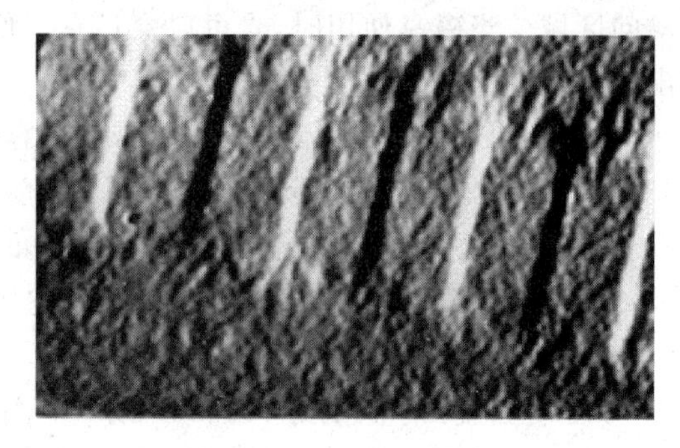

图 3.6 磁盘上的位

硬盘是很敏感的设备。读/写头并不真的接触磁盘而是位于厚度为 0.000 001 英寸的空气垫上(见图 3.7)。硬盘被封装在一个盒子里来阻隔杂质侵害。否则，它接触的任何东西，人的头发、灰尘、手印或是烟尘颗粒都有可能引起磁头故障。当读/写头的表面或它表面的颗粒与硬盘表面接触时就会发生磁头故障。猛烈撞击计算机或用重物砸到机箱上时，也会发生磁头故障。在数据没有做备份的情况下发生这几种情况，后果将是灾难性的。

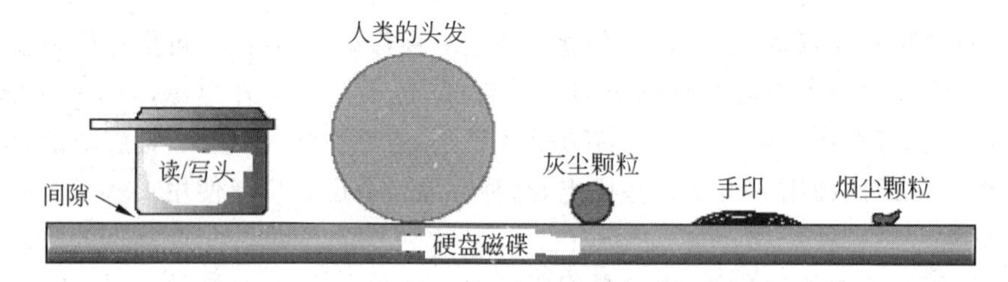

图 3.7 硬盘读写头和磁盘之间的间隙

目前常用的有两种形式的硬盘：不可拆卸硬盘和可移动硬盘。

(1) 不可拆卸硬盘：内部不可拆卸硬盘也称固定磁盘。它安装在微型计算机系统单元中，用来存储几乎所有的程序和多数数据文件。通常它包括 4 个 3.5 英寸金属盘，金属盘密封在一个很小的驱动器盒子里。在盒子中，磁盘安在驱动轴上，读/写头安在可以前后移动的接触臂上，还包括电源连接和电路(见图 3.8)。运转与软盘驱动器相似，读/写头通过磁道和扇区定位到特殊指令和数据文件上。

(2) 可移动硬盘：可移动硬盘是将一个或两个磁盘连带读/写头一起封装到一个硬的塑料盒中，然后再将塑料盒插入磁盘驱动器中，其典型容量为 1.5GB。这些磁盘通常用于备份数据和传输大文件，比如大的表格文件和彩色图形桌面出版文件。

4. 光盘

光盘是一种可移动磁盘，它的直径通常是 4.75 英寸，厚度少于 1/12 英寸，通过激光光束在光盘上读写数据。一张光盘可以存储 74 分钟(20 亿比特)的高保真立体声音频。

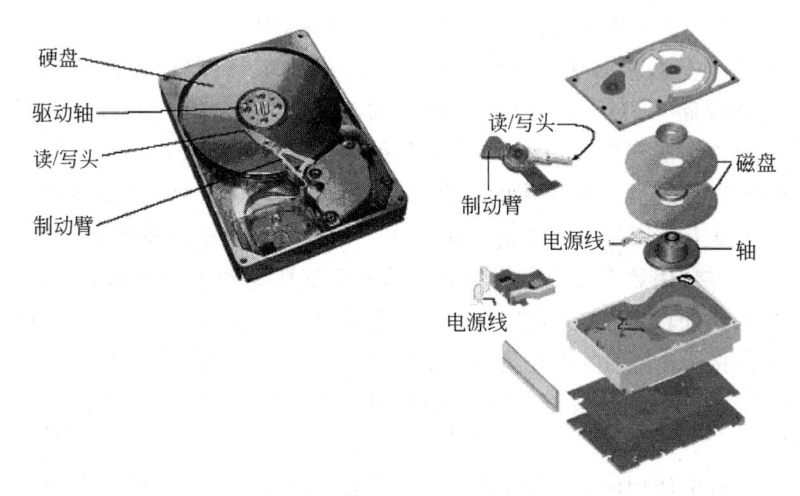

图 3.8　微型计算机不可拆卸硬盘的内部结构

一些光盘只用于数字数据的存储，但更多光盘用来传播多媒体程序，包括文字、视频和音频。

使用光盘不需要像软盘和硬盘那样使用机械臂，它是使用高能激光束在硬塑料磁盘表面上烧出很小的凹点或缺口来写入数据。使用低能激光扫描磁盘表面，凹陷区域没有反射，代表 0；平滑区域有反射，代表 1。因为凹点很小，所以光盘可以存储的数据量比相同面积的磁盘和硬盘要大得多。一张光盘可以存储超过 4.7GB 的数据，相当于 1 百万张输入页。目前，几乎出售的每一台 PC 都包括 CD 或 DVD 驱动器，它们也可以读取音频 CD，这些(包括可记录、可重写的更高版本)是在计算机上使用的两类主要的光盘技术。

(1) CD-ROM：第一类用于微型计算机的光盘是 CD-ROM。CD-ROM(压缩光盘只读存储器)是指用来保存预制的文本、图形和声音的光盘形式。与音乐 CD 一样，CD-ROM 是只读磁盘。CD-ROM 光盘可以保存 650MB 的数据，相当于超过 30 万页的文本。

CD-ROM 驱动器的速度是很重要的，如果驱动器的速度太慢，图像和声音就会出现不连续的现象。在计算机广告中，驱动器的速度用符号 X 来表示，比如 56X 表示高速光驱，X 表示每秒 150KB 的原始数据传输速率。数据传输速率是指驱动器将数据传给其他设备所花的时间。56X 驱动器的运行速度是 150KB 的 56 倍，即每秒 8400KB(8.4MB)。如果广告中带有 Max 这个词，则表示驱动器的最大速度，比如“56X Max”表示驱动器的最大速度。驱动器的速度范围从 16X 到 75X 不等，速度越高价格越贵。

(2) CD-R：CD-R(可录性压缩磁盘)光盘只能写入一次数据，但可以多次读取数据。这样用户就可以制作自己的 CD 光盘了。一旦写入数据，这些信息就不能从光盘上删除了。CD-R 可以读写音频 CD 和标准的 CD-ROM，读取速度可以达到 24X，写入速度可以达到 8X。CD-R 通常用于保存档案文件，也就是用来存储大量的信息。

(3) CD-RW：也叫可擦除光盘，用户可以写入数据和擦除数据，这样光盘就可以反复使用了。微型计算机上使用 CD-RW 驱动器已经很普遍了。CDRW 光盘在存档和备份大量数据是很有用的，它也用于多媒体作品和桌面出版文件的存储。CD-RW 驱动器的存储速度能达到 44X，写入速度也能达到 44X，重写速度为 24X。CD-ROM 驱动器不能读取 CD-RW 光盘。CD-RW 光盘的容量有 650～700MB。

(4) DVD-ROM(数字多功能光盘或数字视频光盘,只读存储):是一种存储量极高的 CD 式光盘,它能存储 4.7GB 或更多的数据。和 CD 或 CD-ROM 一样,DVD 的表面也有很微小的凹陷可以用激光读取,代表了数字代码的 0 和 1。然而,DVD 上的凹陷要比 CD 上的更小、更密,这样就能存储更多的信息了。同样,用来聚焦这些凹陷的激光束直径大约也只有音频 CD 上使用的激光束的一半大小。另外,DVD 格式支持两层数据定义凹陷点,而不是只有一层,用数据压缩技术可将更多的数据压缩到很少的凹陷点上。

现在很多新的计算机系统都把 DVD 驱动器作为标准配件。一个最大的好处就是这些驱动器也可以接受 CD-ROM 光盘,这样就可以用一台设备观看 DVD 电影和播放 CD-ROM 了。在档案存储、软件发行和娱乐方面,DVD 有很大的潜力取代 CD。

5. 磁带

磁带与录音机中使用的录音带相似(但其信息密度更高)。它是很薄的塑料带子,外面涂有可以被磁化的物质。数据通过磁化点(代表 1)或非磁化点(代表 0)来表示。今天,磁带主要用于备份和存档工作,即用来保存历史纪录,这些信息不需要快速访问。

对于一台大型计算机来说,磁带是放在特殊盒子里的磁带单元或磁带轴上使用的。每个磁带可以存储 160GB 的数据。在微型计算机中,磁带是在磁带盒中工作的,与录音带很相似,使用磁带需要一个内置或外置的磁带驱动器。

3.2.4 输入设备

输入设备是外界向计算机传送信息的装置。在微型计算机系统中,最常用的输入设备有键盘和鼠标器。

1. 键盘

键盘由一组按阵列方式装配在一起的按键开关组成,每按下一个键就相当于接通了相应的开关电路,把该键的代码通过接口电路送入计算机。

目前,微型计算机所配置的标准键盘共有 101 个键,分为四个区域。

1) 主键盘区

主键盘区是键盘的主要使用区,它的键位排列与标准英文打字机的键位排列是相同的。该键区包括了所有的数字键、英文字母键、常用运算符以及标点符号等键。除此之外,还有几个特殊的控制键。

(1) 换挡键(Shift):在主键盘区有 26 个英文字母键;还有 21 个键是双符键,在每个双符键的键面上有上、下两个字符。按下某个英文字母键后,究竟代表小写字母还是大写字母;按下某个双符键后,究竟代表下面的字符还是上面的字符,需要由换挡键来控制。在一般情况下,单独按下一个双符键时所代表的是键面上的下面那个字符;但如果在按下换挡键(Shift)的同时又按下某个双符键,则代表该键面上的上面那个字符。例如,若单独按下双符键[+/=],则代表字符=;但如果同时按下换挡键(Shift)与双符键[+/=],则代表字符+。对于 26 个英文字母来说,单独按下某个英文字母键时代表小写字母,同时按下换挡键与某英文字母键时代表大写字母;相反,如果单独按下某个英文字母键时代表大写字母,同时按下换挡键与某英文字母键时代表小写字母。

(2) 大小写字母转换键(CapsLock)：每按一次该键后，英文字母的大小写状态转换一次。通常，在对计算机加电后，英文字母的初始状态为小写。当个别字母需要改变大小写状态时，也可以用换挡键来实现。

(3) 制表键(Tab)：每按一次这个键，将在输入的当前行上跳过8个字符的位置。

(4) 退格键(BackSpace)：每按一次这个键，将删除当前光标位置的前一个字符。

(5) 回车键(Enter)：每按一次这个键，将换到下一行的行首输入。

(6) 空格键：每按一次这个键，将在当前输入的位置上空出一个字符的位置。

(7) Ctrl键与Alt键：这两个键分别与其他键组合表示某个控制或操作，它们在不同的软件系统中可定义为不同的功能。

2) 小键盘区

小键盘区又称数字键区。这个区中的多数键具有双重功能：一是代表数字，二是代表某种编辑功能。它为专门进行数据录入的用户提供了很大方便。

3) 功能键区

这个区中有12个功能键F1～F12，每个功能键的功能由软件系统定义。

4) 编辑键区

这个区中的所有键主要用于编辑修改。

2. 鼠标器

鼠标器可以方便、准确地移动光标进行定位，它是一般窗口软件和绘图软件的首选输入设备。一般来说，当使用鼠标器的软件系统启动后，在计算机的显示屏幕上就会出现一个“指针光标”，其形状一般为一个箭头。

鼠标器最基本的操作有以下三种。

1) 移动

在移动鼠标器时，屏幕上的指针光标将同方向移动，并且，鼠标器在工作台面上的移动距离与指针光标在屏幕上的移动距离成一定的比例。

2) 按击

按击包括单击(即按一下按钮)和双击(即快速连续地按两下按钮)两种。

按击鼠标器按钮主要用于选取指针光标所指的内容，命令计算机去做一件事情。具体操作是：首先通过移动鼠标器将屏幕上的指针光标指向你要选取的对象，如菜单名称、软件名称或某个特定的符号，然后根据规定按鼠标器上的按钮一下或两下就选中该对象了，计算机将完成相应的功能。

3) 拖动

拖动是按住鼠标器的按钮不放开而移动鼠标器，此时，被按击的对象就会随着鼠标器的移动在屏幕上移动，当移到目的地后再放开按钮。例如，用鼠标器的拖动动作可以方便地在屏幕上移动一个图形。

由鼠标器的这些基本操作可以看出，使用鼠标器的明显优点是简单、直观、速度快。当需要计算机做一项工作时，只需要把指针光标指到屏幕上相应的选择项，然后按一下或两下鼠标器的按钮，就向计算机发出了执行工作的命令。这要比用键盘输入命令更简单、直观，也不容易出错。

3.2.5 输出设备

输出设备的作用是将计算机中的数据信息传送到外部媒介，并转化成某种为人们所需要的表示形式。例如，将计算机中的程序、运行结果、图形、录入的文章等在显示器上显示出来，或者用打印机打印出来。在微机系统中，最常用的输出设备是显示器和打印机。磁盘驱动器既可以从磁盘读出数据，也可以往磁盘写数据，因此，它既是输入设备，也是输出设备。有时根据需要还可以配置其他输出设备，如绘图仪等。

1. 显示器

显示器又称监视器(Monitor)。它是计算机系统中最基本的输出设备，也是计算机系统不可缺少的部分。

通常，显示器必须配显示适配卡，简称显示卡，用于控制显示屏幕上字符与图形的输出。显示卡被设计在一块印刷电路板上，一般插在主机板的标准插槽中，并引出一个插座与显示器相连。显示器与显示卡必须配套使用。目前，一般微机上配置的各种显示卡的指标如表 3.1 所示。

表 3.1　各种显示卡指标

显示卡类型	分辨率/ppi	显示方式	颜色数/种
MDA	720×350	字符	单色
CGA	320×200 320×200 640×200	字符 图形 图形	16 4 2
EGA	640×350 640×200 640×350	字符 图形 图形	16 16 2
VGA	320×200 640×480	图形 图形	256 16
TVGA	1188×480 640×400 1024×768 1024×768	字符 图形 图形 图形	16 256 16 256

2. 打印机

打印机也是计算机系统最常用的输出设备。在显示器上输出的内容只能当时查看，便于用户检查与修改，但不能保存。为了将计算机输出的内容留下书面记录以便保存，就需要用打印机打印输出。

按打印机的打印方式来分，目前常用的打印机有点阵打印机、喷墨打印机与激光打印机。

1）点阵打印机

点阵打印机又称针式打印机或击打式打印机。它有 7 针、9 针、18 针、24 针等多种形式，在微机上用得最多的是 9 针和 24 针打印机，24 针打印机可用于打印汉字。

点阵打印机打印头上的针排成一列，打印的字符是用点阵组成的。在打印时，随着打印头在纸上的平行移动，由电路控制相应针的动作，动作的针头接触色带击打纸面而形成墨点，不动作的针在相应位置上留下空白，这样移动若干列后就可打印出需要的字符或汉字。

2）喷墨打印机

近年来，喷墨打印机的制造技术有了很大突破，它的打印速度比点阵打印机快，打印质量比点阵打印机好，噪音也远比点阵打印机小，因此，在很多场合下，用户喜欢使用它。

喷墨打印机是通过喷墨管将墨水喷射到普通打印纸上而实现字符或图形的输出。高分辨率的彩色打印需要高质量的专用打印纸。

但喷墨打印机的价格要比点阵打印机高，并且，专用打印纸与专用墨水的消耗使喷墨打印机的日常费用也比较高。

3）激光打印机

激光打印机是一种新型的打印机，它属于非击打式的页式打印机，无噪声、分辨率高，打印速度也远高于点阵打印机，因此，它越来越受到用户的欢迎。

激光打印机的工作原理比点阵打印机要复杂得多，其结构也复杂得多，它集合了光、机、电等技术。高速激光打印机的打印速度可达到2000行/分，低速激光打印机的打印速度为500～700行/分。激光打印机的分辨率一般在4～12点/毫米。由于激光打印机打印出的字符或图形质量很高，因此，对于需要打印正式公文与图表的用户，是一种最好的选择。

各种打印机与主机的连接大多是通过标准接口，其中有标准的串行接口和并行接口。

3.3 微型计算机的软件系统

3.3.1 计算机软件的基本概念

软件是计算机系统的重要组成部分。

相对于计算机硬件而言，软件是计算机的无形部分，但它的作用是很大的。这好比是人们为了看录像，就必须有录像机，这是硬件条件；但仅有录像机还看不成录像，还必须要有录像带，这是软件条件。由此可知，如果只有好的硬件，但没有好的软件，计算机是不可能显示出它的优越性的。所谓软件是指能指挥计算机工作的程序与程序运行时所需要的数据以及与这些程序和数据有关的文字说明和图表资料。其中文字说明和图表资料又称为文档。

微型机的软件系统可以分为系统软件和应用软件两大类。

计算机软件是脑力劳动的产物。一个实用软件一般需要众多软件专业人员以及计算机应用工作者经过长期的劳动才能完成。计算机软件与计算机硬件同样属于商品。为了鼓励计算机软件的开发与流通，促进计算机应用事业的发展，按照《中华人民共和国著作权法》的规定,国务院颁布了《计算机软件保护条例》,并于1991年10月1日起施行。该条例明确规定:未经软件著作权人的同意,复制其软件的行为是侵权行为,侵权者要承担相应的民事责任。

3.3.2 系统软件

系统软件是指管理、监控和维护计算机资源(包括硬件和软件)的软件。常见的系统软件有操作系统、各种语言处理程序以及各种工具软件等。

1. 操作系统

操作系统是最底层的系统软件,它是对硬件系统功能的首次扩充,也是其他系统软件和应用软件能够在计算机上运行的基础。

2. 程序设计语言与语言处理程序

人们要利用计算机解决实际问题,一般首先要编写程序。程序设计语言就是用户用来编写程序的语言,它是人与计算机之间交换信息的工具。

程序设计语言是软件系统的重要组成部分,而相应的各种语言处理程序属于系统软件。程序设计语言一般分为机器语言、汇编语言和高级语言三类。

3. 工具软件

工具软件有时又称服务软件,它是开发和研制各种软件的工具。常见的工具软件有诊断程序、调试程序、编辑程序等。这些工具软件为用户编制计算机程序及使用计算机提供了方便。

1) 诊断程序

诊断程序有时也称为查错程序,它的功能是诊断计算机各部件能否正常工作,因此,它是面向计算机维护的一种软件。例如,对微型机加电后,一般都首先运行ROM中的一段自检程序,以检查计算机系统是否能正常工作。这段自检程序就是一种最简单的诊断程序。

2) 调试程序

调试程序用于对程序进行调试。它是程序开发者的重要工具,特别是对于调试大型程序显得更为重要。例如,DEBUG就是一般PC系统中常用的一种调试程序。

3) 编辑程序

编辑程序是计算机系统中不可缺少的一种工具软件。它主要用于输入、修改、编辑程序或数据。

系统软件是计算机系统的必备软件。用户在购置计算机时,一般都要根据需要以及可能配备相应的系统软件。

3.3.3 应用软件

应用软件是指除了系统软件以外的所有软件,它是用户利用计算机及其提供的系统软件为解决各种实际问题而编制的计算机程序。由于计算机已渗透到了各个领域,因此,应用软件是多种多样的。

应用软件主要是为用户提供在各个具体领域中的辅助功能,它也是绝大多数用户学习、使用计算机时最感兴趣的内容。

应用软件具有很强的实用性，专门用于解决某个应用领域中的具体问题，因此，它又具有很强的专用性。由于计算机应用的日益普及，各行各业、各个领域的应用软件越来越多。也正是这些应用软件的不断开发和推广，更显示出计算机无比强大的威力和无限广阔的前景。

应用软件的内容很广泛，涉及社会的许多领域，很难概括齐全，也很难确切地进行分类。

常见的应用软件有以下几种：

- 各种信息管理软件；
- 办公自动化系统；
- 各种文字处理软件；
- 各种辅助设计软件以及辅助教学软件；
- 各种软件包，如数值计算程序库、图形软件包等。

3.3.4 操作系统

操作系统实际上是一组程序，它们用于统一管理计算机中的各种软、硬件资源，合理地组织计算机的工作流程，协调计算机系统的各部分之间、系统与用户之间、用户与用户之间的关系。由此可见，操作系统在计算机系统中占有特殊重要的地位。通常，操作系统具有五个方面的功能：内存储器管理、处理机管理、设备管理、文件管理和作业管理。这也就是通常所说的操作系统的五大任务。

对操作系统的分类方法有很多，常见的分类方法有：

按操作系统的功能可以分为实时操作系统和作业处理系统。

按操作系统所管理的用户数目可以分为单用户操作系统和多用户操作系统。

随着计算机技术的发展和计算机应用的不断深入，计算机广泛用于网络通信中，操作系统也向网络化发展，或者在现有的操作系统中增加网络通信的功能，这就是网络操作系统。

DOS操作系统是前一阶段世界上最为流行的操作系统之一，它属于单用户单任务磁盘操作系统。UNIX操作系统是世界上应用最广泛的一种多用户多任务操作系统，并已成为工作站以及32位高档微机的标准操作系统。特别要指出的是，多窗口操作系统Windows为用户提供了最友好的界面，并且保留了实现DOS操作命令的机制，目前已在各种微机上得到了广泛应用，对计算机的普及与应用起到了明显的促进作用。

3.3.5 程序设计语言及其处理程序

程序设计语言一般分为机器语言、汇编语言和高级语言三类。

1. 机器语言

机器语言是最底层的计算机语言。用机器语言编写的程序，计算机硬件可以直接识别。在用机器语言编写的程序中，每一条机器指令都是二进制形式的指令代码。在指令代码中一般包括操作码和地址码，其中操作码告诉计算机作何种操作，地址码则指出被操作的对象。对于不同的计算机硬件(主要是CPU),其机器语言是不同的,因此,针对一种计算机所编写的机器语言程序不能在另一种计算机上运行。由于机器语言程序是直接针对计算机硬件的,因此它的执行效率比较高,能充分发挥计算机的速度性能。但是,用机器语言编写程序的难度比较大,容易出错,而且程序的直观性比较差,也不容易移植。

2. 汇编语言

为了便于理解与记忆,人们采用能帮助记忆的英文缩写符号(称为指令助记符)来代替机器语言指令代码中的操作码,用地址符号来代替地址码。用指令助记符及地址符号书写的指令称为汇编指令(也称符号指令),而用汇编指令编写的程序称为汇编语言源程序。汇编语言又称符号语言。

汇编语言与机器语言一般是一一对应的,因此,汇编语言也是与具体使用的计算机有关的。由于汇编语言采用了助记符,因此,它比机器语言直观,容易理解和记忆,用汇编语言编写的程序也比机器语言程序易读、易检查、易修改。但是,计算机不能直接识别用汇编语言编写的程序,必须由一种专门的翻译程序将汇编语言源程序翻译成机器语言程序后,计算机才能识别并执行。这种翻译的过程称为“汇编”,负责翻译的程序称为汇编程序。

3. 高级语言

机器语言和汇编语言都是面向机器的语言,一般称为低级语言。低级语言对机器的依赖性太大,用它们开发的程序通用性很差,普通的计算机用户很难胜任这一工作。

随着计算机技术的发展以及计算机应用领域的不断扩大,计算机用户的队伍也在不断壮大。为了使广大的计算机用户也能胜任程序的开发工作,从20世纪50年代中期开始逐步发展了面向问题的程序设计语言,称为高级语言。高级语言与具体的计算机硬件无关,其表达方式接近于被描述的问题,易为人们接受和掌握。用高级语言编写程序要比低级语言容易得多,并大大简化了程序的编制和调试,使编程效率得到大幅度的提高。高级语言的显著特点是独立于具体的计算机硬件,通用性和可移植性好。

目前,计算机高级语言已有上百种之多,得到广泛应用的有十几种,并且,几乎每一种高级语言都有其最适用的领域。表3.2列出了几种常用的高级语言及其适用范围。

表3.2 常用的高级语言

语言名称	适用范围	语言名称	适用范围
BASIC	教学和小型应用程序的开发	FoxBASE	数据库管理程序的开发
FORTRAN	科学及工程计算程序的开发	C++	面向对象程序的开发
PASCAL	专业教学和应用程序的开发	LISP	人工智能程序的开发
C	中、小型系统程序的开发	PROLOG	人工智能程序的开发
COBOL	商业与管理应用程序的开发	Java	面向对象程序的开发
dBASE	数据库管理程序的开发		

必须指出,用任何一种高级语言编写的程序(称为源程序)都要通过编译程序翻译成机器语言程序(称为目标程序)后计算机才能执行,或者通过解释程序边解释边执行。

习　题　3

一、选择题

1. 486 机是(　　)位机。

A) 8　　B) 16　　C) 32　　D) 64

2. 1MB 等于(　　)字节。

A) 1000　　B) 1024

C) 1000×1000　　D) 1024×1024

3. 一个字节的二进制位数为(　　)。

A) 2　　B) 4　　C) 8　　D) 16

4. 一个完整的计算机系统包括(　　)。

A) 计算机及其外部设备　　B) 主机、键盘、显示器

C) 系统软件与应用软件　　D) 硬件系统与软件系统

5. IBM PC/XT 使用的 CPU 芯片是(　　)。

A) 8086　　B) 8088　　C) 80286　　D) 80386

6. 计算机的软件系统包括(　　)。

A) 程序与数据　　B) 系统软件与应用软件

C) 操作系统与语言处理程序　　D) 程序、数据与文档

7. 下列存储设备中,断电后其中信息会丢失的是(　　)。

A) ROM　　B) RAM　　C) 硬盘　　D) 软盘

8. 下列设备中,属于输入设备的是(　　)。

A) 鼠标器　　B) 显示器　　C) 打印机　　D) 绘图仪

9. 计算机能直接识别的语言是(　　)。

A) 汇编语言　　B) 自然语言　　C) 机器语言　　D) 高级语言

10. 微型计算机中运算器的主要功能是(　　)。

A) 控制计算机的运行　　B) 算术运算和逻辑运算

C) 分析指令并执行　　D) 负责存取存储器中的数据

11. 为使 5.25 英寸软盘只能读不能写,则应(　　)。

A) 敞开读写槽　　B) 敞开写保护缺口

C) 贴住读写槽　　D) 贴住写保护缺口

12. 既是输入设备又是输出设备的是(　　)。

A) 磁盘驱动器　　B) 键盘　　C) 显示器　　D) 鼠标

13. 双面高密度 3.5 英寸软盘的容量为(　　)MB。

A) 360　　B) 720　　C) 1.2　　D) 1.44

14. 下列存储器中,存储容量最大的是(　　)。

A) 软盘　　B) 硬盘　　C) 光盘　　D) 内存

15. 下列存储器中,存取速度最快的是(　　)。

A）软盘　　B）硬盘　　C）光盘　　D）内存

16. CPU 包括(　　)。

A）内存和控制器　　B）控制器和运算器

C）高速缓存和运算器　　D）控制器、运算器和内存

17. 系统软件中最重要的是(　　)。

A）操作系统　　B）语言处理程序

C）工具软件　　D）数据库管理系统

18. 下列描述中正确的是(　　)。

A）激光打印机是击打式打印机

B）软磁盘驱动器是内存储器

C）操作系统是一种应用软件

D）计算机运行速度可以用每秒执行指令的条数来表示

19. 在微机上运行某个程序时，如果存储容量不够，解决的办法是(　　)。

A）把软盘换成硬盘　　B）把磁盘换成光盘

C）扩充内存　　D）使用高密度软盘

20. 如果按字长来划分，微型机可以分为 16 位机、32 位机等。所谓 32 位机是指该计算机所用的 CPU(　　)。

A）同时能处理 32 位二进制数　　B）具有 32 位的寄存器

C）只能处理 32 位二进制定点数　　D）有 32 个寄存器

21. 通常所说的主机是指(　　)。

A）CPU　　B）CPU 和内存

C）CPU、内存与外存　　D）CPU、内存与硬盘

22. CPU 处理的数据基本单位为字，一个字的二进制位数为(　　)。

A）8　　B）16

C）32　　D）与 CPU 芯片的型号有关

23. 应用软件是指(　　)。

A）所有能够使用的软件

B）能被各应用单位共同使用的某种软件

C）所有微机上都应使用的基本软件

D）专门为某一应用目的而编制的软件

24. 下列关于操作系统的叙述中，正确的是(　　)。

A）操作系统是软件和硬件之间的接口

B）操作系统是源程序和目标程序之间的接口

C）操作系统是用户和计算机之间的接口

D）操作系统是外设和主机之间的接口

25. 下列说法中正确的是(　　)。

A）计算机体积越大，其功能就越强

B）两个显示器屏幕尺寸相同，则它们的分辨率必定相同

C）点阵打印机的针数越多，则能打印的汉字字体就越多

D）在微机性能指标中，CPU 的主频越高，其运算速度越快

26. 在微机性能指标中，用户可用的内存储器容量通常是指（　　）。

A）ROM 的容量　　B）RAM 的容量

C）ROM 和 RAM 的容量总和　　D）硬盘的容量

27. 某计算机的型号为 486/33，其中 33 的含义是（　　）。

A）CPU 的序号　B）内存的容量　C）CPU 的速率　D）时钟频率

28. 如果一个存储单元能存放一个字节，则容量为 32KB 的存储器中的存储单元个数为（　　）。

A）32 000　B）32 768　C）32 767　D）65 536

29. 80386 的协处理器是（　　）。

A）80286　B）80287　C）8087　D）80387

30. bit 的意思是（　　）。

A）字　B）字长　C）字节　D）二进制位

31. 内存容量的单位是（　　）。

A）字节　B）字长　C）字　D）二进制位

32. 机器语言使用的编码是（　　）。

A）ASCII 码　B）二进制编码　C）英文字母　D）汉字国标码

33. 某学校的工资管理程序属于（　　）。

A）系统程序　B）应用程序　C）工具软件　D）文字处理软件

34. WPS 属于（　　）。

A）工具软件　B）字处理软件　C）管理软件　D）系统软件

35. 国务院发布的《计算机软件保护条例》开始施行的日期是（　　）。

A）1985 年 6 月　B）1990 年 8 月　C）1991 年 10 月　D）1992 年 1 月

36. 能将源程序转换成目标程序的是（　　）。

A）调试程序　B）解释程序　C）编译程序　D）编辑程序

37. 以下各项中不属于应用软件的是（　　）。

A）文字处理程序　B）编辑程序　C）CAD 软件　D）MIS

38. 编译程序的功能是（　　）。

A）发现源程序中的语法错误

B）改正源程序中的语法错误

C）将源程序编译成目标程序

D）将某一高级语言程序翻译成另一种高级语言程序

39. 对计算机软件正确的认识应该是（　　）。

A）计算机软件不需要维护

B）计算机软件只要能复制得到就不必购买

C）受法律保护的计算机软件不能随便复制

D）计算机软件不需要备份

40. 计算机的运算速度可以用 MIPS 来描述，它的含义是(　　)。

A）每秒执行百万条指令　　B）每秒处理百万个字符

C）每秒执行千万条指令　　D）每秒处理千万个字符

41. CD-ROM 是指(　　)。

A）只读性光盘　B）可读写光盘　C）只读内存　D）可读写内存

42. CAI 指的是(　　)。

A）系统软件　　B）计算机辅助教学软件

C）计算机辅助设计软件　　D）办公自动化系统

43. 可移植性最好的计算机语言是(　　)。

A）机器语言　B）汇编语言　C）高级语言　D）自然语言

44. UNIX 是(　　)操作系统 。

A）单用户单任务　　B）单用户多任务

C）多用户单任务　　D）多用户多任务

45. 3.5 英寸软盘片的一个角上有一个滑动块，如果移动该滑动块露出一个小孔，则该软盘(　　)。

A）不能读但能写　　B）不能读也不能写

C）只能读不能写　　D）能读写

46. 一张 5.25 英寸软盘片的外套上标有"DS，HD"，则该软盘的容量为(　　)。

A）360KB　B）720KB　C）1.2MB　D）1.44MB

47. 所谓"裸机"是指(　　)。

A）单片机　　B）单板机

C）不装备任何软件的计算机　　D）只装备操作系统的计算机

48. 下列高级语言中，能用于面向对象程序设计的是(　　)。

A）dBASE　B）FORTRAN　C）PASCAL　D）C++

49. CPU 中控制器的功能是(　　)。

A）进行逻辑运算

B）进行算术运算

C）分析指令并发出相应的控制信号

D）只控制 CPU 的工作

二、填空题

1. 386 机的字长为__(1)__二进制位，486 机的字长为__(2)__二进制位，Pentium 微机的字长为__(3)__二进制位。

2. 随机存取存储器的英文名称为__(1)__，只读存储器的英文名称为__(2)__。

3. 软件分为系统软件和应用软件，科学计算程序包属于__(1)__，诊断程序属于__(2)__。

4. 某微型机的运算速度为 2MIPS，则该微型机每秒钟执行________条指令。

第4章 操作系统概述

计算机系统是一个复杂的系统，它主要包括硬件和软件两大部分，硬件是指构成系统的物理设备，如CPU、存储器、输入输出设备等；软件是各种各样的程序及其文档的总称。软件的运行以硬件为基础，需要硬件的支持；而软件又起到了扩充和完善硬件功能的作用。硬件和软件有机地结合使计算机系统能完成各种复杂的操作。

计算机系统中所有的硬件和软件，统称为计算机资源。人们总是希望能够充分利用计算机系统中的所有资源，尽可能增强计算机系统的功能，而且能够为使用者提供良好的工作环境，操作系统正是为此而发展起来的。

4.1 操作系统的基本概念

4.1.1 操作系统的功能与任务

操作系统是最基本和核心的系统软件，也是当今计算机系统中不可缺少的组成部分，所有其他软件都依赖于操作系统的支持。

从计算机系统的组成层次出发，操作系统是直接与硬件层相邻的第一层软件，它对硬件进行首次扩充，是其他软件运行的基础。操作系统实际上是由一些程序模块组成的，它们是系统软件中最基本的部分，其主要作用有以下几个方面：

(1) 管理系统资源。包括对CPU、内存储器、输入输出设备、数据文件和其他软件资源的管理。

(2) 为用户提供资源共享的条件和环境，并对资源的使用进行合理调度。

(3) 提供输入输出的方便环境，简化用户的输入输出工作，提供良好的用户界面。

(4) 规定用户的接口，发现、处理或报告计算机操作过程中发生的各种错误。

从上述几方面的作用可以看出，操作系统既是计算机系统资源的控制和管理者，又是用户和计算机系统之间的接口，当然它本身也是计算机系统的一部分。因此，概略地说，操作系统是用以控制和管理系统资源、方便用户使用计算机的程序的集合。

如果把操作系统看成计算机系统资源的管理者，则操作系统的功能和任务主要有以下五个方面。

1. 处理机管理

处理机(CPU)是整个计算机硬件的核心。处理机管理的主要任务是：充分发挥处理机的作用，提高它的使用效率。

2. 存储器管理

计算机的内存储器是计算机硬件系统中的重要资源，它的容量总是有限的。存储器管理的主要任务是：对有限的内存储器进行合理分配，以满足多个用户程序运行的需要。

3. 设备管理

通常，用户在使用计算机时都要或多或少地用到输入输出操作，而这些操作都要涉及各种外部设备。设备管理的主要任务是：有效地管理各种外部设备，使这些设备充分发挥效率；给用户提供简单而易于使用的接口，以便在用户不了解设备性能的情况下，也能很方便地使用它们。

4. 文件管理

由于内存储器是有限的，因此，大部分的用户程序和数据，甚至是操作系统本身的部分以及其他系统程序的大部分，都要存放在外存储器上。文件管理的主要任务是：唯一地标识计算机系统中的每一组信息，以便能够合理地访问和控制它们；有条理地组织这些信息，使用户能够方便且安全地使用它们。

5. 作业管理

作业管理是操作系统与用户之间的接口软件。它的主要任务是：对所有的用户作业进行分类，并且根据某种原则，源源不断地选取一些作业交给计算机去处理。

从操作系统的以上五项主要任务可以看出，操作系统实际上确实是计算机系统资源的管理者。对于实际的一些操作系统，可能由于其性能、使用方式各不相同，使系统功能、基本结构、支持硬件和应用环境等方面也有所不同，因此，操作系统所要完成的任务也各不相同。例如，对于微机操作系统，作业管理就不需要，而重点是处理机管理、文件管理和设备管理。

4.1.2 操作系统的发展过程

操作系统是在计算机技术发展的过程中形成和发展起来的，它以充分发挥处理机的处理能力，提高计算机资源的利用率，方便用户使用计算机为主要目标。本节简要讨论操作系统的形成和发展过程，以及在每一发展阶段中系统的主要特点与采用的主要技术。

1. 手工操作阶段

在计算机发展的初期，计算机运行的速度比较低，能使用的外部设备也比较少，因此，在这一阶段中，用户以使用机器语言或符号语言的手编程序为主，操作员（也即用户）通过控制台上的开关来控制计算机的运行，而计算机通过指示灯来显示其运行的状态。在这种手工操作的方式下，由于大量的人工干预，降低了计算机的使用效率，主要体现在以下几个方面：

（1）由于单个用户独占计算机的所有资源，从而使资源得不到充分利用。

（2）由于用户直接使用计算机硬件资源，因此，要求用户熟悉计算机各部分的细节，这就导致使用很不方便，也容易出错。

（3）由于进行手工联机操作，人工干预多，因此辅助时间较长。

以上这些缺点在计算机发展的初期还不十分突出，但随着计算机运行速度的提高和计算机应用的日益广泛，与程序的实际运行时间相比，人工干预的时间所占的比例越来越大，以至于上机解题的时间大部分花在了手工操作上，并且，非计算机专业人员使用计算机的不方便性也越来越突出，因此，人工操作方式的弊病也就越来越明显了。

2. 成批处理系统

手工操作存在的根本问题是人工干预过多，因此，要克服手工操作方式的缺点，就必须减少人工干预，实现作业之间转接的自动化，以缩短作业转接时处理机的等待时间，从而比较好地发挥计算机的效率。为此，就出现了成批处理系统。

在早期的成批处理系统中，操作员把若干作业合为一批，然后按先后次序通过输入机将这批作业读入内存缓冲区，再转储到磁带上，最后由监控程序再从磁带上顺序读入每个作业到内存，交给处理机去处理。在处理完一个作业之后，再读入下一个作业进行处理，直到全部输入并处理完这一批作业，再把下一批作业读入磁带，以同样的方式进行处理。由这个过程可以看出，在处理一批作业的时候，各个作业之间的转接是在监控程序的控制下自动完成的，因而缩短了由于手工操作所造成的处理机等待时间。在这种系统中，手工操作带来的矛盾得以缓和，但由于处理机和输入、输出设备是串行工作的，因此，处理机与输入、输出设备之间速度不匹配的矛盾日益突出，处理机的绝大部分时间处于等待状态。为了进一步提高效率，出现了脱机技术。

在采用脱机技术的系统中，专门设置一台功能较弱、价格较低的小型卫星机来承担输入、输出设备的管理任务。该卫星机只与外部设备相连，不与主机直接连接，因而称为脱机批处理系统，如图 4.1 所示。

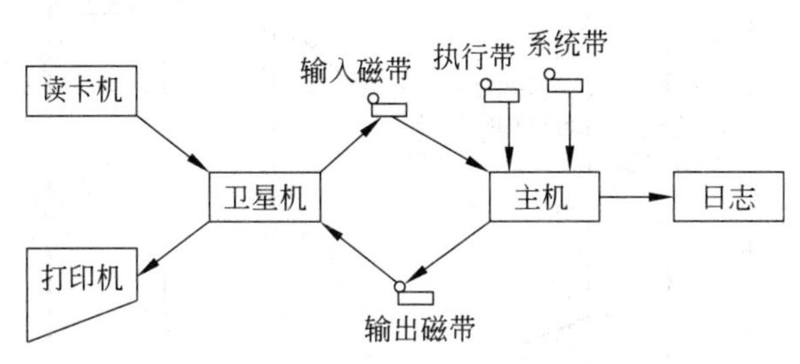

图 4.1　脱机批处理系统

在脱机批处理系统中，各个用户作业先由卫星机汇集到输入磁带上，然后由主机从磁带上把作业调到内存，并予以执行。主机在处理输入磁带上的作业时，将产生的输出结果送到输出磁带上，然后由卫星机把处理结果输出到输出设备上，每个作业的结果要在一批作业处理完以后才能得到。这就是脱机的单道程序成批处理系统。

脱机成批处理系统的特点是卫星机与主机并行工作，使主机摆脱了慢速的输入、输出操作。但是，它并没有从根本上解决发挥主机效率的问题，因为主机的运行和磁带机的输入、输出操作都是在程序控制下串行进行的，而磁带机的工作速度远低于主机，因此，主机的大部分时间仍消耗在输入、输出操作上。要进一步提高系统的效率，有效的方法是使主机和输入、输出设备并行工作。为了使主机和输入、输出设备并行工作，人们使用了以通道技术、中断技术和多道程序设计技术为基础的假脱机(SPOOL)技术。

由此可以看出，成批处理系统较之手工操作具有很多的优点。在这样的系统中，提高了计算机系统资源的利用率，特别是处理机的处理能力。同时，由于成批处理系统的出现，推动了软件系统的发展，并且为用户使用计算机提供了方便。

3. 执行程序系统

前面提到，为了充分发挥计算机的效率，必须处理好主机与外部设备在速度上不匹配的问题，因为慢速的输入、输出设备和主机串行工作，势必使主机经常处于等待状态，影响主机效率的发挥。为了解决这个问题，在硬件上引进通道和中断机构，这样就产生了主机和通道之间并行工作的执行程序系统。

通道是一种硬件机构，它独立于处理机而直接控制输入、输出设备与内存之间的数据传送。中断是外界（如输入、输出设备，通道等）向主机报告信息的一种通信方式。为了便于理解执行程序系统的工作原理，下面以在中断方式下进行输入、输出的执行过程为例，来说明执行程序系统的工作过程。

当主机需要在外部设备与内存之间传送数据时，首先在内存中开辟一个用于输入、输出的缓冲区，然后执行“启动通道”指令，此时就开始传送成组数据，在传送数据的过程中，主机并不等待传送数据的完成，而是继续执行后续指令；当数据全部传送完成后，输入或输出设备报告给主机一个信号（称为中断请求信号），此时，主机暂时中断原来程序的执行，对其进行适当处理（即执行中断处理程序），处理完后（即中断处理程序执行完）再继续执行被中断的程序。这个工作过程如图 4.2 所示。

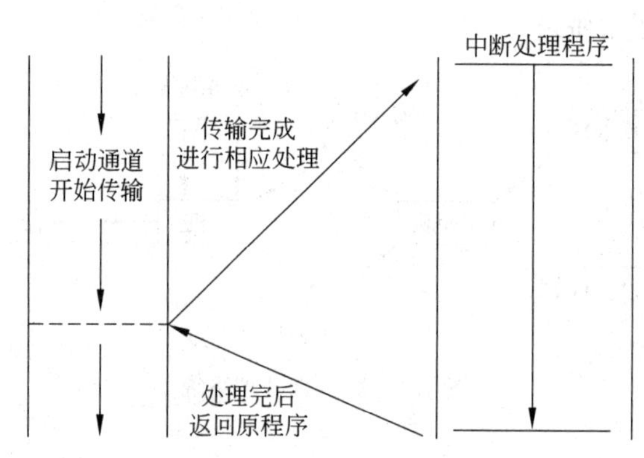

图 4.2　输入输出与主机并行工作示意图

在这种工作方式下，输入、输出设备与主机并行工作，但要求主机具有较强的中断处理能力。所谓执行程序，包括输入、输出控制程序和中断处理程序。

执行程序系统更充分地利用了系统资源，提高了计算机的执行效率，同时也增加了系统的安全性。另外，执行程序系统也简化了用户的使用界面，在程序设计时不必为时间匹配问题而花费精力。

4. 多道程序系统的引入

在执行程序系统阶段，各个用户程序在系统中是顺序执行的，因此，整个系统资源还不能得到充分利用。一般来说，用户程序往往各有处理的侧重点。例如，当执行计算量比较大的程序时，输入、输出设备的利用率就不高；而当计算的题目较小时，内存空间就得不到充分利用等。如果在计算机中同时有多个程序在执行，就有可能使计算机系统中的各种资源更充分地发挥作用。

所谓多道程序技术，是指在计算机内存中同时存放多道相互独立的程序，它们在操作系统的控制下，共享系统的硬件和软件资源。

在单处理机的系统中，并发程序在微观上只能交替运行，仅在宏观上可看成是并行的。例如，在图 4.3 中，处理机同时在处理两道程序 A 和 B，但由于只有一个处理机，因此，实际上同时只能运行一个程序。假设先运行程序 A，当运行到 XA 处时，由于某种原因运行不下去了。此时，处理机不再等待，而是转向运行程序 B；当运行到 XB 处时，又由于某种原因运行不下去了，处理机将回到程序 A 的 XA 处运行(此时程序 A 有可能能运行了)，如此继续。从图 4.3 可以看出，在某一小段时间内，处理机只能运行一道程序；但从宏观上来看程序 A 和程序 B 是在同时运行的，这正是这种系统的重要特征。

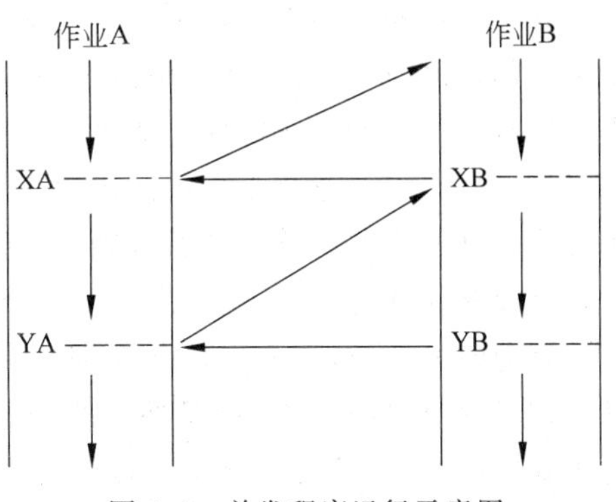

图 4.3　并发程序运行示意图

多道程序系统的显著优点是可使主机、通道、输入输出设备以及计算机系统的其他所有资源得到充分利用。也就是说，多道程序系统既具并行性，又具共享性。

4.1.3　操作系统的分类

计算机技术的迅速发展和日益广泛、深入的应用，必然会对操作系统的性能、使用方式等提出不同的要求，这就促使不同的操作系统在系统功能、基本结构、支持硬件和应用环境等方面都各有不同，从而形成不同类型的操作系统。

对操作系统进行分类的方法有很多。例如，按照计算机硬件规模的大小，可以分为大型机操作系统、小型机操作系统和微型机操作系统。它们的硬件资源和结构不同，使用环境也不一样，因此，操作系统设计的基本出发点、所要解决的问题和追求的主要目标都各不相同。按照操作系统在用户面前的使用环境以及访问方式，可以将操作系统分为多道批处理操作系统、分时操作系统和实时操作系统等。

1. 多道批处理操作系统

多道批处理操作系统包含“多道”和“批处理”两层意思。所谓“多道”是指在计算机内存中存入多个用户作业。所谓“批处理”是指这样一种操作方式，在外存中存入大量的后备作业，作业的运行完全由系统控制。用户与其作业之间没有交互作用，不能直接控制其作业的运行。通常称这种方式为批操作或脱机操作。

在多道批处理操作系统中，系统要根据一定的调度原则，从后备作业中选择一批搭配合理的作业调入内存运行。所谓“搭配合理”，主要是指要充分发挥系统资源的利用率，提高系统的处理能力，同时也要兼顾用户的响应时间。这类系统一般用于较大的计算机系统。由于它的硬件设备比较全，价格比较高，因此，多道成批处理系统十分注意 CPU 及其他设备的充分利用，以充分发挥资源的利用率为主要目标，追求高的吞吐量。这种系统的特点是，对资源的分配策略和分配机构以及对作业和处理机的调度等功能均经过精心设计，各类资源管理功能既全又强。

2. 分时操作系统

多道批处理系统吞吐量大,资源利用率高,但对用户来说,经常会感到使用不方便。用户一旦将其作业交给系统,就失去了对该作业运行的控制能力。然而,对程序运行中的每个细节往往不是事先可以预料得到的,特别是新开发的程序,难免有不少错误或不当之处需要加以修改。因此,在这种情况下,用户希望能干预作业的运行,但多道批处理系统不提供这种程序调试的方便。此外,用户从提交作业到获得计算结果,一般需要等待很长的时间,因此,对于运行小程序的用户来说,大部分时间花费在交付作业与取结果上,延缓了程序的开发进程。针对多道批处理系统的这些缺点,又出现了一种使用户和程序之间可以有交互作业的系统,这就是分时系统。

在分时系统中,多个用户分享使用同一台计算机,即在一台计算机上连接若干台终端,每个用户可以独占一台终端。所谓分时,是指若干个并发程序对 CPU 的分时,其中每个程序对 CPU 的时间分享单位称为时间片。例如,设时间片长度为 100ms,现有 10 个用户,则操作系统对每个用户的平均响应时间为 100ms×10=1s。也就是说,每个用户依次轮流使用 100ms 的时间片。

分时系统具有以下几方面的特点:

(1) 同时性:若干远、近程终端上的用户,在各自的终端上同时使用一台计算机。

(2) 独立性:同一台计算机上的用户在各自的终端上独立工作,互不干扰。

(3) 及时性:用户可以在很短的时间内得到计算机的响应。

(4) 交互性:分时系统提供了人机对话的条件,用户可以根据系统对自己请求的响应情况,继续向系统提出新的要求,便于程序的检查和调试。

由上可知,分时系统显著提高了程序开发与调试的效率,为程序设计与开发者提供了一个理想的开发环境。并且,在分时系统下,用户可以通过终端随时使用本地或远程的计算机,使用很方便。此外,各分时系统的用户共享计算机资源,不仅使系统资源得以充分利用,还可以使用户之间方便地互相交流程序、信息和计算结果等,有利于用户之间合作完成一项计划。

第一个分时操作系统就是大家所熟悉的 UNIX 操作系统。

3. 实时操作系统

计算机的应用涉及各个领域和各个方面,其中信息处理和过程控制是计算机的重要应用领域,且都有一定的实时要求。这种具有实时要求的系统称之为实时系统。所谓实时,是指对随机发生的外部事件能作出及时的响应并对其进行处理。这里所说的外部事件是指来自与计算机系统相连接的设备所提出的服务要求和数据采集。

实时系统分为实时过程控制系统和实时信息处理系统两类。前者用于工业生产的自动控制、导弹发射和飞机飞行等军事方面的自动控制、实验过程控制等。后者用于如机票预订管理、银行或商店的数据处理、情报资料查询处理等方面。这些实时系统的特点是有严格的时间限制。它要求计算机对输入的信息作出快速响应,并在规定的时间内完成规定的操作。实时系统都要由适应这种要求的操作系统——实时操作系统进行管理和协调,以满足实际的需要。

4. 通用操作系统

根据实际需要,往往要将以上这些系统的功能组合起来使用,从而形成通用操作系统。例如,成批处理与分时处理相组合,分时作业为前台作业,而成批处理的作业为后台作业。这样,计算机在处理分时作业的空闲时间内,就可以适当处理一些成批作业,以避免时间的浪费,充分发挥计算机的处理能力。同样,成批处理系统也可以与实时系统相组合,此时,实时作业为前台作业,成批处理的作业为后台作业,这样也可以充分发挥系统资源的作用。

5. 优良的操作环境——多窗口系统

计算机特别是微型计算机已经普及到办公室和家庭,使用情况各不相同,使用者的水平也差别很大,因此,如何为用户提供一个最简单、最方便的操作环境,是推广和普及计算机应用的重要问题。要方便用户使用计算机,最重要的就是系统要向用户提供友好的界面,使用户能够通过简单、明了而且又非常醒目的提示,以尽可能少的键盘操作来使用计算机。多窗口系统正是这个目标的体现。

人们通过终端(或键盘与显示器)使用计算机,屏幕的输出管理是用户界面的重要部分。所谓多窗口系统最初基本上就是指管理屏幕上规定部分的输出和输入的工具。随着计算机技术的发展,多窗口系统的功能也在增强。实际上,现代的窗口操作系统已远远超出了上述的概念。所谓多窗口,就是把计算机的显示屏幕划分出多个区域,每个区域称为一个窗口,每个窗口负责处理和显示某一类信息。从不同的角度看,对多窗口系统可以有以下三种不同的认识:

(1) 从用户或应用的角度来看,多窗口系统是用户可以同时运行多道程序的一个集成化环境。

(2) 从软件开发者的角度来看,多窗口系统作为集成化的环境能够在无关程序之间共享信息。

(3) 一般可以认为,多窗口系统是提供友善的、菜单驱动的、通常有图形能力的用户界面的操作环境。

从上述对多窗口系统的认识中,很容易看出多窗口系统与操作系统之间有很多相似之处,主要体现在以下几个方面:

(1) 它们都要提供资源访问能力,同时还要保证用户对资源的共享。操作系统提供存储器、输入、输出设备等资源的共享,多窗口系统提供窗口、事件等资源的共享。

(2) 多窗口系统可以同时运行多任务,具有分时操作系统的特征。

(3) 由于多窗口系统按用户产生的事件来调度各个任务,而用户产生的事件实质上是应该立即处理的中断请求,因此,这种处理方式又使其与实时操作系统相接近。

由此可以看出,多窗口系统实际上是一种功能很强的操作系统。

与其他软件系统一样,多窗口系统的实现方法也各有不同,不同的多窗口系统与操作系统之间有着不同的关系。有的多窗口系统基本上与操作系统分离,是一个独立的操作环境;有的多窗口系统则是操作系统的扩充。但无论是哪一种系统,它们都体现了把与用户友好作为一个主要目标的设计思想,因为向用户提供友好界面是多窗口系统的基本出发点,主要体现在以下几方面:

1）灵活、方便的窗口操作

窗口操作是多窗口系统的基本出发点，也是用户使用时的基本操作。灵活、方便的窗口操作功能会使用户感到非常简便。窗口操作通常包括：开辟窗口，选择活动窗口，窗口移动，改变窗口大小，执行窗口命令，对话框操作等。显然，有了这些窗口操作，用户可以随时决定窗口的位置、大小、有无，还可以随时启动命令的执行，而在命令执行过程中还可以与系统“对话”。这样，用户就可以得心应手地对计算机进行各种操作。

一般来说，在多窗口系统中，各种操作命令既可以用键盘中的功能键输入，也可以用鼠标驱动。因此，在多窗口系统中，其操作是很方便的。

2）弹出式菜单

“菜单”驱动已成为微机软件中用户接口的典型方式。但在多窗口系统下，各个程序都有自己的菜单，系统还有自己的主菜单，它们不可能在有限的屏幕上同时显示。因此，在多窗口系统中，一般采用“弹出式菜单”方式，即每个应用程序的命令按其性质分成若干组，在窗口上只列出菜单的名字，需要时可选择适当的菜单名将其菜单“弹出”。

3）命令对话框

许多命令在执行时要与用户对话，或者提示用户输入一些参数，或者告诉用户某些结果。在多窗口系统中，这种对话一般是通过对话框来实现的。若某命令执行时需要和用户对话，就会在屏幕上显示一个对话框。用户可以在对话框内选择对象，输入参数或与程序对话。对话完成后，对话框就消失了。

多窗口系统能提供将多个作业同时展现在用户面前的操作环境。每个作业占据一个窗口，用户可以交替地与各个窗口进行对话，各窗口之间也可以互相通信、交换信息。显然，这种操作环境对用户是十分方便的。目前，作为多窗口系统的 Microsoft Windows 系统，已在各种微机上广泛应用。

4.2 行命令操作环境

4.2.1 计算机中的文件组织

1. 文件与文件名

1）什么是文件

在用计算机解决实际问题时，往往要用到或处理很多数据，这些数据不能分散地存放在计算机中，而是按照某种顺序或格式集中地存放在磁盘中，以便在用到它们时，可以从中方便地取出，对它们处理完后（如处理结果）也能方便地再存放回去。实际上，这些数据就是以文件的形式存放在磁盘中的。

什么是文件呢？简单地说，文件是存储在外部介质上的数据的集合。

日常生活中的“文件”是放在文件夹里的。而计算机中的文件，通常存储在磁盘、光盘或磁带中。在后面的叙述中，如果没有特殊说明，一般认为文件是存储在磁盘上的，并称为磁盘文件。每一个文件必须有一个名字，称为文件名。

实际上，计算机处理的所有信息都是以文件的形式存放在磁盘上的。文件的内容可以是一组数据,也可以是一个程序,还可以是一篇文章。

例 4.1 以下是一个数据文件的内容：

3765,2743,4912,2894,3589,2345,1638,3906,

2233,4577,3809,3434,3891,1904,2002,5077,

2801,1994,2003,3906,3666,4444,4104,4877,

3865,4560,3893,2033,2356,3489,4329,3654,

3553,3633,4117,4228,1674,1990,2661,2525

其中的每一个数据是一个汉字的区位码,如果你有兴趣,可以从“国标区位码表”中查到它们分别代表哪一个汉字。

这个例子说明一批数据可以构成一个文件。

例 4.2 以下是一篇英文文章的内容：

It is becoming apparent that information technology is having a profound effect on today's workplace. The diffusion of technology is changing not only the procedural methods used to conduct business, but also the way companies relate to customers, suppliers, and employees.

这个例子说明一篇文章也可以构成一个文件。

例 4.3 以下是一个程序的内容：

```
#include "math.h"
#include "stdio.h"
main()
{ double x,y;
  for (x=10.0; x<=20.0; x=x+0.5)
    { y=sqrt(x);
      printf("x=%e, y=%e\n",x,y);
    }
}
```

这个程序是用C语言编写的,它的功能是计算并输出10～20每隔0.5的各数的平方根。对于程序中各语句的具体意义读者暂时可不用管它。

这个例子说明一个程序也可以构成一个文件。

文件是一个很重要的概念,在计算机操作中也是使用最广泛的一个概念,就连操作系统中的各程序模块也都是以文件的形式存放在磁盘上的。

2) 文件名

在计算机中有众多内容各不相同的文件,各个文件的用途也各不相同,计算机对它们的操作也各不相同。计算机操作系统是如何区分它们的呢?

为了区分各不同内容的文件,便于操作系统对它们进行管理和操作,每一个文件都要有一个名字,称为文件名。

在操作系统中,文件名一般由文件标识符与文件扩展名组成。即文件名的一般形式为

文件标识符 . 扩展名

其中扩展名又称为“后缀”。

在一个文件的文件名中，文件标识符是必须有的，而扩展名可以根据需要加上。

文件扩展名可为1～3个字符。

文件扩展名一般用于说明文件的类别。操作系统对某些文件的扩展名一般有特殊的规定，甚至有些扩展名是系统在操作过程中自动加上的。下面列出一些系统常用的文件扩展名：

COM：可执行二进制代码文件(命令文件)。

EXE：可执行程序文件。

OBJ：目标程序文件。

LIB：库文件。

SYS：系统专用文件。

BAK：备份文件。

DAT：数据文件。

BAT：批处理文件。

BAS：BASIC语言源程序文件。

FOR：FORTRAN语言源程序文件。

C：C语言源程序文件。

PAS：PASCAL语言源程序文件。

PRG：dBASE或FoxBASE命令文件。

DBF：dBASE或FoxBASE数据库文件。

ASM：汇编语言源程序文件。

例如，例4.1中的数据文件可以用名A.DAT存放在计算机外存中，其中扩展名.DAT表示该文件为数据文件；例4.2中的英文文章可以用名B.TXT存放在计算机外存中，其中扩展名.TXT表示该文件为文本文件；例4.3中的数据文件可以用名S.C存放在计算机外存中，其中扩展名.C表示该文件为C语言源程序文件等。

最后需要指出的是，文件名是用户给自己所用的数据信息起的一个名字，因此，给一个文件起什么名字最好要遵循一定的原则，以便方便、灵活地对文件进行操作，避免引起不必要的混乱。

3) 文件名通配符

在对文件进行操作时，还可以在文件名中使用文件名通配符 * 与“?”来代表一批文件。

(1) 文件名中的通配符 * 代表从它所在位置起直到符号“.”或空格前的所有字符。例如：

. 代表所有的文件名。

*.TXT 代表扩展名为TXT的所有文件名。

S*.* 代表所有以S开头的文件名。

XY*.DAT 代表以XY开头且扩展名为DAT的所有文件名。

(2) 文件名中的通配符“?”代表该位置上的所有可能字符。例如：

?.C　　　　代表标识符为单个任意字符且扩展名为C的所有文件名。

PQ?.TXT　　代表以PQ开头后跟单个任意字符且扩展名为TXT的所有文件名。

XYZ.?　　　代表标识符为XYZ且扩展名为单个任意字符的所有文件名。

*.???　　　代表标识符任意且扩展名为三个任意字符的所有文件名。

利用文件名通配符可以很方便地对一批文件进行操作，而不必将所有文件一一列出。但在此也要指出，在有些文件操作中不允许使用文件名通配符，读者要注意这个问题。

2. 目录与路径

为了实现对文件的统一管理，同时又方便用户，在一般的操作系统中采用树状结构的目录来实现对磁盘上所有文件的组织和管理。这种树状的目录结构类似于一本书的目录，如图4.4所示。如果把一本书看作是一个磁盘，则一本书分为若干章，相当于一个磁盘的根目录下有若干个下一级的子目录；书中的每一章分为若干节，相当于磁盘根目录下的每一个子目录下又有若干再下一级的子目录；书中的每一节还可以分为若干节，又相当于磁盘的该级子目录下又有若干再下一级的子目录。依次类推，如果需要，还可以继续分下去。显然，这样的目录结构层次清楚，也便于查找。

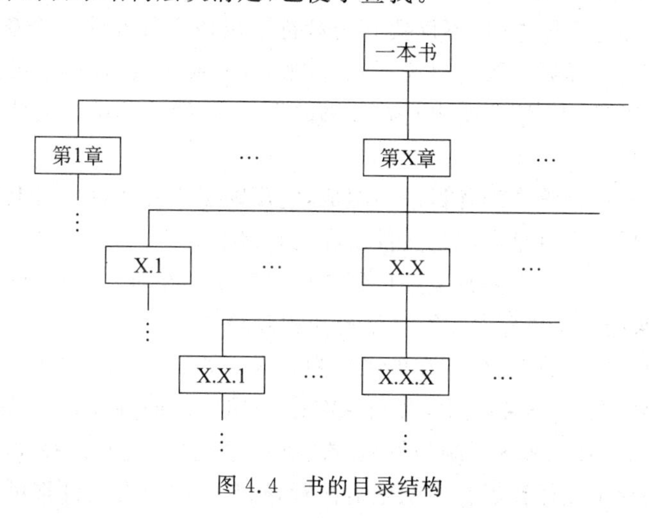

图4.4　书的目录结构

图4.5是某一磁盘的树状目录结构示意图。

树状目录结构的根部称为根目录。根目录用符号\表示。根目录是在对磁盘格式化时由系统建立的，不需要用户去建立。在根目录下可以存放若干个文件，也可以存放若干个子目录。在图4.5的根目录下共存放了6个文件和2个下一级的子目录DA与TC。在每一个子目录中也可以存放若干个文件和再下一级的子目录。以此类推，根据需要可以一级一级地继续下去。

除根目录以外，每一级的子目录都要有一个名字，称为目录名。目录名的命名规则与文件标识符相同，但要注意，目录名一般没有扩展名。在图4.5中，划有方框的名字为各级子目录的目录名。

一般的操作系统规定，在不同的目录下，文件名可以重名（不管其内容是否相同），子

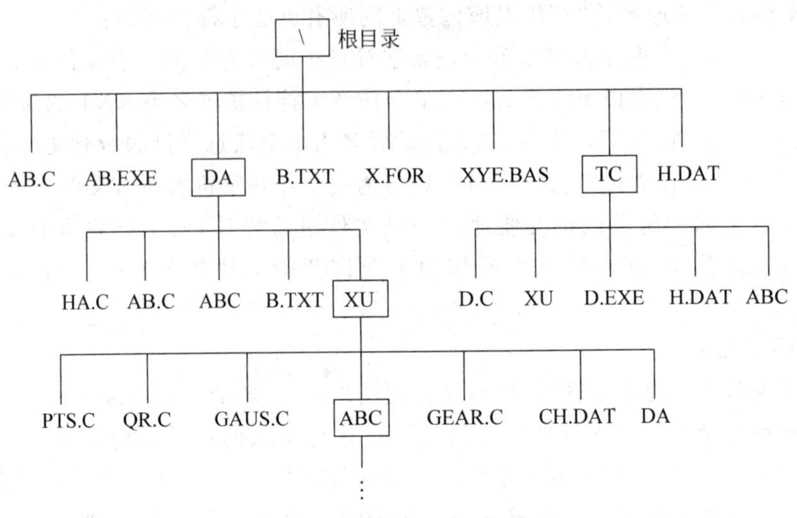

图 4.5　磁盘的树状目录结构

目录名也可以重名。例如，在图 4.5 中，根目录下的文件 AB.C 与其子目录 DA 下的文件 AB.C 可以是不同内容的文件，也可以是相同内容的文件。

通常，在对文件进行操作时，不仅要利用盘符指出该文件在哪一个磁盘上，还要指出它在该磁盘上的位置(即哪一级的目录下)。例如，要查阅某资料时，不仅要指出该资料在哪一本书(相当于磁盘)上，还要指出它在该书的哪一章、哪一节中。文件在磁盘上的位置称为文件的路径。

文件的路径是由用\隔开的各目录名组成，它反映了文件在目录树上沿树枝行走的路线，而路径中的最后一个目录名就是文件所在的目录名。

一个文件一旦建立，它在磁盘上的位置也就确定了。在对文件进行操作时，操作系统允许用两种方式来指定文件路径：绝对路径和相对路径。

所谓绝对路径是指从该文件所在的磁盘根目录开始直到该文件所在的目录为止的路线上的所有目录名(在 DOS 系统中，各目录名之间用\分隔；在 UNIX 系统中，各目录名之间用/分隔。本节均以 DOS 系统为例)。在 DOS 系统中，绝对路径总是以符号\开始。因此，绝对路径表示了文件在磁盘中的绝对位置，磁盘上的所有文件都可以用绝对路径来表示。例如，在一本书中查阅资料时，总是可以用第几章、第几节等来指定所需要查阅的内容在该书上的位置。

所谓相对路径是指从该文件所在磁盘的当前目录下的某子目录开始直到该文件所在的目录为止的路线上的所有目录名。所谓当前目录是指系统正在工作的目录。因此，相对路径表示了文件在磁盘上相对于当前目录的位置。不是所有的文件都能用相对路径表示，只有那些位于当前目录下的各级子目录中的文件才能用相对路径来表示。例如，当你正在看一本书的第 3 章时(即相当于第 3 章是当前目录)，如果需要查阅第 3 章中的某内容，则一般只需指出在(本章的)第几节，此时就默认为是在第 3 章。但在这种情况下，如果需要查阅其他章中的内容，则只指出在第几节就不够了。

由上可知，如果路径中的第一个符号为\，则是绝对路径。如果要表示一个相对路径，则路径中的第一个目录名必须是当前目录下的一个子目录。

下面结合图 4.5 来说明文件路径的指定。

如果当前目录为根目录，则在子目录 XU 下的文件 QR.C 的绝对路径为\DA\XU，相对路径为 DA\XU，即分别用绝对路径与相对路径方式指定该文件为：\DA\XU\QR.C 和 DA\XU\QR.C。顺便指出，在指定一个文件时，路径与文件名之间也要用\分隔。例如，子目录 TC 下的文件 XU(不是子目录 DA 下的子目录名 XU)的绝对路径为\TC，相对路径为 TC，因此，用绝对路径与相对路径指定该文件时分别为\TC\XU 和 TC\XU。

如果当前目录为根目录下的子目录 DA，则在子目录 XU 下的文件 QR.C 和子目录 TC 下的文件 XU 的绝对路径与上述表示的相同。但文件 QR.C 的相对路径表示为 XU\QR.C。在这种情况下，文件 XU 不能用相对路径表示，读者仔细看一下图 4.5 的树状目录结构就可以理解这一点。

如果操作的文件在当前目录下，则文件的路径可以省略，直接指出文件名即可。

3. 设备文件

为了用户使用方便，也为了系统管理方便，操作系统把某些设备也作为文件对待。但这些文件是特殊的文件，在进行读写操作时都具有某些特殊性，通常称它们为设备文件。常用的设备文件有：

CON：控制台(包括键盘与显示器)。

PRN 或 LPT1：连接在第一个并行口上的打印机。

LPT2：连接在第二个并行口上的打印机。

LPT3：连接在第三个并行口上的打印机。

AUX 或 COM1：连接在第一个串行口上的通信设备。

COM2：连接在第二个串行口上的通信设备。

NUL：虚拟设备(即实际不存在的设备)。

其中最常用的是 CON 和 PRN。

4.2.2 DOS 操作系统及其常用命令

DOS 的全称是磁盘操作系统，它的英文名称为 Diskette Operating System，通常又称为 DOS 平台。

MS-DOS 是美国 Microsoft 公司为 IBM PC 及其兼容机所开发的微机磁盘操作系统。它结构严谨，使用方便，在计算机发展的初期是世界上比较流行的一种微机磁盘操作系统。即使在目前使用的 Windows 系统中，也保留了实现 DOS 命令操作的机制，以便于实现对计算机资源的管理和使用。

1. DOS 的基本功能及其组成

MS-DOS 的主要功能是进行内存管理、文件管理和输入、输出管理。为了实现这些功能，MS-DOS 主要由四个部分组成：文件管理系统、输入、输出管理系统、命令处理系统与外部命令集。

1）文件管理系统

文件管理系统的主要功能是为用户提供一种简便的存取和管理数据信息的方法。

在MS-DOS中，文件管理系统主要由一个文件管理模块组成，它包含在DOS系统的隐含文件IBMDOS.COM(或MSDOS.SYS)中。这个文件一般就称为文件管理程序。文件管理程序主要负责建立、删除、读写和检索各类文件。有了这个文件管理程序后，用户只需给文件起一个名字，而不需要考虑该文件在磁盘上如何存放与实际存放的位置，因为文件在磁盘中位置的分配、检索、存取等控制都由文件管理程序自动解决，这就可以使用户很方便地对所需要的数据信息进行存取和处理。

2）输入输出管理系统

输入输出管理系统的主要功能是管理和驱动各种外部设备，如键盘、显示器、打印机、磁盘驱动器等。

输入输出管理系统主要由BIOS与IBMBIO.COM(或IO.SYS)两个程序模块组成。

BIOS(Base Input/Output System)称为基本输入、输出系统，它一般被安装在主机系统板的只读存储器ROM中。

在BIOS中，包含了CPU与大部分外部设备进行信息交换的基本子程序，如键盘输入管理、屏幕显示管理、打印机管理、磁盘驱动器管理以及内存测试等，因此，它是一个直接与计算机硬件打交道的软件模块，并且也是DOS系统的核心。

与文件管理模块IBMDOS.COM(或MSDOS.SYS)一样，IBMBIO.COM也是一个隐含文件。它提供了DOS到BIOS的接口，是BIOS的扩充部分。

特别需要指出的是，IBMDOS.COM与IBMBIO.COM是两个很重要的程序模块。如果没有它们，DOS系统就无法工作。因此，它们都是以隐含的方式存放在系统盘上，用户是看不到这两个文件的，以避免被用户不慎破坏。

3）命令处理系统

MS-DOS的操作主要是通过DOS命令来实现的。DOS命令分为内部命令和外部命令两大类。

内部命令是最常用的命令。如显示文件内容命令TYPE、列文件目录命令DIR、复制文件命令COPY等。

DOS系统中的所有内部命令都包含在命令处理程序COMMAND.COM文件中。在DOS系统启动后，命令处理程序COMMAND.COM是常驻内存的。

外部命令是一些次常用的命令，如磁盘格式化命令FORMAT、软盘整盘复制命令DISKCOPY等。

另外，用户开发的实用程序也是属于外部命令。

外部命令不常驻内存，一般存放在磁盘上。当需要执行某外部命令时，要指出它所在的盘符以及在该盘上的位置，然后，命令处理程序负责将相应的外部命令的命令程序文件装入内存并执行。执行完后，内存中也就不再保留它。

命令处理程序COMMAND.COM是DOS系统不可缺少的一个重要模块。

4）外部命令集

DOS能使用的所有外部命令构成了DOS系统的外部命令集。DOS外部命令的命令程序文件的扩展名为COM、EXE、BAT。

2. DOS 常用控制键与功能键

1）常用控制键

MS-DOS 系统为用户提供了一组控制键，用户可以利用这些控制键对系统的运行进行一定程度的干预。

控制键一般由两个或三个键同时动作组合而成。如 Ctrl＋C 表示同时按下 Ctrl 键与 C 键。

当 Ctrl 键与单个字母键组合时，Ctrl 一般简记为^，如 Ctrl＋C 可以简记为^C。

DOS 常用的控制键如下：

Ctrl＋Alt＋Del	热启动 DOS 系统。
Ctrl＋C (^C)或 Ctrl＋Break	终止当前操作。
Ctrl＋P (^P)或 Ctrl＋PrtSc(Print Screen)	将标准输出同时送到屏幕和打印机。
Ctrl＋S (^S)或 Ctrl＋NumLock	暂停标准输出设备的输出。
Shift＋PrtSc(Print Screen)	在打印机上产生屏幕的硬拷贝。

2）常用功能键

DOS 功能键可对命令行进行编辑，因此又称为编辑键。DOS 常用的功能键如下：

F1　每按一次 F1 键，从“模板”中依次取出一个字符显示在屏幕的当前光标处。

F2　按 F2 键后再按一字符键，则将从“模板”中取出该指定字符前的所有字符显示在屏幕的当前光标处。

F3　按 F3 键后，将“模板”中所有剩余的字符显示到屏幕的当前光标处。

3. 常用 DOS 命令

1）文件操作命令

(1) 显示文件内容命令。功能为显示指定盘、指定目录下的指定文件的内容。命令格式为

```
TYPE [盘符][路径]文件名
```

(2) 复制文件命令。这个命令有两种用法。

第一种的功能为将“源文件”的内容复制到目标文件中。命令格式为

```
COPY [盘符 1][路径 1]源文件名 [盘符 2][路径 2][目标文件名]
```

第二种的功能为依次将文件 1 到文件 n 连接在一起生成一个新的目标文件。命令格式为

```
COPY [盘符 1][路径 1]文件名 1+[盘符 2][路径 2]文件名 2+…+
     [盘符 n][路径 n]文件名 n [盘符][路径][目标文件名]
```

COPY 命令的这个功能是很有用的。例如，需要尽快录入一篇很长的文章时，可以将它分成几部分由多个人分别录入存放在各文件中，最后用 COPY 命令将它们连接成一个文件。

(3) 删除文件命令。功能为删除指定的一个或一批文件。命令格式为

```
DEL  [盘符][路径]文件名
```

(4) 改变文件名命令。功能为改变一个或一批文件的名字。命令格式为

```
REN  [盘符][路径]原文件名  新文件名
```

(5) 复制文件与目录命令。功能为复制指定盘、指定目录下的指定文件及其下属的各级子目录与子目录下的所有文件。命令格式为

```
[盘符][路径]XCOPY [盘符 1][路径 1]源文件名  [盘符 2][路径 2][目标文件名][/S]
```

其中：

/S　表示不仅复制指定盘、指定目录下的指定文件，还将复制其下属的各级子目录与子目录下的所有文件。若省略/S，则 XCOPY 与 COPY 命令完全相同。

(6) 设置文件属性命令。功能为显示和改变指定文件的属性。命令格式为

```
[盘符][路径]ATTRIB [+R 或-R][+H 或-H][+S 或-S] [盘符][路径]文件名
```

其中各可选项的意义如下：

+R　设置只读属性；

-R　清除只读属性；

+H　设置隐含属性；

-H　清除隐含属性；

+S　设置系统属性；

-S　清除系统属性。

2) 目录操作命令

(1) 列文件目录命令。功能为显示指定盘、指定目录下所包含的文件与下一级子目录的有关信息。命令格式为

```
DIR  [盘符][路径][文件名][/P][/W]
```

其中：

/P　表示分屏显示；

/W　表示压缩显示。

(2) 建立子目录命令。一个磁盘经格式化后，磁盘上只有根目录，以后用户可以根据需要在根目录下建立下一级的子目录，也可以在各级子目录下建立再下一级的子目录。DOS 系统提供了建立子目录的命令 MD。功能为在指定盘的指定目录下建立一个下一级子目录。命令格式为

```
MD  [盘符][路径]子目录名
```

(3) 改变当前目录命令。这个命令又称为设置当前目录命令。功能为设置指定盘中的当前目录。命令格式为

```
CD  [盘符][路径]
```

(4) 删除子目录命令。功能为删除指定盘上指定的空子目录。命令格式为

```
RD  [盘符][路径]子目录名
```

(5) 显示全盘目录命令。功能为显示指定磁盘的目录结构。命令格式为

```
[盘符][路径]TREE [盘符 1][/F]
```

其中:

/F　表示需要列出各级子目录中的文件名。

(6) 设置查找目录命令。这个命令又称为打通路径命令。功能为设置外部命令文件的查找目录。命令格式为

```
PATH　[盘符][路径][;盘符][路径]…
```

3) 磁盘操作命令

(1) 格式化磁盘命令。新买的磁盘不能马上就用,必须经过"格式化"后才能使用。所谓格式化,是指对磁盘上的"数据排列格式"进行初始化,因此,"格式化"也称初始化。一般来说,不同的操作系统有不同的数据排列格式。在某一种操作系统下格式化的磁盘不一定能够在另一种操作系统下使用。为使磁盘在 DOS 系统下能够使用,就必须用 DOS 系统下的格式化磁盘命令对磁盘进行格式化。功能为对指定的磁盘进行格式化。命令格式为

```
[盘符][路径]FORMAT　盘符 1[/S][/4]
```

其中:

/S　表示格式化成启动盘,即将三个系统文件 IBMBIO. COM、IBMDOS. COM、COMMAND. COM 装到被格式化的磁盘上。

(2) 软盘间的整盘复制命令。功能为将指定源盘上的全部内容复制到另一张指定的目标盘上。命令格式为

```
[盘符][路径]DISKCOPY　源盘　目标盘
```

(3) 检查磁盘状态命令。功能为检查由"盘符 1"指定的磁盘的状态,或进一步检查由"路径 1"指定的目录中由"文件名"指定的文件在磁盘上是否连续存放。命令格式为

```
[盘符][路径]CHKDSK [盘符 1][路径 1][文件名][/F][/V]
```

这个命令中的各可选项的意义如下:

/F　使系统自动校正由 CHKDSK 命令所发现的目录或文件分配表中的错误。校正结果被写到磁盘上。如果没有这个可选项,则只能分析校正的可能结果,但不写到磁盘上。

/V　显示指定驱动器上的所有文件以及它们的路径。

(4) 优化磁盘命令。该命令是一个 DOS 6.2 以上版本提供的外部命令。功能为重新组织指定磁盘上的文件,压缩文件碎片。命令格式为

```
[盘符][路径]DEFRAG　盘符 1　[/F][/S 排序方式][/B][/H]
```

或

```
[盘符][路径]DEFRAG　盘符 1　[/U][/B][/H]
```

各开关可选项的意义如下：

/F　表示除了要压缩文件碎片外，还要重新组织文件空间，确保各文件之间连续存储。

/U　表示只进行压缩文件碎片，而对各文件之间的零散空间不作处理。

/S 排序方式　控制文件在目录中的排序方式。其中排序方式如下：

N　　按文件名中的字母顺序排列(A～Z)。

N－　按文件名中的字母逆序排列(Z～A)。

E　　按扩展名中的字母顺序排列(A～Z)。

E－　按扩展名中的字母逆序排列(Z～A)。

D　　按日期和时间顺序排列。

D－　按日期和时间逆序排列。

S　　按文件长度从小到大的顺序排列。

S－　按文件长度从大到小的顺序排列。

/B　表示对文件进行重组后重新启动系统。

/H　表示移动隐含文件。

4) 功能操作命令

(1) 显示 DOS 版本号命令。功能为在屏幕上显示当前正在使用的 DOS 系统的版本号。命令格式为

```
VER
```

(2) 显示和设置系统日期命令。功能为显示和修改系统日期。命令格式为

```
DATE [mm-dd-yy]
```

或

```
DATE [mm/dd/yy]
```

其中"mm-dd-yy"与"mm/dd/yy"表示"月、日、年"。

(3) 显示和设置系统时间命令。功能为显示和修改系统时间。命令格式为

```
TIME [hh:mm:ss]
```

其中"hh：mm：ss"表示"时、分、秒"。

(4) 清屏幕命令。功能为清除屏幕上的所有内容，并将系统提示符显示在屏幕的左上角。命令格式为

```
CLS
```

(5) 改变系统提示符命令。功能为根据指定的要求改变系统提示符。系统提示符又称命令提示符。命令格式为

```
PROMPT [提示行]
```

若省略"提示行"，则系统提示符变为系统默认的提示符，如 C>、A>、B>等。

若“提示行”的内容为在符号$后跟一个字符，则DOS系统为它们规定了一些专门的系统提示符。

$d　当前日期。

$t　当前时间。

$p　当前盘与当前目录。

$n　当前驱动器。

$v　DOS版本号。

$g　大于号>。

$l　小于号<。

$b　字符|。

$q　等于号=。

$$　字符$。

若“提示行”为不以“$”开头的字符串，则提示符变为该字符串。

(6) 帮助命令。功能为启动MS-DOS帮助系统。命令格式为

```
[盘符][路径]HELP  [DOS命令符]
```

如果省略“DOS命令符”，则只显示MS-DOS HELP目录表。

5) 输入、输出改向

DOS系统启动后，把键盘指定为标准输入设备，把显示器指定为标准输出设备。因此，在进行DOS操作时，如果不加指定，则所有的输入操作都在键盘上进行，所有的输出信息都在显示器上显示。在一般情况下，DOS系统指定键盘与显示器作为标准输入设备与标准输出设备，大大方便了用户的操作，因为用户一般的输入与输出确实是在这两个设备上进行的。但在有些情况下，用户的输入或输出操作可能要求在其他设备上进行，这就需要临时更改输入设备或输出设备。

为了使用户也能方便地使用其他输入输出设备，DOS系统提供了输入、输出改向的功能。

输入、输出改向是指把通常在标准输入、输出设备(键盘与显示器)上进行的输入、输出操作改为在某一指定的设备或文件上进行。

(1) 输出改向

输出改向是指把通常在显示屏幕上显示的内容改为输出到指定的文件或设备。

输出改向的命令格式为

```
DOS命令  >输出文件名或设备文件名
```

或

```
DOS命令  >>输出文件名或设备文件名
```

其中“>”与“>>”称为输出改向符。

(2) 输入改向

输入改向是指将本该在标准输入设备(一般是键盘)上输入的数据改为由指定的文件

或设备输入。

输入改向的命令格式为

DOS 命令 <输入文件名或设备文件名

其中<称为输入改向符。

4. 数据压缩实用程序 ARJ

随着计算机技术的飞速发展，计算机软件的数量越来越多，功能越来越强，软件所占用的磁盘空间也就越来越多。采用数据压缩的方法，可以将程序和数据压缩存放于磁盘中，从而可以大大节省磁盘空间。

ARJ 是一个功能十分强大的数据压缩软件，它不仅可以将许多文件压缩到一个档案包中，将档案包中的文件取出并还原；还可以对压缩档案包中的文件进行查询、打印、删除、插入等操作，并提供了保密功能。ARJ 还提供了多卷操作的功能，即可以将大型软件压缩备份到多个软磁盘中。

ARJ 数据压缩实用程序的文件名为 ARJ.EXE。在 DOS 6.0 以上的版本中，配有这个文件的 2.39 版本：ARJ9.EXE。

在使用 ARJ 数据压缩程序时，与普通的 DOS 外部命令一样，在命令符 ARJ 前面要用"路径"指定可执行文件 ARJ.EXE 所在的位置。在下面的叙述中，如果没有特殊说明，都假定该可执行文件所在的目录已经被打通，从而省略命令符前的"路径"。

1) ARJ 命令的一般形式

ARJ 命令的一般形式为

ARJ 命令字 [选择项] 压缩档案名 [要处理的文件名和路径]

其中"命令字"由单个字母组成，分别表示 ARJ 的各种不同的功能。在一个 ARJ 命令行中，"命令字"是必需的，且只能选用一个命令字。"选择项"用于选择操作方式。在一个 ARJ 命令行中，可以没有选择项，也可以根据需要同时选择几个选择项。

表 4.1 给出了 ARJ 常用命令字。

表 4.1 ARJ 常用命令字

命 令 字	功 能
A	建立一个新的压缩档案包，并将指定的文件添加到压缩档案包中
F	更新压缩档案包中的文件，但不添加新文件
U	更新压缩档案包中的文件，并添加新文件
M	将文件移到压缩档案包，并删去原文件
J	将一个压缩档案包中的文件合并到另一个压缩档案包中
E	释放压缩档案包文件中的文件(不包括原路径)
X	释放压缩档案包文件中的文件(包括原路径)
L	列出压缩档案包文件中的文件目录
P	显示压缩档案包文件中指定文件的内容
D	从压缩档案包文件中删除指定的文件

选择项通常跟在命令字的后面，提供用户继续选择不同的操作方式。在一个 ARJ 命

令行中，可以没有选择项(如前面的所有例子)，也可以根据需要有多个选择项。在选择项前，必须用字符/或－作为选择项的引导标志。如果在一个ARJ命令行中同时使用多个选择项，则在各选择项之间要用空格分隔。表4.2给出ARJ常用选择项参数。

表 4.2　ARJ 常用选择项参数

操作对象	选择项参数	功　　能
文件属性	A	允许任何文件属性
	A1	允许包含所有的文件与目录
压缩范围	E	不包含文件路径压缩
	E1	包含文件路径压缩(无子目录的内容)
	R	将子目录与子目录中的文件一起压缩
使用口令	G口令	使用保密口令压缩或释放文件
	G?	用询问方式输入保密口令(不显示口令)
路径模式	P	使用绝对路径操作
	P1	使用原路径与文件名
时间界限	O日期	只处理指定日期后的文件(如不输入日期，则只处理当天的文件)
压缩方法	M0	不压缩加入档案包
	M1	采用最大压缩率(默认方式)
	M2	在压缩过程中少占用内存
	M3	快速压缩(速度较快，但压缩率小)
	M4	以最快速度压缩(压缩率小)
抽取文件	D	将压缩档案包中指定的文件抽出，并在压缩档案包中删除该文件
默认约定	Y	对操作过程中的询问都默认为YES

2) ARJ的分卷功能

当一个文件很大，必须用多张软盘片才能容纳压缩后的数据时，就可以利用ARJ的分卷功能。

ARJ可以根据用户指定的软盘容量，将一个大文件压缩后分别存放在几张软盘片上，且各张软盘共用一个压缩档案包文件名，其扩展名依次用ARJ、A01、A02等来标识。

ARJ的分卷功能是通过在命令字后面加选择项参数来实现的。下面列出了实现分卷功能的常用选择项参数：

V360　　磁盘容量为360KB。

V720　　磁盘容量为720KB。

V1200　　磁盘容量为1.2MB。

V1440　　磁盘容量为1.44MB。

VA　　自动确定磁盘上可利用的空间。

3）自释放的压缩档案文件

前面所述的压缩档案必须用同版本的 ARJ 软件来释放还原，有时使用起来不太方便。为了方便用户，ARJ 提供了一种可以由压缩档案自我释放还原的方式。这样，对于只要执行释放操作的用户，可以完全不了解 ARJ。

但必须指出，在建立自释放档案文件时，不能使用分卷功能。建立自释放档案文件可以使用选择项 JE 或 JE1 来实现。

4.2.3 UNIX 操作系统简介

1. UNIX 的基本结构

UNIX 是一种通用的分时交互式操作系统。从软件结构来看，UNIX 操作系统分为两大部分：一是 UNIX 系统的内核，二是外层部分，其结构如图 4.6 所示。

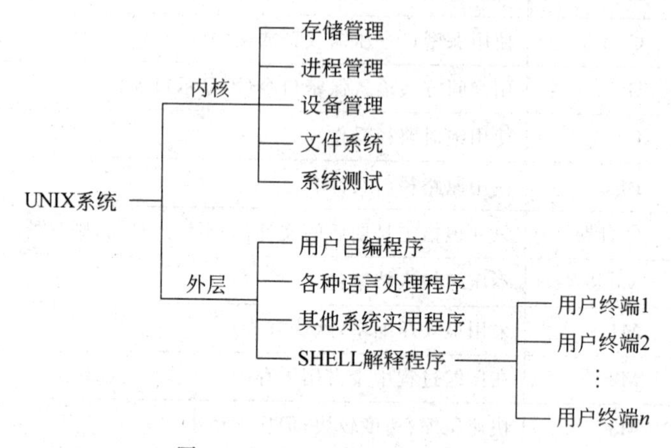

图 4.6 UNIX 系统的软件结构

UNIX 系统核心共有 40 多个文件，约 10 000 行源程序代码。其中仅有两个文件是用汇编语言(共有 1000 句)写的，包括 30 多个子程序，它们是一些和硬件联系最密切的例程和使用频繁的基本过程，并且常驻内存。还有近 30 个是用 C 语言写的 C 文件，包括 190 多个子程序，它们是构成进程管理、文件管理、存储管理、设备管理等系统的主体。

核心外层有各种语言处理程序，还包括各种实用程序，如方便用户的计时、检索文件，通信、编辑文件，管理等实用程序。外层程序可以不断扩充和完善。由于 UNIX 提供了可扩充的环境，因此使得它有较强的生命力。

2. SHELL 命令控制语言

与 DOS 系统中的命令相似，在 UNIX 系统中也有类似的操作命令，通常称为 SHELL 命令或 SHELL 命令控制语言。

1）简单命令

简单命令是 SHELL 命令语言的基础，其命令格式为

命令名 [参数 1 参数 2 …]

SHELL 命令一律采用小写，但命令格式比较自由，命令名和各参数之间可用一个或

几个空格分隔。其中的参数将在命令行执行过程中被使用。

一个命令对应一个可执行文件。SHELL 解释程序一般处于等待用户从终端键入命令的状态。用户一旦从终端键入一个命令，SHELL 解释程序便查找相应的可执行文件，并将其读入内存后执行。一般来说，执行命令时，系统即建立一个新的进程，并等待该进程结束。在一个命令结束之前，系统一般不接收新的命令。

下面列出几个常用的简单命令。

(1) 显示正在使用 UNIX 系统的用户名。其命令格式为

```
who
```

这是一个不带参数的简单命令。

(2) 列文件目录。其命令格式为

```
ls [-l][-t] [路径]
```

在这个命令中，选择项-l 表示要列出详细目录；选择项-t 表示按时间顺序列出目录(最近修改的先列出)。路径表示要列目录的位置。例如：

```
ls -l /bin
```

的功能是列出根目录下的子目录 bin 中的详细内容。

(3) 删除文件。其命令格式为

```
rm  [路径]文件名
```

其中“路径”表示要删除的文件的所在位置。例如：

```
rm  /bin/readme
```

的功能是删除/bin 目录中的文件 readme。

(4) 在终端上显示文件内容。其命令格式为

```
cat  [路径]文件名
```

例如：

```
cat  /bin/readme
```

的功能是显示/bin 目录中的文件 readme 的内容。

(5) 复制文件。其命令格式为

```
cp  文件名 1  文件名 2
```

例如：

```
cp  /bin/readme myfile
```

的功能是将/bin 目录中的文件 readme 的内容以 myfile 为名复制到当前目录下。

(6) 更改文件名。其命令格式为

```
mv  文件名 1  文件名 2
```

例如：

```
mv  /bin/readme myfile
```

的功能是将/bin 目录中的文件 readme 改名为 myfile。

(7) 显示当前路径。其命令格式为

```
pwd
```

(8) 改变当前目录。其命令格式为

```
cd  [路径]
```

例如：

```
cd  /bin/a
```

的功能是将/bin/a 设置为当前目录。又如：

```
cd  ..
```

的功能是将当前目录上移至父目录层。

(9) 建立新子目录。其命令格式为

```
mkdir  [路径]
```

例如：

```
mkdir  /bin/abc
```

的功能是在/bin 目录下建立一个名为 abc 的新子目录。

(10) 打印文件内容。其命令格式为

```
lp  [路径]文件名
```

例如：

```
lp  /bin/readme
```

的功能是在打印机上打印/bin 目录中文件 readme 的内容。

SHELL 简单命令可以分为以下两大类：

一类是系统提供的标准命令。这类命令除了以上列出的一些命令外，还包括调用各种语言处理程序、实用程序等命令。这类命令的数量可以因 UNIX 系统的版本而异，并且，系统管理员有权增添新的系统标准命令。

另一类是用户自编自用的命令，如用户的各种可执行文件。

2) 后台命令

在用交互式使用简单命令时，在一般情况下，用户必须等待前一个命令执行结束，在终端上出现提示符(不同的版本，其提示符也可能是不同的)后才能键入下一个命令。为了提高用户和系统的效率，UNIX 系统提供了“后台”执行的机制，对于一些不需要与用户对话的命令可以放在“后台”执行，此时，“后台”命令没有执行完时，就可以处理下一个命令。

例如，命令

```
cc  prog.c &
```

的功能是调用C编译系统对C语言源程序 prog.c 进行编译。其中 & 是后台命令符，它表示 SHELL 解释程序不等待这一命令结束，就可以开始处理下一个命令。

3）输入、输出改向

与 DOS 系统一样，UNIX 系统也具有输入、输出改向的功能，从而改变标准输入、输出。

改变标准输出的改向符为＞与＞＞。例如：

```
cat  f1  f2
```

的功能是在显示器上按顺序显示文件 f1、f2 的内容。而

```
cat  f1  f2 > f3
```

的功能是按顺序将文件 f1、f2 的内容写到文件 f3 上，而文件 f3 原先的内容被破坏。而

```
cat  f1  f2 >> f3
```

的功能是按顺序将文件 f1、f2 的内容添加到文件 f3 的末尾，即文件 f3 原先的内容被保留。

改变标准输入的改向符为＜。例如：

```
a.out < f1
```

表示在执行目标程序 a.out 时，原本由标准输入设备输入的数据改由从文件 f1 输入，简称为它的标准输入为 f1。

标准输入、输出可以同时改变。例如：

```
a.out < f1 > f2
```

表示在执行目标程序 a.out 时，其标准输入为 f1，标准输出为 f2。

4）管道命令

管道是 SHELL 提供的将简单命令灵活组合起来的一种手段。利用管道，可以组成一条命令流水线，将一个命令的标准输出作为下一个命令的标准输入。其基本格式为

```
命令 1 | 命令 2 | … | 命令 n
```

其中“|”称为管道算符。例如：

```
cat f1 f2 | wc
```

的效果相当于以下三个连续的命令：

```
cat f1 f2 > f3
wc < f3
rm f3
```

其中“rm f3”的作用是删除临时文件 f3。

5）复合命令

若干个简单命令或管道命令之间用分号“;”连接后，可以组成一个命令行，该命令行称为复合命令。即复合命令的一般形式为

```
命令 1; 命令 2; …; 命令 n
```

其中各命令可以是管道命令。系统执行复合命令实际上就是依次连续执行一系列的命令。

6）SHELL 过程

有些 SHELL 命令常常按一定顺序成组使用。例如，打印 C 语言源程序 prog.c，编译 C 语言源程序 prog.c 并将目标程序存入 a.out 中，将目标程序 a.out 改名为 prog.out，执行目标程序 prog.out。这四个操作可以用以下四个命令来实现：

```
lp prog.c
cc prog.c
mv a.out prog.out
prog.out
```

SHELL 允许用户用命令语言编写程序，并将它存在一个文件中，需要时交命令语言解释程序执行之。

用 SHELL 命令语言编写的程序称为 SHELL 过程。例如，可以将以上四个命令编成一个 SHELL 过程，取名为 procdr。当需要连续执行这四个命令时，只需执行过程 procdr，其命令为

```
sh procdr
```

SHELL 过程除了可以包含各种简单命令、管道命令和命令行外，还可以使用某些一般程序设计语言的特性，如变量和控制流等。

(1) SHELL 变量

用户可以使用 52 个 SHELL 变量，这些变量的值只能是字符串，变量名分别是 26 个小写英文字母和 26 个大写英文字母。在 SHELL 过程中，可以用 set 命令来设置这些变量，也可以通过在这些变量名前加一个 $ 符号来访问这些变量。

(2) 位置参数

在前面所提到的 SHELL 过程 procdr，它只能处理源程序 prog.c。如果需要处理别的源程序，则要修改这个 SHELL 过程。即 SHELL 过程 procdr 缺乏通用性。为了解决这个问题，SHELL 使用了位置变量和位置参数。

用户在编写 SHELL 过程时，可以用位置变量代表待定的命令参数。位置变量最多可以用 9 个，分别用 $1，$2，…，$9 表示。现在，如果将 SHELL 过程改写成如下形式：

```
lp  $1
cc  $1
mv  a.out $2
```

```
$2
```

则这个 SHELL 过程就有了通用性。当需要对源程序 prog1.c 进行操作时，可以使用如下命令：

```
sh  procdr  prog1.c  prog1.out
```

而当需要对源程序 prog2.c 进行操作时，可以使用如下命令：

```
sh  procdr  prog2.c  prog2.out
```

由此可以看出，虽然对不同的源程序进行操作，但 SHELL 过程不用修改。

在执行 SHELL 过程时，SHELL 过程名后跟的参数称为位置参数，它们与位置变量一一对应，也就是第一个位置参数与位置变量 $1 对应，第二个位置参数与位置变量 $2 对应……因此，位置参数也最多有 9 个。在上述 SHELL 过程 procdr 中只用了两个位置变量 $1 和 $2，在执行时对应的位置参数也只有两个。

由此可以看出，调用执行 SHELL 过程命令的一般形式为

```
sh  SHELL过程名  参数表
```

其中参数表由位置参数组成。

(3) 控制流

SHELL 提供了一般程序设计语言所具有的各种控制流语句。例如两路选择语句 if…then…else，多路选择语句 case，循环语句 for、while 与 goto 语句等。因此，用户可以编制出控制功能很强的 SHELL 过程。

综上所述，SHELL 不仅具有命令语言的特点，也具有程序设计语言的特点，因此有时也称其为命令程序设计语言。这种语言为用户提供了从低到高、从简单到复杂的三个层次的使用方式：简单命令、复合命令和 SHELL 过程。在每个层次中又都为用户提供了若干功能灵活、使用方便的手段，这就使得熟练程度不同的各类用户都能方便地、满意地得到系统的各种服务，并在应用中不断增进对 SHELL 命令语言的了解。SHELL 为具有一定计算机使用经验的用户构成了一个应用 UNIX 系统的良好环境。

4.2.4 计算机病毒及其防治

什么是计算机病毒呢？

计算机病毒(Computer Viruses)是一种人为的特制小程序，具有自我复制能力，通过非授权入侵而隐藏在可执行程序和数据文件中，影响和破坏正常程序的执行和数据安全，具有相当大的破坏性。计算机一旦有了计算机病毒，就会很快扩散，这种现象如同生物体传染生物病毒一样，具有很强的传染性。传染性是计算机病毒最根本的特征，也是病毒与正常程序的本质区别。

1. 计算机病毒的特点

根据目前已经发现的计算机病毒，可以将计算机病毒的特点归纳为以下几个方面。

1) 灵活性

计算机病毒都是一些可以直接运行或间接运行的程序。它们小巧灵活，一般占有很

少的字节，可以隐藏在可执行程序或数据文件中，不易被人们发现。

2）隐蔽性

计算机病毒通常依附于一定的媒体，不单独存在，因此，在病毒发作之前不易发现，而一旦发现，实际上计算机系统已经被感染或受到破坏。

3）传染性

计算机病毒的传染性是指计算机病毒能进行自我复制，并把复制的病毒附加到无病毒的程序中，或者去替换磁盘引导区中的正常记录，使得附加了病毒的程序或磁盘变成新的病毒源。这种新的病毒源又能进行病毒的自我复制。因此，计算机病毒可以很快地传播到整个计算机系统或扩散到其他磁盘上。

计算机病毒一般都具有很强的再生机制，其传播速度很快。

4）可激发性

在一定的条件下，病毒程序可以根据设计者的要求，在某个点上激活并发起攻击。

5）破坏性

计算机病毒主要破坏计算机系统，其主要表现为：占用系统资源，破坏数据，干扰计算机的正常运行；严重的会摧毁整个计算机系统。

2. 计算机病毒的传染途径

计算机病毒的传染主要通过以下三种途径。

1）通过软盘传染

这是最普通的传染途径。由于使用带病毒的软盘，首先机器（例如硬盘、内存）感染病毒，并传染给未被感染的“干净”软盘，然后，这些感染上病毒的软盘再在别的计算机上使用，造成进一步的传染。因此，大量的软盘交换、合法或非法的程序复制等是造成病毒传染并泛滥蔓延的温床。

2）通过机器传染

这实际上是通过硬盘传染。由于带病毒的机器移到其他地方使用、维修等，将干净的软盘传染并再扩散。

3）通过网络传染

这种传染扩散得极快，能在很短的时间内使网络上的机器受到感染。

3. 计算机病毒的检测与防治

下列一些现象可以作为检测病毒的参考：

（1）程序装入时间比平时长，运行异常。

（2）有规律地发现异常信息。

（3）用户访问设备（例如打印机）时发现异常情况，如打印机不能联机或打印符号异常。

（4）磁盘的空间突然变小了，或不识别磁盘设备。

（5）程序或数据神秘地丢失了，文件名不能辨认。

（6）显示器上经常出现一些莫名其妙的信息或异常显示（如白斑或圆点等）。

（7）机器经常出现死机现象或不能正常启动。

（8）发现可执行文件的大小发生变化或发现不知来源的隐藏文件。

如果发现了计算机病毒,应立即清除。清除病毒的方法通常有两种：人工处理及利用反病毒软件。

如果发现磁盘引导区的记录被破坏,就可以用正确的引导记录覆盖它;如果发现某一文件已经感染上病毒,则可以恢复那个正常的文件或消除链接在该文件上的病毒,或者干脆清除该文件等,这些都属于人工处理。清除病毒的人工处理方法是很重要的,但是,人工处理容易出错,有一定的危险性。如果不慎误操作将会造成系统数据的损失,不合理的处理方法还可能导致意料不到的后果。

通常反病毒软件具有对特定种类的病毒进行检测的功能,有的软件可查出几十种甚至几百种病毒,并且大部分反病毒软件可同时消除查出来的病毒。另外,利用反病毒软件消除病毒时,一般不会因清除病毒而破坏系统中的正常数据。特别是反病毒软件有理想的菜单提示,使用户的操作非常简便,但是,利用反病毒软件很难处理计算机病毒的某些变种。

计算机病毒危害很大。使用计算机系统,尤其是微型计算机系统,必须采取有效措施,防止计算机病毒的感染和发作。

1）人工预防

人工预防也称标志免疫法。因为任何一种病毒均有一定标志,所以将此标志固定在某一位置,然后把程序修改正确,可达到免疫的目的。

2）软件预防

目前主要是使用计算机病毒的疫苗程序,这种程序能够监督系统运行,并防止某些病毒入侵。国际上推出的疫苗产品如英国的 Vaccin 软件,它发现磁盘及内存有变化时,就立即通知用户,由用户采取措施处理。

3）硬件预防

硬件预防主要采取两种方法：一是改变计算机系统结构;二是插入附加固件。目前主要是采用后者,即将防病毒卡的固件(简称防毒卡)插到主机板上,当系统启动后先自动执行,从而取得 CPU 的控制权。

4）管理预防

这是目前最有效的一种预防病毒的措施。目前世界各国大都采用这种方法。一般有以下三条途径。

(1）法律制度

规定制造计算机病毒是违法行为,对罪犯用法律制裁。

(2）计算机系统管理制度

有系统使用权限的规定、系统支持资料的建立和健全的规定、文件使用的规定、定期清除病毒和更新磁盘的规定等。

(3）教育

这是一种预防计算机病毒的重要策略。通过宣传、教育,使用户了解计算机病毒的常识和危害,尊重知识产权,不随意复制软件,养成定期检查和清除病毒的习惯,杜绝制造病毒的犯罪行为。

4.3 汉字操作环境

4.3.1 汉字编码

计算机只能识别二进制数码0和1,任何信息在计算机中都是以二进制形式存放的,汉字也不例外。这就需要对汉字进行编码。

汉字编码要比字符编码复杂得多,因为汉字的个数要比一般的西文字符多得多。汉字的输入输出也要比西文字符的输入输出复杂得多,因为汉字的笔画比较复杂。

根据计算机在处理汉字过程中的不同操作要求,汉字的编码一般分为输入码、机内码、字形输出码与交换码。

1. 输入码

目前,输入汉字的设备主要是键盘。所谓汉字的输入码,是指利用键盘输入汉字时对汉字的编码,有时也称为汉字的外码。汉字输入码一般是用键盘上的字母和数字来描述。目前已经有许多种各有特点的汉字输入码,但真正被广大用户所接受的也只有十几种。

在众多的汉字输入码中,按照其编码规则主要分为形码、音码与混合码等三类。

1) 形码

形码也称为义码。它是一类按照汉字的字形或字义进行编码的方法。常用的形码有五笔字型码、郑码、表形码等。

在按汉字字形进行编码时,一般采用字根法或笔划法。所谓字根法是将一个汉字拆成若干偏旁、部首与字根。所谓笔划法是将一个汉字拆成若干笔划。但无论是采用字根法还是笔划法,总是将拆分成的偏旁、部首、字根或笔划与键盘上的键对应编码,从而按字形键入汉字的编码。

按字形方法输入汉字的优点是重码率低,速度快,只要能看见字形就可以拆分输入,因此,这种输入方法受到专业录入员的普遍欢迎。但是,这种方法要求记忆大量的编码规则和汉字拆分的原则。

2) 音码

音码是一类按照汉字的读音(即汉语拼音)进行编码的方法。常用的音码有标准拼音(即全拼拼音)、全拼双音、双拼双音等。

以汉语拼音作为汉字的编码,从而可以通过输入拼音字母来实现汉字的输入。这种方法对于学过汉语拼音的人来说,一般不需要经过专门的训练就可以掌握。但对于不会拼音或不会讲普通话的人来说,使用拼音方法输入汉字显然是困难的。另外,用汉语拼音方法输入汉字时,其同音字比较多,需要通过选字才能得到合适的汉字,而且对于那些读不出音的汉字也就无法输入。

3) 混合码

这是一类将汉字的字形(或字义)和字音相结合的编码,也称为音形码或结合码。常用的有自然码等。

这种编码方法一般以音为主,以形为辅,音形结合,取长补短。由于这种编码兼顾了音码和形码的优点，既降低了重码率，又不需要大量记忆，不仅使用起来简单方便，而且输入汉字的速度比较快，效率比较高。

除以上常用的三类汉字编码外，还有其他一些编码，如电报码是用数字进行编码的，称为数字码等。由此可以看出，由于汉字编码方法的不同，一个汉字可以有许多不同的输入码。

2. 机内码

汉字的机内码是计算机内部对汉字信息进行各种加工、处理所使用的编码，简称内码。从输入设备输入汉字的代码(即输入码)后，一般要由相应的软件系统将它转换成机内码后才能进行存储、传递、处理。一个汉字的机内码一般用两个字节(即十六个二进制位)来表示。目前，汉字的机内码尚未标准化，在不同的计算机系统中，其汉字的机内码可能是不同的，这将有待于统一标准。汉字的机内码虽然还没有一个标准，但在我国绝大部分的汉字系统中，其汉字的机内码基本是相同的。

3. 交换码

在各计算机系统之间交换信息时，也要交换汉字信息。由于各计算机系统所使用的机内码还未形成一个统一的标准，因此，如果使用汉字的机内码交换汉字信息，就有可能使各计算机系统之间不认识对方的汉字机内码，从而使信息交换失败。因此，为了便于各计算机系统之间能够准确无误地交换汉字信息，必须规定一种专门用于汉字信息交换的统一编码，这种编码称为汉字的交换码。

目前，我国已经制定了“中华人民共和国国家标准信息交换汉字编码”，代号为GB2312—80，这种编码称为国标码。在国标码的字符集中收录了汉字和图形符号共7445个，其中一级汉字3755个，二级汉字3008个，图形符号682个。

在国标码中，全部国标汉字与图形符号组成一个94×94的矩阵，矩阵的每一行称为一个“区”，每一列称为一“位”。这样就形成了94个区(01～94区)、每个区内有94位(01～94位)的汉字字符集。一个汉字所在位置的区号和位号组合在一起就构成一个四位数的代码。前两位数字为“区码”(01～94)，独立占一个字节；后两位数字为“位码”，也独立占一个字节。这种代码称为“区位码”。例如，汉字“啊”的区位码为1601，表示该汉字在16区的01位。如果用十六进制表示，则汉字“啊”的区码为10H，位码为01H，即该汉字的区位码为1001H。特别要注意的是，一个汉字的区位码中，其区码与位码均是独立的。在将它们转换成十六进制时，不能作为整体来转换，只能区码与位码分别进行转换，因为区位码中的区码与位码分别占两个独立的字节。

所有国标汉字与图形符号的94个区划分为以下四个组：

1) 01～15区

这是图形符号区。其中01～09区为标准区，10～15区为自定义符号区。

2) 16～55区

这是一级常用汉字区，包括一级常用汉字3755个。这些区中的汉字是按汉语拼音排序的。其中55区的90～94位未定义汉字。

3) 56～87区

这是二级非常用汉字区，包括二级非常用汉字3008个。这些区中的汉字是以部首排序的。

4) 88～94 区

这是自定义汉字区。

如果在区位码的区码与位码的基础上分别加 20H，就形成了国标码，这主要是为了避免与基本 ASCII 码中的控制码冲突。

前面提到，汉字的机内码还没有形成一个标准，但我国绝大部分汉字系统中的汉字机内码是在区位码的基础上演变而来的。为什么不直接用区位码或国标码作为机内码呢？这是因为汉字的区位码或国标码中两个字节值的范围都与西文字符的基本 ASCII 码相冲突，因为一般的汉字系统还要兼顾处理西文字符。一般的汉字机内码也占两个字节，分别称为高位字节和低位字节，它们分别是在区码与位码的基础上加 A0H，即在国标码中两个字节值的基础上再加 80H（即最高位均置“1”）。由此可见，机内码与区位码的关系如下：

机内码高位＝区码＋20H＋80H＝区码＋A0H

机内码低位＝位码＋20H＋80H＝位码＋A0H

其中加 20H 是为了避免与基本 ASCII 码中的控制码冲突，加 80H 是为了区别于基本 ASCII 码。例如，汉字“啊”的区位码为“1001H（十进制为 1601）”，其机内码为“B0A1H”。

4. 汉字的输出码与汉字库

汉字的输出码实际上是汉字的字形码，它是由汉字的字模信息所组成的。

在输入汉字的过程中，实际上包括了将汉字的输入码转换成机内码的工作，只不过此项工作是由汉字系统中的专门程序来完成的。在需要输出一个汉字时，则首先要根据该汉字的机内码找出其字模信息在汉字库中的位置，然后取出该汉字的字模信息在屏幕上显示或在打印机上打印输出。

汉字是一种象形文字，每一个汉字可以看成是一个特定的图形，这种图形可以用点阵、轮廓向量、骨架向量等多种方法表示，而最基本的是用点阵表示。例如，如果用 16×16 点阵来表示一个汉字，则一个汉字占 16 行，每一行有 16 个点，其中每一个点用一个二进制位表示，值 0 表示暗，值 1 表示亮。由于计算机存储器的每个字节有 8 个二进制位，因此，16 个点要用两个字节来存放。16×16 点阵的一个汉字字形需要用 32 个字节来存放，这 32 个字节中的信息就构成了一个 16×16 点阵汉字的字模。同样的道理，32×32 点阵的一个汉字字形需要用 128 个字节来存放，这 128 个字节中的信息就构成了一个 32×32 点阵汉字的字模。

所有汉字字模信息的集合就构成了汉字库。一般高点阵汉字字库能够满足打印不同字体或不同字型的需要。

4.3.2 汉字操作系统的基本概念

4.2.2 节介绍的 DOS 操作系统中，只能处理英文信息，而不能直接处理中文信息，因此，一般称这种只能处理英文信息的 DOS 操作系统为西文 DOS 操作系统。为了处理中文信息，一般需要具备以下五个基本条件：

- 汉字输入设备；

• 汉字输出设备；
• 存放汉字字模信息的汉字库；
• 汉字操作系统；
• 处理汉字信息的应用程序。

一个计算机系统具备了上述五个条件后，人们就可以在这个环境下处理中文信息。通常我们就称这种能处理中文信息的环境为“中文操作环境”或“中文操作平台”。

在西文DOS系统中，处理的字符(包括英文字母与常用的符号)在计算机中一般是以ASCII码存放的。在中文系统中处理的汉字也需要用二进制形式进行编码，即常说的汉字编码。汉字编码要比字符编码复杂得多，因为汉字的个数要比一般的字符多得多。汉字的输入输出也要比字符的输入输出复杂得多，因为汉字的笔画比较复杂。

用计算机处理汉字的基本思想是将汉字处理软件从应用程序层深入到操作系统中。一般是对原西文操作系统中的输入输出模块进行修改，使之不仅能够将输入的西文字符转换成ASCII码，也能将输入的汉字转换成汉字机内码，从而使系统不仅能处理ASCII码字符，也能处理汉字信息。因此，一般所说的汉字操作系统实际上是“外挂”在西文操作系统上的一个中文“外壳”。具体来说，汉字操作系统所增加的汉字处理模块主要有以下几个。

1. 键盘管理模块

键盘管理模块是负责管理计算机键盘的功能模块。这个模块的功能主要有以下两项：

(1) 将从键盘输入的汉字输入码转换为机内码。因此，该模块是汉字输入法的接口。

(2) 对系统功能键进行解释并调用相应的系统服务功能。

2. 显示管理模块

显示管理模块负责识别和解释所要显示的汉字机内码或ASCII码，并将它们在屏幕上显示输出。

3. 字模管理模块

字模管理模块负责对需要显示或打印输出的汉字字模信息进行处理，最后提供相应的汉字点阵信息。

4. 打印管理模块

打印管理模块是支持汉字打印的打印驱动程序。这个模块首先接受需要打印的汉字机内码，然后通过字模管理模块提取相应的点阵信息，最后通过打印机的图形方式控制打印机打印输出汉字的点阵。

5. 系统服务模块

系统服务模块是汉字系统的服务性支持模块，主要提供系统实用工具(如汉字字模编辑器、配置管理等)、中断调用和应用程序编程接口。

以上五个模块之间的关系如图4.7所示。

在基于DOS操作系统的汉字系统中，常用的有Super-CCDOS汉字系统和UCDOS汉字系统。

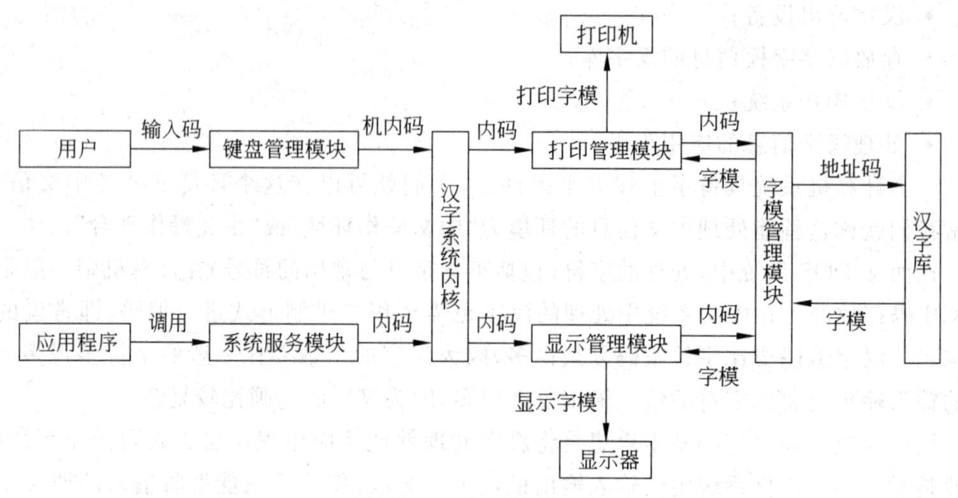

图 4.7　汉字系统的组成

4.3.3　汉字输入法简介

目前普遍使用的是通过计算机标准键盘来输入汉字。从键盘输入汉字,一般要对应按若干个键才形成一个汉字的完整的输入码,然后由输入法中的转换程序将输入码转换成机内码。计算机在编辑、处理汉字信息的过程中均使用机内码。

使用计算机进行汉字处理,首先要学会一种汉字输入方法。本节将简单介绍几种基本的汉字输入法。

1. 区位码输入法

在一般的汉字操作环境中,区位码输入法都是基本的汉字输入方法之一。

区位码是两字节代码,第一个字节是区码,取值范围为 01～94;第二个字节是位码,其取值范围也是 01～94。在采用区位码方式输入时,需要输入四个数字键,其中前两个表示区码的十进制值,后两个表示位码的十进制值。例如,汉字"啊"的区位码是十进制值 1601,则应依次输入 1601,而不能输入 161。同样,如果区码的第一个数字为 0,也不能省略。

区位码最大的优点是没有重码,即区位码与汉字是一一对应的。区位码输入法常用于输入一些键盘上没有的特殊符号。

2. 拼音码输入法

在一般的汉字操作环境中,拼音码输入法也都是基本的输入方式之一。

拼音码的编码与汉字拼音是一致的,因此,拼音码输入法简单易学,从而得到广泛应用。但它的缺点是重码比较多,拼音码一般要对应多个汉字,因此,当输入一个拼音码后,还需要从多个汉字中选择一个所需要的汉字,其输入速度难以提高;并且,对于不知其读音的汉字也就无法用拼音码输入。

拼音码输入法一般又分为全拼和双拼两种。

1) 全拼输入法

全拼拼音是用一个汉字的汉语拼音作为汉字的输入码。在输入汉字的全拼拼音时,用标准键盘上的小写英文字母作为拼音输入编码。一般来说,为了用拼音码输入一个汉字,需要按键多次。

当输入一个汉字的拼音码后,如果该汉语拼音是自然结束,则在提示行中显示所有的同音字;但如果该汉语拼音不是自然结束,则要输入一个空格作为结束,此时才在提示行中显示所有的同音字。如果所有的同音字在提示行中显示不下,则可以用＋或＞向后翻页,用－或＜向前翻页。当在提示行中找到需要输入的汉字时,键入该汉字前的序号,这就完成了一次汉字的输入。

在汉语拼音中有很多双音词组。汉语拼音中单个汉字的同音字一般比较多,但拼音码相同的双音词组就要少得多,因此,如果一次输入一个完整的双音词组,则供选择的候选词组就会大大减少,从而可以减少前后翻页的次数,提高汉字的输入速度。

必须注意,在以全拼输入双音词组的方式中,对于每个汉字来说,其按键的次数和以单个汉字的全拼拼音输入方式是相同的,它只是将词组中的两个汉字的拼音作为整体进行输入。另外,如果词组中的汉字拼音不是自然结束,也需要加一个空格作为结束键。例如,如果需要输入"程序"两个汉字,可直接键入拼音 chengxu,然后在提示行中进行选择;如果需要输入"理想"两个汉字,则要键入 li xiang,此时在"li"后面要加一个空格,因为它不是自然结束。

2) 双拼输入法

在前面所介绍的全拼输入方式中,每个汉字的汉语拼音中的所有字母都需要输入。实际上,汉语的拼音由声母和韵母组成,如果规定每个声母和韵母各用键盘上的一个键(字母或符号)来表示,则称为双拼输入编码。显然,在双拼输入方式中,输入一个汉字最多需要按两个键即可。

需要指出的是,根据发明人的不同,其双拼编码也是不同的。表 4.3 是某种双拼编码中声母、韵母与键位的对应关系。

表 4.3　声母和韵母代码表

代码键	声　母	韵　母	代码键	声　母	韵　母
A	zh	a	O	零声母	uo
B	b	ia ua	P	p	ou
C	c	uan	Q	q	er
D	d	ao	R	r	en
E		e	S	s	ai
F	f	an	T	t	eng
G	g	ang	U	ch	u
H	h	iang uang	V	zh	ui ue
I	sh	i	W	w	ei
J	j	ian	X	x	uai
K	k	iao	Y	y	ong iong
L	l	in	Z	z	un
M	m	ie	;		ing
N	n	iu			

如上所述，用双拼输入法输入一个汉字，只需要按两个键即可，与全拼输入方式相比减少了按键次数。例如，汉字"中"的汉语拼音为 zhong，如果采用双拼输入方式，则只需要输入 a 与 y 两个字母，其中 a 代表声母 zh，y 代表韵母 ong。

用双拼输入方式可以输入单个汉字，也可以输入双字或多字词组，并且还可以使用联想输入。

对于双字词组，只要分别输入每个汉字的声母与韵母代码即可。例如，为了输入"中国"，只需键入 aygo 即可。其中 a 表示汉字"中"的声母 zh，y 表示汉字"中"的韵母 ong；g 表示汉字"国"的声母 g，o 表示汉字"国"的韵母 uo。此时，在提示行中将显示由这两个汉字所构成的同音字词组，只要选择"中国"的序号即完成词组"中国"的输入。

对于由 3 个或 4 个汉字组成的词组，只需要输入前三个汉字的汉语拼音的第一个字母即可。例如，为了输入"计算机"，只要键入 jsj，然后在提示行中选择"计算机"的序号即可。又如，为了输入"无论如何"，只要键入 wlr 后再进行选择即可。

在双拼输入方式中，为了提高输入速度，又定义了一级简码和二级简码。

在一级简码中，包括了 26 个汉字，它们都是单声码。在输入一级简码时，只需要输入一个字母键和一个空格键即可，而不再需要从同音字中进行选择。

在二级简码中，包括了 398 个常用汉字，它们分别对应了国标汉字中的 398 个音节。在输入二级简码时，只要输入其声母与韵母后再输入一个空格键即可，也不需要从同音字中进行选择。实际上，输入二级简码相当于输入该汉字时其提示行中第一个位置上的那个汉字。

由于一级简码和二级简码没有重码问题，因此其输入速度比较快，但需要记住它们。需要注意的是，双拼编码随发明人的不同而不同，因此，一级简码与二级简码也随发明人的不同而不同，读者在使用双拼输入法时一定要注意这个问题。

3. 智能 ABC 输入法

智能 ABC 输入法是在中文 Windows 系统中使用的一种规范、灵活、方便的汉字输入方法。

1）智能 ABC 的输入方式

智能 ABC 允许用户使用音、形或音形结合的方式输入汉字，在拼音中可以是全拼、简拼或二者的结合，系统将自动识别各种方式的转换。

（1）全拼输入

全拼输入方式与汉语拼音的规则完全一样。但要注意，在输入时要求词与词之间要用空格分隔。例如，为了输入句子"我想为妈妈点一支好听的歌曲"，应输入如下：

```
wo xiang wei mama dian yi zhi haotingde gequ
```

（2）简拼输入

简拼输入的规则是取每个汉字的第一个字母（包括 zh、ch、sh），也可以取两个字母。例如，"计算机"的简拼为 jsj，"长城"的简拼为 cc、cch、chc 或 chch，"中华"的简拼为 z'h 或 zhh，"愕然"的简拼为 e'r。其中单撇号'是隔音符号。由于 zh 是复合声母，er 是"而"的拼音，因此在中间用隔音符号以避免混淆。实际上，在全拼中也要使用隔音符号。例如"西安”的全拼为 xi′an，而不是 xian(先)。

(3) 混拼输入

所谓混拼，是指在一个词中，有的汉字用全拼，有的汉字用简拼。显然，这是一种开放式的输入方法。例如，“金沙江”的混拼可以是 jinsj，“单个”的混拼可以是 dan′g 或 dge，“历年”的混拼可以是 li′n 或 lnian。

(4) 纯笔形输入

纯笔形输入法适用于那些不知道读音的汉字输入，对于完全不懂汉语拼音的用户也可以用纯笔形输入法。在智能 ABC 中，纯笔形共分为 8 类，如表 4.4 所示。

表 4.4 智能 ABC 输入法笔形分类

笔形代码	笔 形	笔形名称	实 例	说 明
1	一（√）	横（提）	二、要、厂、政	“提”也算作“横”
2	丨	竖	同、师、少、党	
3	丿	撇	但、箱、斤、月	
4	丶（㇏）	点（捺）	写、忙、定、间	“捺”也算作“点”
5	㇕（㇆）	折（竖弯勾）	对、队、刀、弹	顺时针方向弯曲的多折笔划以尾折为准，如“了”
6	㇄	弯	匕、她、绿、以	逆时针方向弯曲的多折笔划以尾折为准，如“乙”
7	十（㐅）	叉	草、希、档、地	交叉笔划只限于正叉
8	口	方	国、跃、是、吃	四边整齐的方框

在使用纯笔形输入时，每个汉字按书写的笔划顺序，最多取六笔。由于笔形代码 7 与 8 实际取的是形状，它们都包含两个以上的笔划，因此，应按第一笔的顺序取代码。而在 7 与 8 的部分中已经取过的笔划不再重复取。例如，“汉”的笔形编码为“44154”，“字”的笔形编码为“4455(1)”(实际取到第四笔已经能识别)，“果”的笔形编码为“87134”，“丰”的笔形编码为“711”。

在纯笔形输入法中，按照汉字的形状，还可以将汉字分为独体字和合体字。

对于独体字可以按笔划逐个取码，如前面的例子那样。

对于合体字，可以将它分为左右或上下或外内两块，其中每个字块最多取三个笔划。如果第一个字块多于三笔，则限取三码，然后开始取第二个字块中的笔划。各字块的代码之间要用一个空格隔开。例如，“筠”的笔形码为 314 713，“船”的笔形码为 335 36，“装”的笔形码为 412 413，“敲”的笔形码为 418 217，“飒”的笔形码为 414 367。

在合体字中，如果第一个字块不足三笔，则可以顺序取第二个字块。并且，在这种情况下，第二个字块还可以分为两个字块。例如，“传”的笔形码为 32 1154，“薛”的笔形码为 72 358 4，“蓟”的笔形码为 72 358 2，“国”的笔形码为 6 1714，“做”的笔形码为 32 78 3，“花”的笔形码为 72 323。

(5) 音形混合输入

在智能 ABC 中，允许拼音与笔形混合输入，从而可以减少重码，提高输入速度。音形混合输入时的组合方式为

(拼音+[笔形描述])+(拼音+[笔形描述])+……+(拼音+[笔形描述])

其中“拼音”可以是全拼、简拼或混拼，“笔形描述”可有可无。

(6) 双打输入

双打输入相当于拼音输入法中的双拼，但在智能 ABC 中，声母和韵母所与键位的对应关系如表 4.5 所示。

表 4.5 智能 ABC 中声母和韵母代码表

代码键	声　母	韵　母	代码键	声　母	韵　母
A	zh	a	N	n	un
B	b	ou	O	零声母	uo
C	c	in uai	P	p	uan
D	d	ua ia	Q	q	ei
E	ch	e	R	r	iu er
F	f	en	S	s	ong iong
G	g	eng	T	t	uang iang
H	h	ang	U		u
I		i	V	sh	
J	j	an	W	w	ian
K	k	ao	X	x	ie
L	l	ai	Y	y	eng
M	m	ui ue	Z	z	iao

2) 智能 ABC 输入法的特点

智能 ABC 输入法具有以下两方面的主要特点。

(1) 自动分词与构词

在使用智能 ABC 输入法输入汉字过程中，系统将自动进行分词与构词。例如，若要输入“计算机系统”一词，输入该词的拼音为“jsjxt”，如果当前词库中还没有“计算机系统”这个词，则选择“计算机”后，在提示行中会出现后面的词供选择；再选择“系统”，此时，在词库中就新构成了“计算机系统”一词。

(2) 词的自动记忆

词库中没有的生词，如人名、地名等，在输入过程中会被系统记忆在一个栈中，如果重复使用了多次，就将该词长期保存在词库中。

除了上述两个主要特点外，智能 ABC 输入法还具有强制记忆非标准词、朦胧记忆词、中文数量词的简化输入等功能。有关智能 ABC 输入法的详细介绍请参看其他有关资料。

4. 其他输入法

五笔字型输入法与自然码输入法也是常用的汉字输入方法。

五笔字型输入法采用汉字的字形信息进行编码，比较直观，与拼音输入法相比，按键的次数比较少，重码率低。因此，五笔字型输入法往往被专业录入人员所选用。

自然码输入法是一种以拼音为主、音形结合的汉字输入方法。在自然码输入法中，以单字输入为基础，词与短语输入为主导，利用句子、文章中的上下文关系作智能处理。在具体输入时，以双拼为主，形义为辅，音、形、义相结合，简单易学，操作方便。

4.4 Windows 操作系统

Windows 操作系统提供了一个基于图形的多任务多窗口的应用环境，通过多年的发展，其功能越来越强大，目前它在个人计算机操作系统中占有绝对的优势。

Windows 操作系统之所以取得成功，主要在于它与其他行命令操作系统相比具有以下一些优点。

(1) 直观、高效的面向对象的图形用户界面，易学易用。Windows 用户界面和开发环境都是面向对象的，用户采用“选择对象-操作对象”这种方式进行工作。例如，用户为了打开一个文档，首先用鼠标或键盘选择该文档图标，然后打开该文档。这种操作方式模拟了现实世界的行为，易于理解、学习和使用。显然，这比用行命令方式打开一个文档要直观容易得多，因为在用行命令方式打开一个文档时，首先要记住相应的命令名以及需要打开的文档全称，然后要用键盘输入该命令。

(2) 用户界面统一、友好、美观。Windows 应用软件大多拥有相同的或相似的基本外观，如窗口、菜单、工具栏等。因此，用户只要掌握其中一个软件，就不难学会其他软件，从而降低了学习掌握有关软件的门槛。

(3) 丰富的设备无关的图形操作。Windows 的图形设备接口(GDI)提供了丰富的图形操作函数，并支持各种输出设备。设备无关的特性意味着在打印机上和在高分辨率的显示器上都能显示出相同效果的图形。

(4) 多任务。Windows 是一个多任务的操作环境，它允许用户同时运行多个应用程序，或在一个程序中同时做几件事情。每个程序在屏幕上占据一块矩形区域，称为窗口。用户可以对窗口进行各种操作，如放大、缩小、移动等，还可以在不同的应用程序之间进行切换，并可以在程序之间进行手工的和自动的数据交换和通信。

(5) 丰富的 Windows 软件开发工具。随着 Windows 的普及，各软件公司纷纷推出新一代可视化开发工具。

(6) 面向对象式的程序设计思想。在 Windows 的界面设计和软件开发环境中，处处贯穿着面向对象的思想。在 Windows 中，Windows 程序的执行过程本身就是窗口和其他对象创建、处理和消亡的过程。

中文 Windows 是 Microsoft Windows 的中文化版本。虽然随着版本的提高，其技术越来越成熟，功能也越来越强大，但其基本操作都是相近的。下一章将主要针对中文版的 Windows 7 操作系统进行介绍。

习 题 4

一、选择题

1. 在 DOS 操作系统中，负责建立、删除、读写和检索各类文件的系统称为(　　)。

   A) 操作系统　　　　B) 输入、输出管理系统

   C) 文件管理系统　　D) 微机系统

2. 外部命令文件是(　　)。

A) 常驻内存　　B) 驻留在磁盘上

C) 包含在文件 COMMAND. COM 中　　D) 不可执行的文件名

3. 后缀为 COM 的文件是(　　)。

A) 内部命令　　B) 命令处理程序

C) 外部命令　　D) 可执行文件名

4. 内部命令的文件名(　　)。

A) 后缀为 EXE　　B) 后缀为 COM

C) 包含在文件 COMMAND. COM 中　　D) 为所有可执行文件名

5. 控制键^C 的功能为(　　)。

A) 终止当前操作　　B) 系统复位

C) 暂停标准输出设备的输出　　D) 结束命令行

6. DOS 系统启动后,下列文件中常驻内存的是(　　)。

A) DISKCOPY. COM　　B) FORMAT. COM

C) COMMAND. COM　　D) SYS. COM

7. 控制键^P 的功能为(　　)。

A) 将标准输出同时送到打印机和屏幕　　B) 系统复位

C) 结束物理行　　D) 结束命令行

8. 控制键 Ctrl+Alt+Del 的功能为(　　)。

A) 删除一个字符并退格　　B) 暂停标准输出设备的输出

C) 热启动　　D) 终止当前操作

9. 在使用计算机的过程中,若要重新启动 DOS,则要按(　　)

A) ^P 键　　B) ^C 键

C) Ctrl+Alt+Del 键　　D) ^H 键

10. COMMAND. COM 为命令处理程序,它(　　)。

A) 驻留在外存,需要时再装入内存

B) 常驻内存,包含所有内部命令

C) 不能处理外部命令

D) 不能处理后缀为 EXE 的可执行文件

11. 用户在对计算机操作过程中,可以对 DOS 系统进行热启动,在热启动时(　　)。

A) 硬盘和软盘中均可没有 DOS 系统

B) 不检测键盘、外设接口与内存

C) 不提示用户输入日期与时间

D) 与冷启动完全相同

12. 要从软盘启动 DOS(软盘中已存有 DOS 系统),设有操作:①打开计算机电源;②将该软盘插入 A 驱动器;③关好 A 驱动器门。则冷启动的操作顺序应为(　　)。

A) ①→②→③　　B) ③→②→①

C) ②→①→③　　D) ②→③→①

13. 下列名字中,不能作为 DOS 文件名的是(　　)。
A) JTU　　B) 93GZ. PRG　　C) CON　　D) ATT&T. BAS

14. DOS 系统的热启动与冷启动的不同之处为热启动时(　　)。
A) 不检测键盘、外设接口与内存　　B) 不提示用户输入日期与时间
C) 不用装入 COMMAND. COM 文件　　D) 不能从软盘启动

15. 下列四句话中正确的是(　　)。
A) 从硬盘启动 DOS 称为冷启动　　B) 冷启动是接通电源
C) 断电状态下启动 DOS 称为冷启动　　D) 冷启动是 DOS 系统的第一次启动

16. 所谓热启动是指(　　)。
A) 计算机发热时应重新启动　　B) 不断电状态下的重新启动
C) 重新由硬盘启动　　D) 计算机的自动启动

17. 在下列各操作中,能导致 DOS 系统重新启动但不进行系统自检的是(　　)。
A) 按 RESET 按钮　　B) 加电开机
C) 按 Ctrl+Break　　D) 按 Ctrl+Alt+Del

18. 下列文件中,DOS 系统启动后常驻内存的是(　　)。
A) AUTOEXEC. BAT　　B) COMMAND. COM
C) XCOPY. COM　　D) FORMAT. COM

19. 在下列组合控制键中,功能为将标准输出同时送到屏幕和打印机的是(　　)。
A) Shift+PrtSc　B) ^S　　C) ^C　　D) ^P

20. 在启动 DOS 系统时,启动盘的根目录下必须包含的文件有(　　)。
A) START. COM　　B) COMMAND. COM
C) INITIAL. COM　　D) BOOT. COM

21. 在用 DIR 命令列目录时,如果想中断显示,下列方法中正确的是(　　)。
A) 按任一键　　B) 按空白键
C) 按 Ctrl+C 键　　D) 按 Ctrl+D 键

22. 在下列扩展名的文件中,能直接执行的是(　　)。
A) C　　B) BAT　　C) BAK　　D) DAT

23. 在下列带有通配符的文件名中,能代表文件 ABCDEF. DAT 的是(　　)。
A) A*.???　　B) *F. *　　C) *.?　　D) AB?.???

24. DOS 设备文件名 CON 代表的设备是(　　)。
A) 键盘和打印机　　B) 键盘和显示器
C) 显示器和打印机　　D) 键盘、显示器和打印机

25. 为了删除当前盘当前目录下第二个字符为 X 的所有文件,下列命令中正确的是(　　)。
A) DEL *X. *　　B) DEL ?X*
C) DEL ?X. *　　D) DEL ?X*. *

26. 下列名字中,能作为合法 DOS 文件名的是(　　)。
A) ANP/QR. C　　B) ABCOM

C) ABC. BASIC　　　　　　　　D) XY+Z. FOR

27. 设给定一个带有通配符的文件名 F＊.?,则它能代表文件(　　)。

A) FA. EXE　　B) F. C　　C) EF. C　　D) FABC. COM

28. 下列文件名中,能用 ABC?.?代表的是(　　)。

A) AB12. C　　B) ABCD. FOR　　C) ABC. TXT　　D) ABCD. C

29. 下列设备中,只能作为输出设备的是(　　)。

A) CON　　B) NUL　　C) PRN　　D) COM1

30. 为了删除当前盘当前目录中所有第三个字符为 C 的文件,下列命令中正确的是(　　)。

A) DEL ＊＊C＊.＊　　　　B) DEL ??C＊

C) DEL ??C.＊　　　　D) DEL ??C＊.＊

31. 一个汉字区位码所占的字节数为(　　)。

A) 1　　B) 2　　C) 4　　D) 8

32. 100 个 24×24 点阵汉字字模信息需要的存储容量为(　　)。

A) 200B　　B) 600B　　C) 720B　　D) 7200B

33. 下列汉字编码中,属于形码的是(　　)。

A) 拼音码　　B) 五笔字型码　　C) 区位码　　D) 自然码

二、填空题

1. DOS 命令分为内部命令与外部命令,TREE 命令是 __(1)__ 命令;PATH 命令是 __(2)__ 命令。

2. 为了列出当前盘当前目录中所有第三个字符为 C 的文件名的有关信息,应该用命令________。

3. 设当前盘为 A 盘,当前目录为\X\Y,A 盘上的一个文件 QR. C 在当前目录下的子目录 W 中。现已将 A 盘的当前目录改为\D\XY,当前盘改为 C 盘,如果需指定 A 盘上的该文件应写成________。

4. 自动批处理的文件名为________。

5. 若当前盘为 A 盘,则要显示 C 盘的当前目录而又不改变当前盘的命令为________。

6. DOS系统的三个主要系统文件是 __(1)__ 、__(2)__ 、__(3)__ 。

7. 操作系统的主要功能是 __(1)__ 、__(2)__ 、__(3)__ 、__(4)__ 、__(5)__ 。

第5章 Windows 7操作系统

5.1 Windows 7系统的启动与退出

5.1.1 Windows 7系统的启动

当打开安装有Windows 7系统的计算机电源后，首先进行系统自检，如果没有发现问题，即进入Windows 7系统的启动阶段。启动成功后，就显示图5.1所示的Windows 7工作桌面。Windows 7的工作桌面是指Windows 7系统启动后出现在用户面前的整个屏幕。所谓工作桌面，就如日常的办公桌面一样。Windows 7系统启动后，用户就可以在这个桌面上进行操作了。

图5.1 启动后的Windows 7工作桌面

启动后的Windows 7工作桌面中包括以下几个部分。

1. 主画面

在主画面中包含若干图标，一个图标代表一个应用程序，用户可以通过双击其中的任意一个图标打开一个相应的应用程序窗口进行具体的操作。Windows 7系统启动后，其主画面中的图标个数与种类随工作的性质可以不同，用户可以根据自己的需要而增加或删除。一般总是将一些常用的应用程序图标放在主画面中，这如同总是将常用的办公用具放在办公桌面上一样。

2. “开始”按钮

“开始”按钮位于桌面的最左下角。单击“开始”按钮就可以进入 Windows 7 的“开始”菜单,如图 5.2 所示,用户可以在该菜单中选择相应的命令进行操作。

图 5.2 Windows 7 中的“开始”菜单

3. 任务栏

任务栏位于桌面的底部。当用户执行多项任务时,可以将各应用程序窗口缩小成图标(但并不关闭应用程序),并成为任务栏中的一个按钮。通过任务栏中的各按钮可以知道哪些应用程序目前正在运行,并且还可以方便地实现各应用程序窗口之间的切换。

4. 时钟

时钟位于桌面的最右下角,用于显示系统时间。

5. 输入法图标

输入法图标位于时钟图标的旁边。单击该图标将列出 Windows 7 中已经安装的各种输入法,从中可以选用一种输入法。

6. 音量控制图标

音量控制图标位于输入法的旁边。单击该图标,将显示一个调节音量的旋钮,通过它可以调节播放声音的音量。

5.1.2 Windows 7 的退出

需要退出 Windows 7 系统时，首先单击 Windows 7 画面左下角的“开始”按钮，此时出现一个“开始”菜单如图 5.2 所示；然后单击“关机”按钮即可。

5.2 Windows 7 系统的桌面元素

下面简要介绍 Windows 7 工作桌面中的各主要部件。

1. “开始”菜单

“开始”按钮是一个功能超强的程序启动器。其主要功能包括启动应用程序，打开文件，修改系统设定值，查找文件，取得帮助，下达执行命令与关闭系统等。只要单击“开始”按钮，就弹出图 5.2 所示的“开始”菜单。

“开始”菜单中各主要项目的功能如下：

(1) “所有程序”选项为用户提供了快速启动应用程序的途径。当单击“所有程序”选项后，就可以打开 “所有程序”的子菜单，如图 5.3 所示。然后就可以在该子菜单中再进行选择，这个过程可以一直进行下去，直到启动了一个应用程序或打开了一个窗口进行具体操作为止。

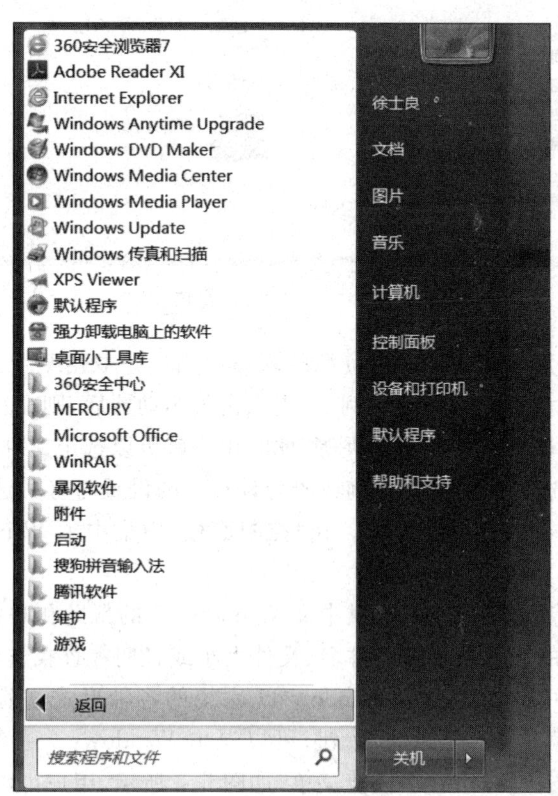

图 5.3 “所有程序”的子菜单

(2)“文档”、“图片”、“音乐”等选项分别为用户提供了最近打开过的相应清单。

(3)“计算机”选项为用户提供了计算机系统中的各种资源设置，主要包括软盘驱动器、硬盘驱动器、光盘驱动器等。单击该选项即显示如图 5.4 所示的“计算机”窗口。

图 5.4 “计算机”窗口

“计算机”选项是用户访问计算机资源的入口。当用户双击某个对象后，屏幕上就会出现一个窗口来显示该资源的情况。例如，当双击某驱动器后，则在窗口中将显示该驱动器中的盘上所装载的所有文件和文件夹等，此时用户就可以选定文件进行访问。

(4)“控制面板”选项的功能是查询或改变计算机的设置与有关选项。单击该选项即显示如图 5.5 所示的“控制面板”窗口。在“控制面板”中集中了 Windows 7 中所有的控制和配置。

(5)“帮助和支持”选项为用户提供中文 Windows 7 的帮助和联机支持。

(6)“搜索”选项的功能是根据文件名、文件大小或日期等查找文件或文件夹。

(7)“关机”选项中提供了退出 Windows 7 系统的各种形式。前面 5.1.2 节中曾提到，直接单击“开始”菜单中的“关机”按钮，可以退出 Windows 7 系统。但如果单击“关机”按钮右侧的按钮▸，则弹出一个快捷菜单，如图 5.6 所示，用户可以根据需要选择相应的操作。

图 5.5 “控制面板”窗口(1)

图 5.6 “关机”快捷菜单

2. “资源管理器”窗口

Windows 7 系统启动后,可以用以下方式打开图 5.7 所示的“资源管理器”窗口:

- 双击桌面上的“资源管理器”图标。
- 单击任务栏中的“资源管理器”图标。
- 执行“开始”|“所有程序”|“附件”|“Windows 资源管理器”命令。

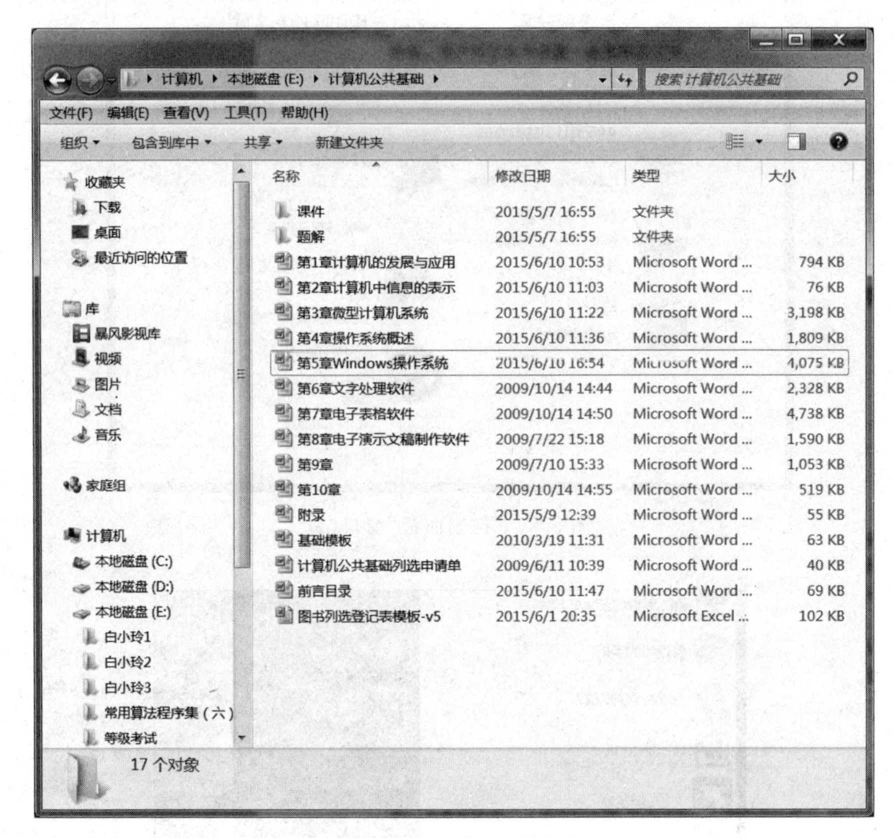

图 5.7 “资源管理器”窗口

在该窗口中提供了 Windows 7 文件系统的视图浏览和选定的功能,用户可以利用该窗口中提供的菜单命令对文件进行各种操作。

3. “回收站”图标

双击“回收站”图标,屏幕就显示“回收站”窗口。在该窗口中显示出以前删除的文件名,用户可以从中恢复一些有用的文件。

5.3 Windows 7 系统的基本操作

5.3.1 鼠标器操作

使用 Windows 7 图形环境的一个必要技能是利用鼠标选择、移动和激活出现在屏幕上的元素。鼠标是一种手持的带有按键的输入设备。当在桌面上移动鼠标时,屏幕上的指针(光标)也会跟着朝相应的方向移动相应的距离。虽然大部分操作也可以利用键盘来进行,但是鼠标为选择和移动屏幕元素提供了更直接的方法。

鼠标分两键鼠标和三键鼠标。Windows 7 使用两键鼠标。其基本键为左键,用于大部分的鼠标操作。第二键为右键。通常忽略鼠标的中间键。除非特殊说明,后面提到的鼠标键都是指鼠标的基本键。

鼠标器有以下几种基本操作:

1. 单击

单击一般是指轻轻按一下鼠标的左键(即左按钮),这个动作常用于选定一个具体的项目。轻轻按一下鼠标的右键(即右按钮,一般称为右击),这个动作常用于打开一个快捷菜单。

2. 双击

快速地连续按两下鼠标的左键。这个动作一般用于实现某个功能操作,如启动一个应用程序等。

3. 拖动

当鼠标指示光标指向屏幕上的某个对象时,按住鼠标左键不放,移动鼠标至另一点后再放开鼠标左键,即将屏幕上的该对象移到了新的位置处。

在不同的状态下,其鼠标指示光标的形状是不同的。下面列出一些主要的鼠标指示光标形状的意义:

⇖　一般箭头,称为"移动标记"。它可以随鼠标在屏幕上移动。

⌛　沙漏箭头,称为"执行标记"。该标记表示正在执行当前的命令程序。

☝☞　手势图,称为"指向标记"。这些标记主要用在帮助信息中。

I　工字头,称为"编辑标记"。该标记一般出现在文本编辑区。

5.3.2 窗口操作

1. 窗口的组成

典型的 Windows 7 窗口主要由标题栏、地址栏、菜单栏、控制按钮、最小化按钮、最大化按钮(恢复按钮)、关闭按钮等组成,如图 5.8 所示。

(1) 标题栏总是出现在窗口的顶部,用于显示窗口的名称。拖动标题栏还可以移动整个窗口。

(2) 地址栏用于显示当前文件所在目录的完整路径。使用地址栏可以导航到该路径上的某个文件夹。

(3) 菜单栏,包括一系列可执行的菜单名。

地址栏和菜单栏总是出现在标题栏的下面。

(4) 控制按钮位于窗口左上角、标题栏左端。用鼠标单击该按钮,可以显示控制菜单,该菜单包括涉及整个窗口的命令,如最大化、最小化、关闭等命令。

(5) 最小化按钮位于窗口右上角、标题栏右端。用鼠标单击该按钮,可以将窗口缩小为图标,成为任务栏中的一个按钮。

(6) 最大化按钮位于窗口右上角、标题栏右端。用鼠标单击该按钮,可以使窗口充满

图 5.8　Windows 7 窗口的组成

整个屏幕。

当窗口最大化时，在最大化按钮的相同位置就是恢复按钮。单击该按钮，可以将窗口恢复到最大化之前的大小。

（7）关闭按钮位于窗口右上角、标题栏最右端。单击该按钮，将关闭当前窗口。

由图 5.8 可以看出，Windows 7 窗口除了由上述各部分组成外，还包括一个搜索框。当在该搜索框中输入文件名或包含的关键字时，其搜索程序即开始搜索满足条件的文件，并显示最后的搜索结果。

2. 窗口的操作

1）窗口的移动

将鼠标指向需要移动窗口的标题栏，并拖动鼠标到指定位置即可实现窗口的移动。最大化的窗口是无法移动的。

2）窗口的最大化、最小化和恢复

每一个窗口都可以三种方式之一出现，即由单一图标表示的最小化形式、充满整个屏幕的最大化形式、允许窗口移动并可以改变其大小和形状的恢复形式。通过使用窗口右上角的最小化按钮、最大化按钮或恢复按钮，可以使窗口在这些形式之间切换。

（1）窗口最大化与还原

单击窗口中的最大化按钮，可以将窗口放大到占满整个屏幕空间。窗口最大化后，最大化按钮将变成还原按钮，此时若单击还原按钮，则窗口将恢复成原来的大小。

(2) 窗口最小化与还原

单击窗口中的最小化按钮,则窗口将缩小为图标,成为任务栏中的一个按钮。如果要将图标还原成窗口,则只需单击该图标按钮即可。特别要指出的是,如果窗口代表的是一个应用程序,则窗口收缩为图标后,该应用程序仍在运行。

3) 窗口大小的改变

当窗口不是最大时,可以改变窗口的宽度和高度。

(1) 改变窗口的宽度

将鼠标指向窗口的左边或右边,当鼠标变成双箭头"⟺"后,拖动鼠标到所需位置。

(2) 改变窗口的高度

将鼠标指向窗口的上边或下边,当鼠标变成双箭头"⇕"后,拖动鼠标到所需位置。

(3) 同时改变窗口的宽度和高度

将鼠标指向窗口的任意一个角,当鼠标变成倾斜双箭头"⤡"或"⤢"后,拖动鼠标到所需位置。

4) 窗口内容的滚动

当窗口中的内容较多,而窗口太小不能同时显示它的所有内容时,窗口的右边会出现一个垂直的滚动条,或者在窗口的下边会出现一个水平的滚动条。滚动条由滚动框和两个滚动箭头按钮组成。通过移动滚动条,可以在不改变窗口大小和位置的情况下,在窗口框中移动显示其中的内容。

滚动操作包括以下三种:

(1) 小步滚动窗口内容

单击滚动箭头,可以实现一小步滚动。

(2) 大步滚动窗口内容

单击滚动箭头和滚动框之间的区域,可以实现一大步滚动。

(3) 滚动窗口内容到指定位置

拖动滚动框到指定位置,可以实现随机滚动。

5) 控制菜单

单击控制按钮,就可以出现一个控制菜单,如图 5.9 所示。

控制菜单中各命令的意义如下:

还原:将窗口还原成最大化或最小化前的状态。

移动:使用键盘上的上、下、左、右移动键将窗口移动到另一位置。

大小:使用键盘改变窗口的大小。

最小化:将窗口缩小成图标。

最大化:将窗口放大到最大。

关闭:关闭窗口。

6) 图标与窗口的关系

双击桌面上的图标,则图标便扩大成窗口,称为打开窗口。若该图标是应用程序图标,打开窗口即启动该应用程序。

窗口经最小化后即缩小为图标,并成为任务栏中的一个按钮。如果窗口代表一个应

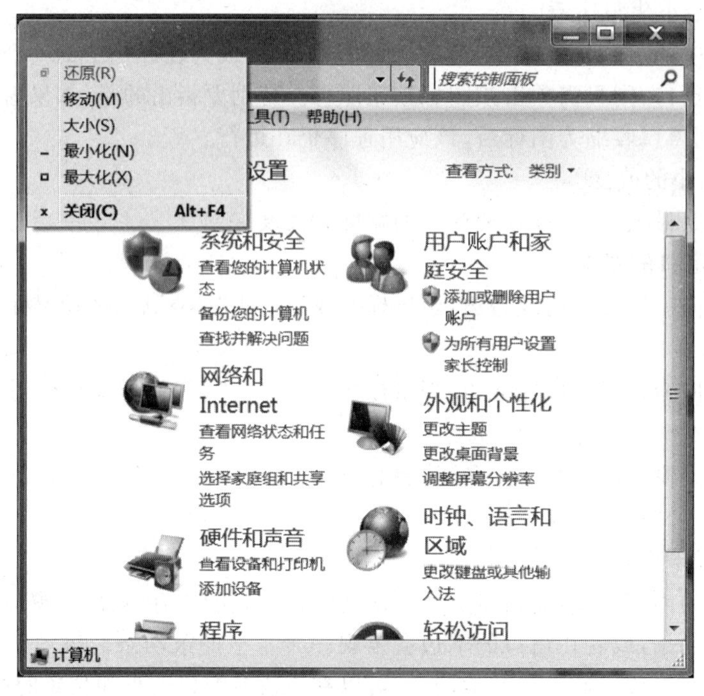

图 5.9　控制菜单

用程序，则最小化操作并不终止应用程序的执行；只有关闭操作才终止应用程序的执行。

5.3.3　菜单操作

菜单是一些命令的列表，每个菜单都有一个描述其整体目的和功能的名称。不同窗口的菜单是不同的。菜单通常出现在窗口的菜单栏上。每个窗口还有一个控制菜单，其中包括允许关闭窗口或改变其物理概貌的命令。

Windows 7 窗口“菜单栏”中的各程序菜单一般是下拉菜单，在各下拉菜单中列出了可供选择的若干命令，一个命令对应一种操作。

1. 下拉菜单中各命令项的说明

(1) 显示暗淡的命令名表示当前不能选用。

(2) 如果命令名后有符号“…”，则表示选择该命令时会弹出对话框，需要用户提供进一步的信息。

(3) 如果命令名旁有选择标记“√”，则表示该项命令正在起作用，此时如果再次选择该命令，将删去这个标记，且该命令不再起作用。

(4) 如果命令名的右边还有一个键符或组合键符，则该键符表示快捷键。使用快捷键可以直接执行相应的命令。

2. 对菜单的操作

打开某下拉菜单(即选择菜单)有以下两种方法：

(1) 单击该菜单项处。

(2) 当菜单项后的方括号中含有带下画线的字母时，也可按 Alt+字母键。

在下拉菜单中选择某命令有以下三种方法：

(1) 单击该命令选项。

(2) 用键盘上的四个方向键将高亮条移至该命令选项，然后按回车键。

(3) 若命令选项后的括号中有带下画线的字母，则直接按该字母键。

如果在菜单外单击鼠标，则取消下拉菜单。

5.3.4 对话框操作

对话框实际上是一个小型的特殊窗口，它一般出现在程序执行过程中，提出选项并要求用户给予答复。

一般的对话框中可能有若干部分(称为“栏”)组成，每一部分又主要包括文本框、选项按钮、选择框、列表框与微调按钮等。

文本框主要是为用户提供输入一定的文字或数值信息而设置的。

选项按钮一般是供用户单项选择用，被选择者其圆钮中间出现黑点。

选择框是供用户多项选择用，被选定者其矩形框中出现交叉线，未选定者其距形框中为空。

列表框中列出可供用户选择的内容。

微调按钮一般供用户直接输入一个特定的值。

对话框的类型比较多。不同类型的对话框中所包含的部分是各不相同的。

5.4 系统资源的管理

5.4.1 资源管理器

在 Windows 7 中，资源管理器是管理系统资源的中心，使用资源管理器可以迅速对磁盘上有关资源、文件夹与文件的各种信息进行操作。

1. “资源管理器”窗口

“资源管理器”窗口如图 5.7 所示。

在“资源管理器”窗口中，包含了一般窗口所具有的控制按钮、标题栏、地址栏、菜单栏、最大化按钮(恢复按钮)、最小化按钮和关闭按钮等。“资源管理器”窗口的底部是状态栏，它给出了当前文件夹中所包含的对象(子文件夹与文件)数目以及所占的字节数与磁盘中的可用空间。

在此需要说明的是，在 Windows 7 中，文件夹是一个存储文件的实体，其中可以包含文档、程序以及其他文件夹，驱动器也作为文件夹来处理。因此，Windows 7 中的文件夹要比 DOS 系统中的目录概念更形象一些。

“资源管理器”窗口分为左、右两部分，分别称为左窗口与右窗口。

左窗口用于显示文件夹树，它形象地描述了磁盘文件中上下层次的组织结构。文件夹树中依次包括收藏夹、库、家庭组和计算机 4 个部分。每个文件夹旁边都以不同的图标来区分其不同的类型。一个文件夹的下一层文件夹称为子文件夹。

右窗口用于显示当前文件夹中的内容，其中包括当前文件夹中的子文件夹与文件。所谓当前文件夹是指当前正在被操作的文件夹。在文件夹树中选中的文件夹（只要单击该文件夹图标即可）就成为当前文件夹。

如果需要更改左右窗口的尺寸，只要将鼠标指针移到中间的拆分线，指针形状成十字箭头后向左右拖动即可。

2. 库

特别需要指出的是，Windows 7 引入了一项称为“库”的新概念，其目的是快速访问用户的重要资源，这有点类似于应用程序或文件夹的“快捷方式”。在默认情况下，库中有4个子库，分别是“文档库”、“图片库”、“音乐库”和“视频库”，分别链接当前用户下的“我的文档”、“我的图片”、“我的音乐”和“我的视频”文件夹。当用户在 Windows 提供的应用程序中保存所创建的文件时，其默认的位置是“文档库”所对应的文件夹。用户从网络上下载的歌曲、视频、网页、图片等也会分别被默认存放到相应的这4个子库中。用户可以在库中建立“链接”指向磁盘上的文件夹。具体做法是：右击目标文件夹，在弹出的快捷菜单中选择“包含到库中”菜单项，在其子菜单中选择希望加到哪个子库即可（如图 5.10 所示）。通过访问这个库，可以实现快捷访问用户重要文件夹的目的。

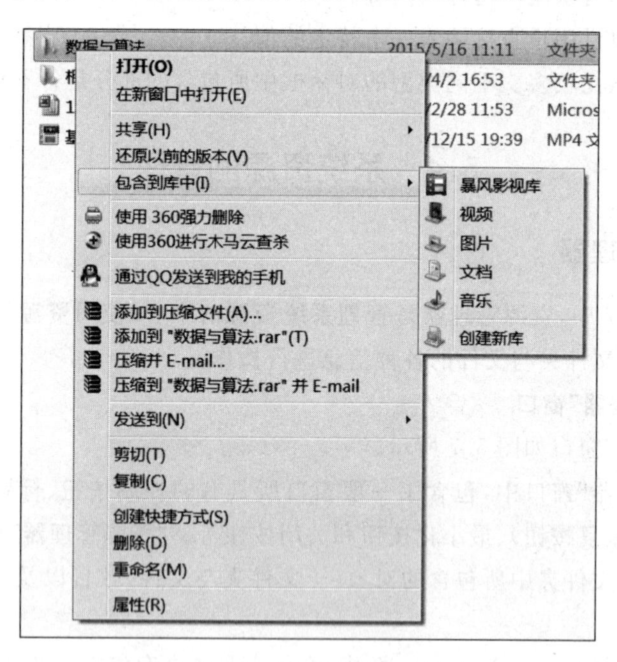

图 5.10　将用户文件夹加到库中

3. 工具栏

在“资源管理器”窗口的菜单栏下面是工具栏。在“资源管理器”窗口中选择不同的对象，工具栏中显示的按钮是不同的。图 5.11 中给出了选择几个不同对象时的工具栏按钮。由图 5.11(c)与(d)看出，选择不同的系统文件夹，工具栏中的按钮也会有所不同。

工具栏中一般都包括“组织”按钮。通过“组织”按钮的下拉菜单(如图 5.12 所示),可以对选中的文件或文件夹进行编辑操作。

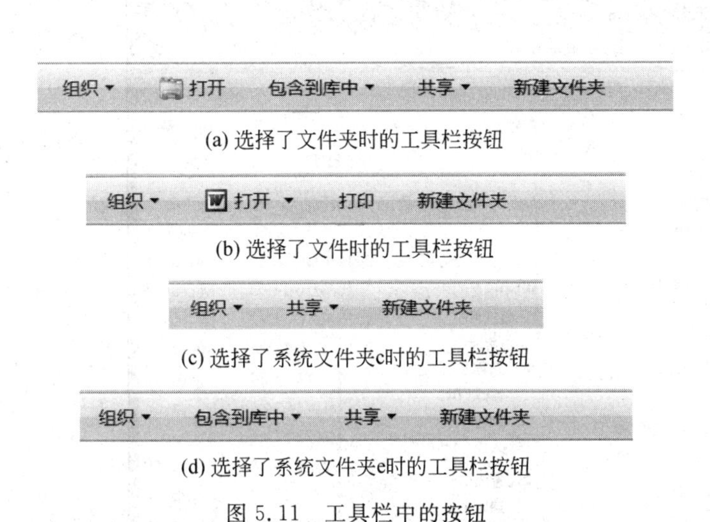

图 5.11 工具栏中的按钮

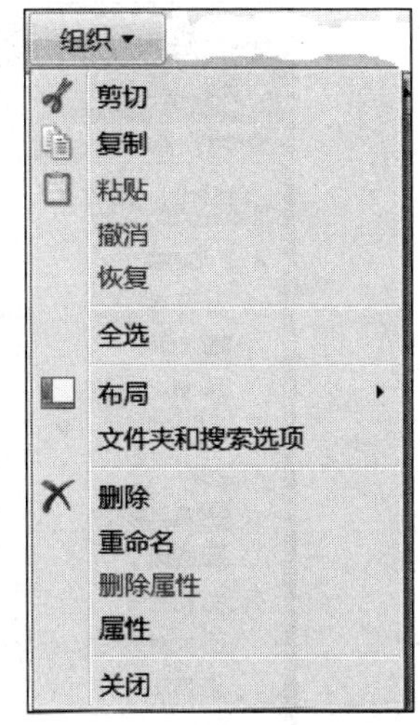

图 5.12 “组织”按钮下拉菜单

5.4.2 资源管理器的基本操作

1. 查看文件夹的分层结构

查看文件夹的分层结构可以有以下两种方式。

1) 查看当前文件夹中的内容

在“资源管理器”左窗口(即文件夹树窗口)中单击某个文件夹名或图标,则该文件夹被选中,成为当前文件夹,此时在右窗口(即文件夹内容窗口)即显示该当前文件夹中下一层的所有子文件夹与文件。

2) 展开文件夹树

在“资源管理器”的文件夹树窗口中,可以看到在某些文件夹图标的左侧含有“◢”或“▷”的标记。

如果文件夹图标左侧有“◢”标记,则表示该文件夹下还含有子文件夹,只要单击该“◢”标记,就可以进一步展开该文件夹分支,从而可以从文件夹树中看到该文件夹的下一层子文件夹。

如果文件夹图标左侧有“▷”标记,则表示该文件夹已经被展开,此时若单击该“▷”标记,则将该文件夹的子文件夹隐藏起来,该标记变为“◢”。

如果文件夹图标左侧既没有“◢”标记,也没有“▷”标记,则表示该文件夹下没有子文件夹,不可进行展开或隐藏操作。

2. 设置文件排列形式

为了便于对文件或文件夹进行操作,可以将文件夹内容窗口中文件与文件夹的显示形式进行调整。

单击“资源管理器”窗口菜单栏中的“查看”菜单项，即显示“查看”菜单，如图 5.13 所示。

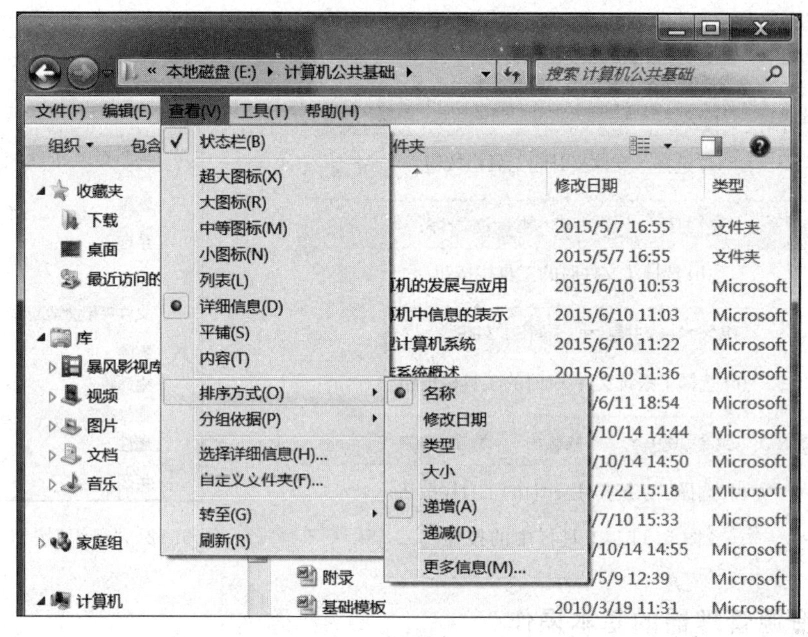

图 5.13 “查看”菜单

在“查看”菜单中，有 6 个调整文件夹内容窗口显示方式的命令，它们的意义如下：

- 超大图标：文件与文件夹以超大图形的形式出现并排列在窗口中。
- 大图标：文件与文件夹以大图形的形式出现并排列在窗口中。
- 中等图标：文件与文件夹以中等大小图形的形式出现并排列在窗口中。
- 小图标：文件与文件夹以小图形的形式出现并排列在窗口中。
- 列表：文件与文件夹图标以最小的形式出现并排列在窗口中。
- 详细信息：显示的文件或文件夹信息中除名称外，还包括文件大小(字节数)、类型、修改时间等信息。

在“查看”菜单中，还有一个用于调整文件夹内容窗口中文件与文件夹排列顺序的“排序方式”命令。当单击“排序方式”命令后，将显示下一级菜单，如图 5.13 所示。在这个菜单中主要的 4 个命令的意义如下：

- 名称：按文件或文件夹名中的字母顺序进行排列(递增或递减)。
- 类型：按文件扩展名分组排列(递增或递减)。
- 大小：按文件所占的字节数进行排列(递增或递减)。
- 修改时间：按文件最后修改的日期进行排列(递增或递减)。

为了调整文件与文件夹的排列顺序，除了利用“查看”菜单外，还可以利用快捷菜单，其操作如下：

在“资源管理器”窗口中右击，即显示快捷菜单。在该菜单中再单击“排序方式”命令，也显示包含上述调整文件与文件夹排列顺序的 4 个命令。

5.4.3 磁盘操作

1. 格式化磁盘

新买的磁盘不能马上就用，必须经过“格式化”后才能使用。所谓格式化，是指对磁盘上的“数据排列格式”进行初始化，因此，“格式化”也称初始化。一般来说，不同的操作系统有不同的数据排列格式。在某一种操作系统下格式化的磁盘不一定能够在另一种操作系统下使用。

格式化软盘的操作步骤如下：

(1) 在软驱中插入要格式化的软盘。

(2) 单击资源管理器左窗口中的“计算机”图标，然后在右窗口中用右键单击要格式化的磁盘，此时显示快捷菜单，如图 5.14 所示。或者在资源管理器右窗口中单击要格式化的磁盘后，再单击“文件”菜单项，此时的文件菜单与图 5.14 所示的快捷菜单是一样的。

但要注意，不能双击磁盘图标，因为在 Windows 中打开的磁盘是无法格式化的。

(3) 在快捷菜单或“文件”菜单中，单击“格式化”命令，即显示“格式化”对话框，然后在该对话框中选择合适的“格式化选项”后单击“开始”按钮，即开始格式化。

图 5.14 格式化磁盘的快捷菜单

特别要注意，格式化磁盘将破坏其中原来的所有信息。当磁盘上已经有文件被打开时，该磁盘是不能格式化的。

2. 软盘复制

软盘复制是指将一张软盘片中的信息全部复制到另一张软盘片中。软盘复制的步骤如下：

(1) 首先将源盘插入软盘驱动器中。

(2) 在图 5.14 所示的快捷菜单中单击“复制磁盘”命令，将显示“复制磁盘”对话框。

(3) 在“复制磁盘”对话框中单击“开始”按钮，此时系统提示插入源盘。插入源盘后单击“确定”按钮，系统开始读源盘上的信息；读完后，系统提示插入目标盘；插入目标盘后单击“确定”按钮，就开始将从源盘上读出的信息写到目标盘上。写完后单击“复制磁盘”对话框中的“关闭”按钮，复制工作就完成了。

5.4.4 文件与文件夹操作

1. 选定文件与文件夹

在对文件或文件夹进行操作之前，一般先应该选定它们。

如果需要选定的的文件或文件夹不在“资源管理器”窗口右半部分的文件夹内容窗口(即当前文件夹)中，则需要先在“资源管理器”窗口左半部分的文件夹树窗口中选定当前文件夹，然后再在右半部分的当前文件夹内容窗口中选定所需要的文件或文件夹。

1）选定单个文件或文件夹

在“资源管理器”窗口右半部分的文件夹内容窗口中，单击要选定的文件或文件夹的图标或名称即可。

2）选定一组连续排列的文件或文件夹

在“资源管理器”窗口右半部分的文件夹内容窗口中，单击要选定的文件或文件夹组中第一个的图标或名称，然后移动鼠标指针到该文件或文件夹组中的最后一个图标或名称，最后按下 Shift 键并单击。

3）选定一组非连续排列的文件或文件夹

在按下 Ctrl 键的同时，单击每一个要选定的文件或文件夹的图标或名称。

4）选定几组连续排列的文件或文件夹

利用 2)中的方法先选定第一组；然后按下 Ctrl 键的同时，单击第二组中第一个文件或文件夹图标或名称；再按下 Ctrl＋Shift 键，单击第二组中最后一个文件或文件夹图标或名称；依次类推，直到选定最后 ·组为止。

5）选定所有文件和文件夹

要选定当前文件夹内容窗口中的所有文件和文件夹，只要单击“资源管理器”窗口“编辑”菜单中的“全部选定”命令即可；或用 Ctrl＋A 快捷键全部选定。

6）取消选定文件

单击窗口中任何空白处即可。

2. 复制或移动文件与文件夹

所谓复制文件与文件夹，是指将某位置上的文件与文件夹中的内容复制到另一个新的位置上。复制后，原来位置上的内容不变，即在复制后，新的位置与原来的位置上具有相同的文件与文件夹。所谓移动文件与文件夹，是指将某位置上的文件与文件夹中的内容移到另一个新的位置上。移动后，原来位置上的文件与文件夹就不再存在。

在“资源管理器”中进行文件与文件夹的复制或移动是很方便而直观的。既可以利用鼠标进行复制或移动，也可以利用“编辑”菜单进行复制或移动。

1）利用鼠标复制或移动文件与文件夹

首先打开“资源管理器”窗口。然后在文件夹树窗口（左半窗口）中选中需要复制或移动的文件与文件夹所在的文件夹（称为源文件夹），此时需要复制或移动的文件与文件夹将显示在文件夹内容窗口（右半窗口）中；在文件夹内容窗口中选定需要复制或移动的文件与文件夹。在文件夹树窗口中使目的位置的文件夹成为可见，然后按住 Ctrl 键（复制）或 Shift 键（移动），将鼠标指针指向右半窗口中被选定的任意一个文件与文件夹，再按住鼠标左键，拖动鼠标至左窗口中的目的位置文件夹的右侧（该文件夹名成反显）后释放鼠标，此时就可以在窗口中看到文件与文件夹复制或移动的过程。

2）利用“编辑”菜单进行复制或移动

利用“编辑”菜单复制或移动文件与文件夹的操作如下：

首先打开“资源管理器”窗口。在文件夹树窗口（左半窗口）中选中需要复制或移动的文件与文件夹所在的文件夹（称为源文件夹），此时需要复制或移动的文件与文件夹将显示在文件夹内容窗口(右半窗口)中;在文件夹内容窗口中选定需要复制或移动的文件与文件夹。

然后单击“资源管理器”窗口中的“编辑”菜单项,在“编辑”菜单中单击“复制”(复制)或“剪切”(移动)命令。在文件夹树窗口中选中目的位置的文件夹。此时,在右半窗口中将显示该文件夹的内容。

再单击“资源管理器”窗口中的“编辑”菜单项,在“编辑”菜单中单击“粘贴”命令,此时就可以在窗口中看到文件与文件夹复制或移动的过程。复制或移动完成后,在右半窗口中就可以看到被复制或移动过来的文件与文件夹。

3. 删除文件与文件夹

1)利用“回收站”图标删除文件与文件夹

要删除文件与文件夹实际上是将需要删除的文件与文件夹移动到“回收站”文件夹中。因此,它的操作过程与前面介绍的移动文件与文件夹完全一样,既可以用鼠标拖动,也可以用“编辑”菜单中的“剪切”命令,只不过其目标文件夹为“回收站”。

2)利用菜单操作删除文件与文件夹

利用菜单删除文件与文件夹的操作如下:

首先在“资源管理器”窗口中选定需要删除的文件与文件夹。

然后在“文件”菜单中,单击“删除”命令后即可删除所有选定的文件与文件夹。

特别要指出的是,不管是采用哪种途径删除的文件与文件夹,实际上只是被移动到了“回收站”中。如果想恢复已经删除的文件,可以到“回收站”文件夹中去查找,在清空“回收站”之前,被删除的文件与文件夹都一直保存在那里。只有当执行清空“回收站”操作后,才将“回收站”文件夹中的所有文件与文件夹真正从磁盘中删除。

4. 重新命名文件与文件夹

在 Windows 7 中,更改文件或文件夹的名称是很方便的,其操作过程如下:

首先在“资源管理器”窗口中,单击要换名的文件或文件夹。

然后在“文件”菜单中,单击“重命名”命令,该需要换名的文件或文件夹名称成为可编辑状态。此时输入新的名称,按 ENTER 键即可。

5. 创建新文件夹

1)在“资源管理器”中创建新文件夹

当打开“资源管理器”窗口后,就可以在文件夹树的任何位置创建一个新的文件夹,其操作过程如下:

首先在文件夹树中单击需要创建新文件夹的那个文件夹。

然后在“文件”菜单中单击“新建”命令,再在下一层菜单中单击“文件夹”命令。此时就在当前文件夹内容窗口中出现了一个新的文件夹图标,其名称为“新建文件夹”,并处于可编辑状态。重新输入文件夹名后,按 ENTER 键,或用鼠标单击任何空白处,创建就完成了。

或者在当前文件夹内容窗口的任何空白处右击,即显示一个快捷菜单,在该菜单中单击“新建”命令,再在下一层菜单中单击“文件夹”命令。此时就在当前文件夹内容窗口中出现了一个新的文件夹图标,其名称为“新建文件夹”,并处于可编辑状态。重新输入文件夹名后，按 ENTER 键，或单击任何空白处，创建就完成了。

2）在桌面上创建新文件夹

为了在桌面上创建一个新的文件夹，操作过程如下：

首先在桌面上右击任何空白处，即显示一个快捷菜单，在该菜单中单击"新建"命令，再在下一层菜单中单击"文件夹"命令。此时就在桌面上出现了一个新的文件夹图标，其名称为"新建文件夹"，并处于可编辑状态。重新输入文件夹名后，按 Enter 键，或单击任何空白处，创建就完成了。

5.4.5 剪贴板

在 Windows 7 中，剪贴板主要用于在不同文件与文件夹之间交换信息。所谓剪贴板，实际上是 Windows 7 在计算机内存中开辟的一个临时存储区。

1. 对剪贴板的基本操作

对剪贴板的操作主要有以下三种。

1）剪切

将选定的信息移动到剪贴板中。

2）复制

将选定的信息复制到剪贴板中。

必须注意，剪切与复制操作虽然都可以将选定的信息放到剪贴板中，但它们还是有区别的。其中剪切操作是将选定的信息放到剪贴板中后，原来位置上的这些信息将被删除；而复制操作则不删除原来位置上被选定的信息，同时还将这些信息存放到剪贴板中。

3）粘贴

将剪贴板中的信息插入到指定的位置。

前面介绍的利用"编辑"菜单进行文件与文件夹的复制或移动操作，实际上是通过剪贴板进行的。复制文件与文件夹时，用到了剪贴板的复制与粘贴操作；移动文件与文件夹时，用到了剪贴板的剪切与粘贴操作。

在大部分的 Windows 7 应用程序中都有以上三个操作命令，一般被放在"编辑"菜单中。利用剪贴板，就可以很方便地在文档内部、各文档之间、各应用程序之间复制或移动信息。

特别要指出的是，如果没有清除剪贴板中的信息，或没有新的信息被剪切或复制到剪贴板中，则在没有退出 Windows 7 之前，其剪贴板中的信息将一直保留，随时可以将它粘贴到指定的位置。

2. 屏幕复制

在实际应用中，用户可能需要将 Windows 7 操作过程中的整个屏幕或当前活动窗口中的信息编辑到某个文件中，这也可以利用剪贴板来实现。它分以下两种情况：

(1) 在进行 Windows 7 操作过程中，任何时候按下 Print Screen 键，就将当前整个屏幕信息复制到了剪贴板中。

(2) 在进行 Windows 7 操作过程中，任何时候同时按下 Alt 与 Print Screen 键，就将当前活动窗口中的信息复制到了剪贴板中。

剪贴板的这个功能相当于 DOS 系统中的屏幕复制。一旦将屏幕或某窗口信息复制到剪贴板，就可以将剪贴板中的这些信息粘贴到其他文件中。

5.4.6 在 Windows 7 系统下执行 DOS 命令

Windows 系统具有直观、高效的面向对象的图形用户界面，易学易用，用户界面统一、友好、美观等许多优点，但在实际应用中，对于有些应用就不是那么方便了。例如，有时希望将某个文件夹中的所有文件夹与文件信息保存或打印出来，直接用 Windows 操作就不方便了。利用 DOS 中的 dir 命令很容易解决这个问题。为此，Windows 提供了直接利用 DOS 命令进行操作的机制。

为了在 Windows 系统下执行 DOS 命令，可以选择“开始”|“所有程序”|“附件”|“运行”命令，即显示图 5.15 所示的“运行”对话框。

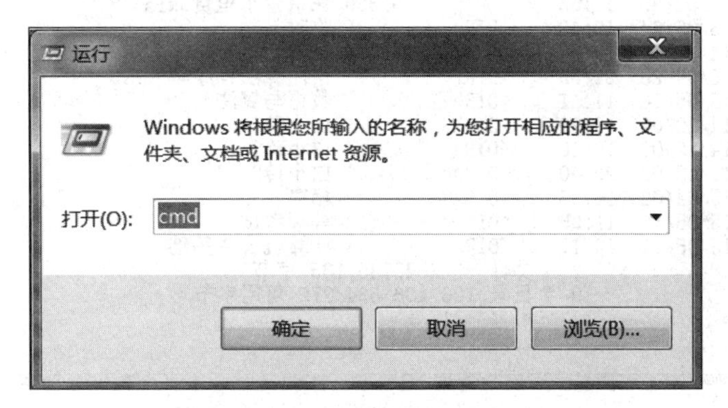

图 5.15 “运行”对话框

在“运行”对话框的“打开”文本框中输入“cmd”后按“确定”按钮，即进入图 5.16 所示的“DOS 命令提示符”窗口，在这个窗口中就可以进行 DOS 操作了。

图 5.16 “DOS 命令提示符”窗口

例如要将 E 盘根目录下的所有文件夹与文件信息保存到 D 盘根目录下的文件 xu.txt 中。其 DOS 命令为

```
DIR E:\  > D:\xu.txt <CR>
```

D 盘根目录下的文件 xu.txt 的内容如图 5.17 所示。

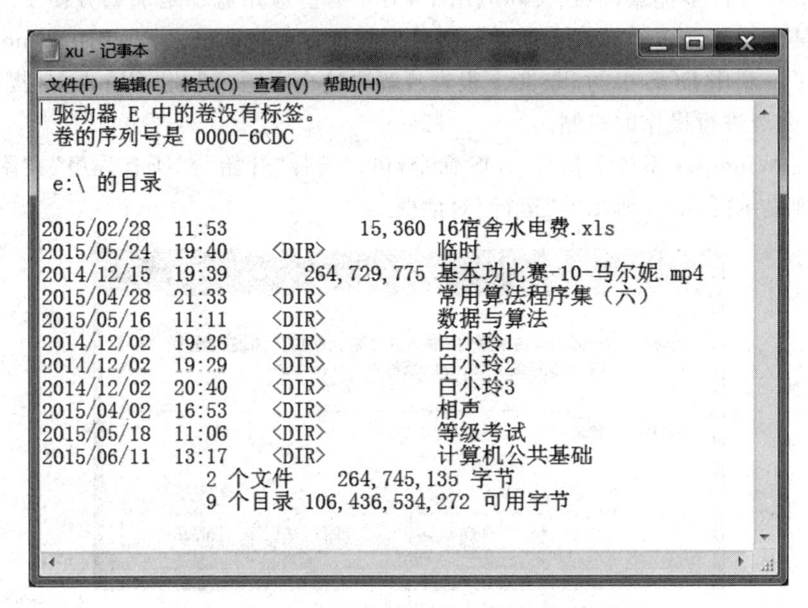

图 5.17 E 盘根目录下的所有文件夹与文件信息

5.5 应用程序的管理

5.5.1 运行或关闭应用程序

1. 运行

在 Windows 7 系统下运行应用程序有多种方式：

(1) 如果在“开始”菜单中的有该应用程序图标，则单击该应用程序图标。

(2) 如果在“任务栏”中的有该应用程序图标，则单击该应用程序图标。

(3) 利用“开始”菜单中的“运行”命令。选择“开始”|“所有程序”|“附件”|“运行”命令，即显示图 5.15 的“运行”对话框。

在“运行”对话框的“打开”文本框中输入需要运行的程序名后单击“确定”按钮，也可以利用“浏览”按钮来查找需要运行的程序。

(4) 在“资源管理器”中运行应用程序。进入“资源管理器”窗口后，可以直接在该窗口中找到需要运行的应用程序或操作的文件后双击它。

2. 关闭

在 Windows 7 系统下，关闭应用程序有以下两种方法：

(1) 单击应用程序窗口中右上角的“关闭”按钮。

(2) 在“文件”菜单中单击“退出”或“关闭”命令。

5.5.2 安装或删除应用程序

1. 安装应用程序

在 Windows 7 系统下安装一个应用程序主要有以下两种方式:

1) 自动执行安装

目前大多数软件安装光盘中都附有 Autorun 功能,将安装光盘放入光驱就能自动安装程序,根据安装程序的引导就可以完成安装任务。

2) 运行安装文件

打开安装文件所在的文件夹,双击安装程序的可执行文件即可。一般情况下,其文件名为 setup.exe 或“安装程序名.exe”。根据安装程序的引导就可以完成安装任务。

2. 更改或删除应用程序

在 Windows 7 系统下更改或删除应用程序主要有以下两种方式:

(1) 在“开始”菜单中找到目标程序,一般情况下每个程序都会对应一个“删除程序”,选择“删除程序”命令,根据删除程序的引导就可以完成删除任务。

(2) 在“资源管理器”左窗口中选择“计算机”文件夹,“资源管理器”窗口的工具栏如图 5.18 所示。在该工具栏中单击“卸载或更改程序”按钮,显示图 5.19 所示的“卸载或更改程序”窗口。然后右击该窗口的“名称”列表中选择所要更改或删除的程序名,在显示的快捷菜单中选择“更改”或“删除”。

组织 ▾　属性　系统属性　卸载或更改程序　映射网络驱动器　打开控制面板

图 5.18 在“资源管理器”左窗口中选择“计算机”文件夹时的工具栏

5.5.3 创建应用程序的快捷方式

创建应用程序的快捷方式是指在桌面上创建一个图标,以后就可以直接通过双击图标来运行该应用程序。在桌面上建立应用程序的快捷图标,可以采用复制操作。其操作过程如下:

首先将“资源管理器”窗口缩小到使桌面可见。

利用复制的鼠标操作将选定的应用程序复制到桌面上,即:按住 Ctrl 键,将鼠标指针指向应用程序图标,按住鼠标左键,将该图标拖动到桌面上,释放鼠标左键。此时,就在桌面上创建了一个新的应用程序图标。

必要时可将桌面上的图标进行重新排列。其方法为:右击桌面上的任何空白区,选择弹出的快捷菜单中的“排序方式”,进行重新排列,

利用同样的方法,也可以将“开始”菜单的“程序”子菜单的“附件”子菜单中的应用程序图标作为快捷方式复制到桌面上。

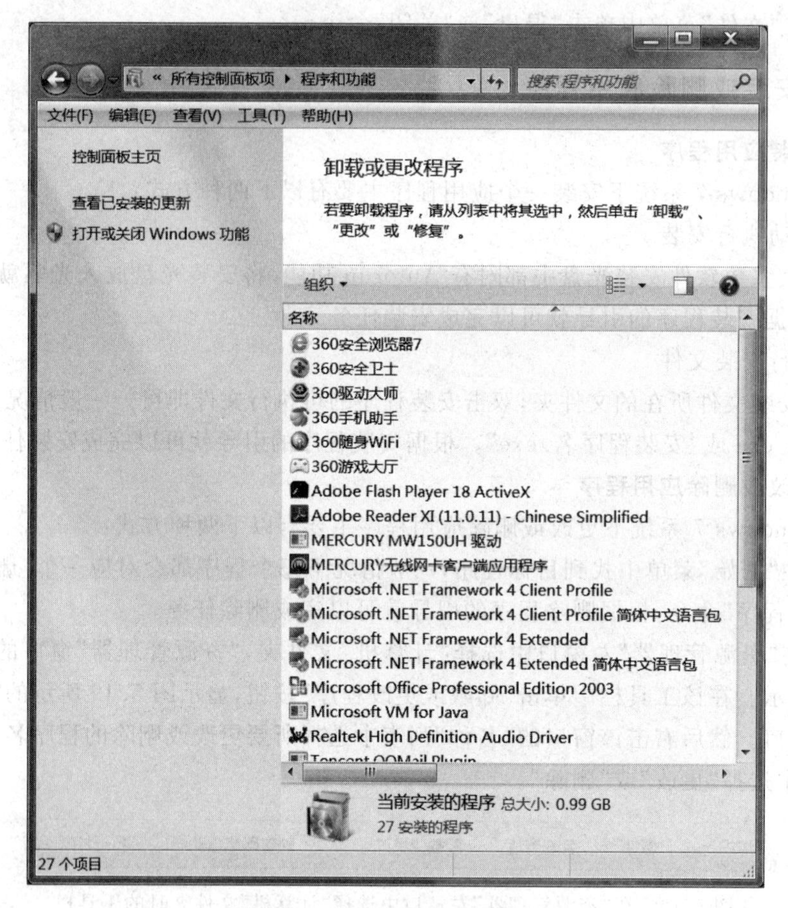

图 5.19 "卸载或更改程序"窗口

5.5.4 "开始"菜单与任务栏的设置

1. "开始"菜单的设置

右击"开始"按钮，在弹出的快捷菜单中单击"属性"，即显示"任务栏和「开始」菜单属性"对话框，选中"「开始」菜单"选项卡，如图 5.20 所示。然后在该对话框中可以做以下操作：

(1) 为了保护隐私，可以选中"存储并显示最近在「开始」菜单中打开的程序(P)"和"存储并显示最近在「开始」菜单中和任务栏中打开的项目(M)"复选框，如图 5.20 所示。

(2) 单击"自定义"按钮，显示"自定义「开始」菜单"对话框，如图 5.21 所示。在该对话框中可以设定"开始"菜单的大小，以及决定在列表中列出的重要项目是否要显示或如何显示在"开始"菜单中。最后按"确定"按钮，返回到图 5.20 的"任务栏和「开始」菜单属性"对话框，再按"确定"按钮。

必要时，可单击图 5.20 的"任务栏和「开始」菜单属性"对话框中的"如何更改「开始」菜单的外观?"命令，以寻求 Windows 的帮助和支持。

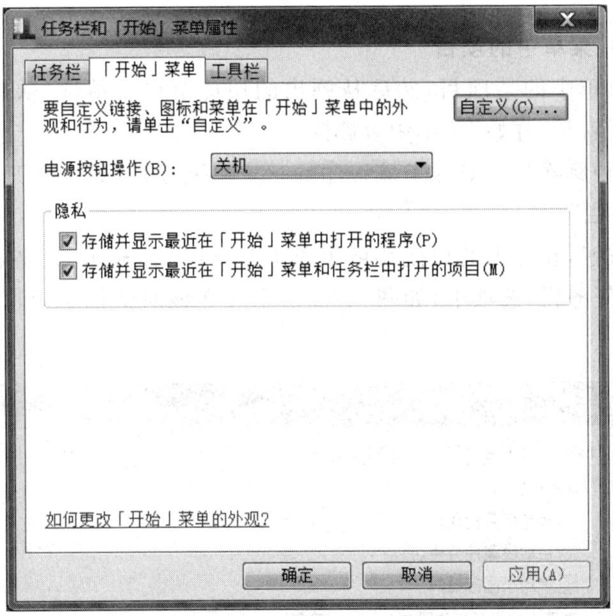

任务栏和「开始」菜单属性

任务栏 「开始」菜单 工具栏

要自定义链接、图标和菜单在「开始」菜单中的外观和行为，请单击“自定义”。

自定义(C)...

电源按钮操作(B)： 关机

隐私

☑ 存储并显示最近在「开始」菜单中打开的程序(P)

☑ 存储并显示最近在「开始」菜单和任务栏中打开的项目(M)

如何更改「开始」菜单的外观?

确定 取消 应用(A)

图 5.20 “任务栏和「开始」菜单属性”对话框(1)

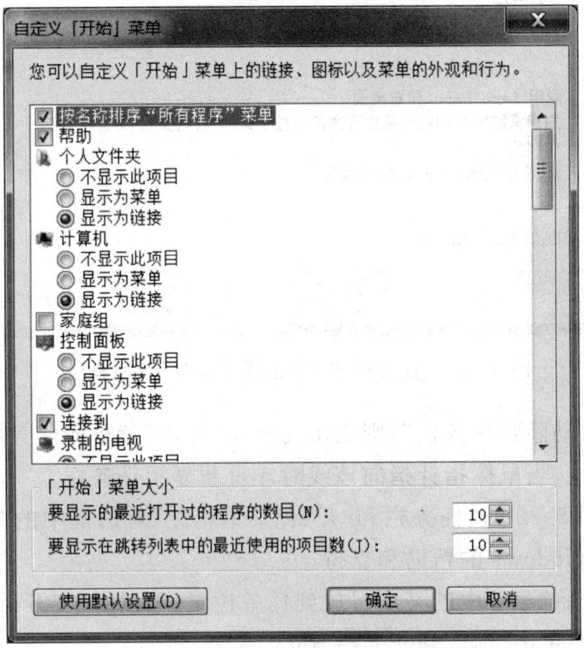

自定义「开始」菜单

您可以自定义「开始」菜单上的链接、图标以及菜单的外观和行为。

☑ 按名称排序“所有程序”菜单
☑ 帮助
个人文件夹
○ 不显示此项目
○ 显示为菜单
◉ 显示为链接
计算机
○ 不显示此项目
○ 显示为菜单
◉ 显示为链接
☐ 家庭组
控制面板
○ 不显示此项目
○ 显示为菜单
◉ 显示为链接
☑ 连接到
录制的电视

「开始」菜单大小

要显示的最近打开过的程序的数目(N)： 10

要显示在跳转列表中的最近使用的项目数(J)： 10

使用默认设置(D) 确定 取消

图 5.21 “自定义「开始」菜单”对话框

如果需要将“开始”菜单“所有程序”子菜单中的程序项目添加到“开始”菜单中，只需右击该程序项目图标，在弹出的快捷菜单中单击“附到「开始」菜单”命令即可。

最后要说明一点，将一个快捷方式直接拖放到“开始”按钮上，也可以实现在“开始”菜单中添加项目。

2. 删除“开始”菜单中的项目

右击“开始”菜单中的某项目，然后从弹出的快捷菜单中单击“从列表中删除”或“删除”命令，则该项目就从“开始”菜单中被删除。

必须注意，这种删除只是删除了该程序的一个快捷方式，源程序仍保留在磁盘上。

3. 设置“任务栏”

右击“开始”按钮，在弹出的快捷菜单中单击“属性”，即显示“任务栏和「开始」菜单属性”对话框，选中“任务栏”选项卡，如图 5.22 所示。在该对话框中可以设置任务栏外观、位置等。

图 5.22 “任务栏和「开始」菜单属性”对话框(2)

如果设置了“自动隐藏任务栏”，则表示在使用“开始”菜单或任务栏后，任务栏将缩小为屏幕底部的一条线，当鼠标指针指向该线时才重新显示任务栏。

必要时，单击图 5.22 的“任务栏和「开始」菜单属性”对话框中的“如何自定义该任务栏?”命令，以寻求 Windows 的帮助和支持。

如果希望将“开始”菜单中的某项目放到任务栏中，可以右击“开始”菜单中的该项目，在弹出的快捷菜单中单击“锁定到任务栏”命令。

如果希望将正在运行的应用程序图标锁定到任务栏，可在任务栏中右击正在运行的应用程序图标，在弹出的快捷菜单中单击“将此程序锁定到任务栏”命令。

如果要删除任务栏中的某图标项目，可右击该图标。在弹出的快捷菜单中单击“将此程序从任务栏解锁”命令，但正在运行的应用程序图标不能从任务栏删除。

5.6 系统设置

5.6.1 Windows 7 的控制面板

在 Windows 7 中，系统环境或设备在安装时一般都已经设置好，但在使用过程中，也可以根据某些特殊要求进行调整和设置。这些设置功能是在“控制面板”窗口中进行的。在“控制面板”窗口中，可以对 20 多种设备进行参数设置和调整，如键盘、鼠标、显示器、字体、区域设置、打印机、日期与时间、口令、声音等。

打开“控制面板”窗口可以用以下三种方法之一：

(1) 在“开始”菜单中单击“控制面板”命令，即显示“控制面板”窗口。

(2) 在“开始”菜单中单击“计算机”命令，在显示的“计算机”窗口的工具栏中单击“打开控制面板”按钮，即显示“控制面板”窗口。

“控制面板”窗口如图 5.5 所示。

在“控制面板”窗口的右上方有一个“查看方式”下拉菜单。如果在该下拉菜单中选中“小图标”命令(如图 5.23 所示)，则“控制面板”变为图 5.23 所示。图 5.5 所示的是选中“类别”命令后的“控制面板”。

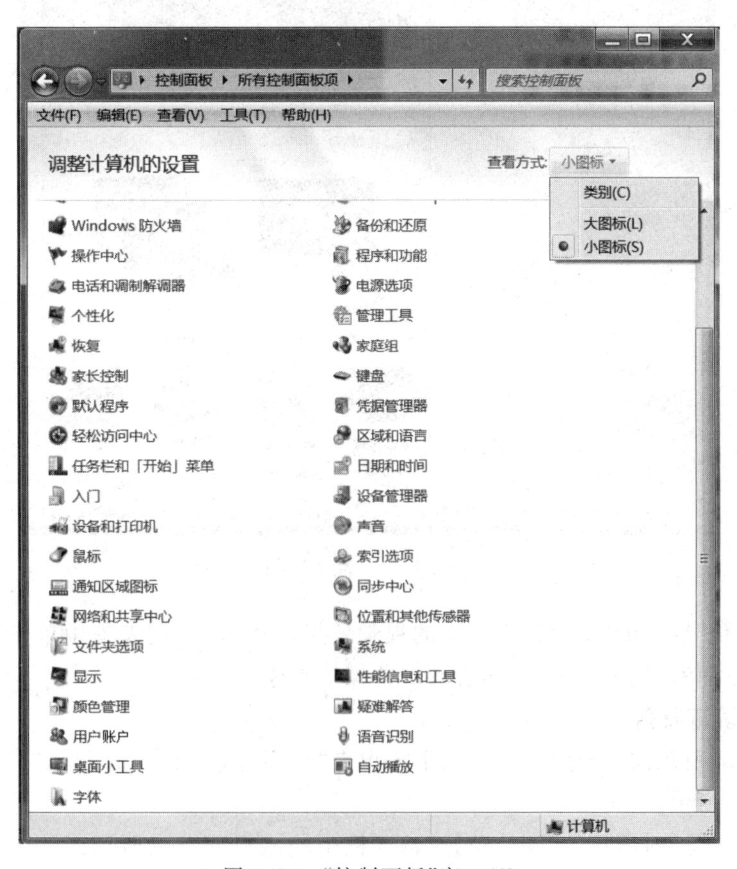

图 5.23 “控制面板”窗口(2)

5.6.2 显示器的设置

在对计算机进行操作时,其操作结果一般都要反映到显示器上,因此,调整和设置好显示器的各种参数,从而能得到理想的显示结果,是很重要的。

显示器的设置主要有两个方面:一是视觉效果,包括桌面背景、窗口颜色和屏幕保护程序等的设置;二是显示特性的设置。

为了设置显示器的视觉效果,首先应在"控制面板"窗口中双击"个性化"图标,此时将显示一个"个性化"窗口,如图 5.24 所示。

图 5.24 "个性化"窗口

在"个性化"窗口的"更改计算机上的视觉效果和声音"的列表框中单击某个主题,立即就会更改桌面背景、窗口颜色、声音和屏幕保护程序。

1. 设置屏幕背景

在图 5.24 所示的"个性化"窗口的下方单击"桌面背景"图标,即显示"桌面背景"对话框,如图 5.25 所示。

在"桌面背景"对话框的"图片位置"输入框中输入桌面背景所用图片的所在位置,也可以单击"浏览"按钮,在资源管理器中选中某个图画文件作为对"桌面背景"的设置。此

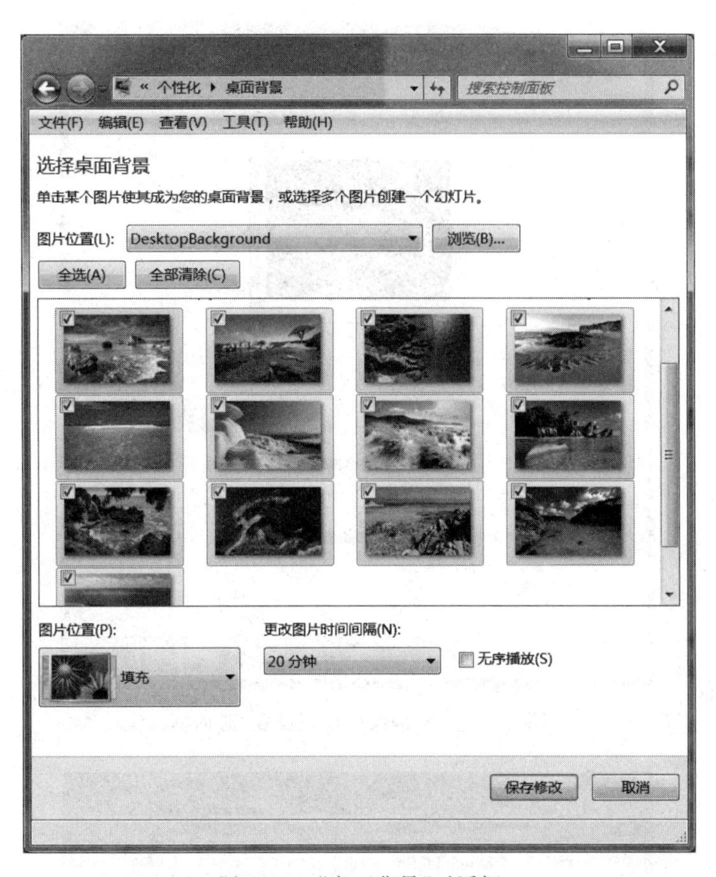

图 5.25 “桌面背景”对话框

时，在下方的列表框中将列出在所选位置上的一组图片，然后在该列表框中选择图案。如果是多选或全选，则桌面背景就以幻灯片的形式播放，此时需要在“更改图片时间间隔”下拉列表框中选择一个时间间隔。最后单击“保存修改”，返回图 5.24 所示的“个性化”窗口。

2. 设置屏幕保护程序

屏幕保护程序是当操作者在较长时间内没有任何键盘和鼠标操作的情况下，用于保护显示屏幕的实用程序。

在图 5.24 所示的“个性化”窗口的下方单击“屏幕保护程序”图标，即显示“屏幕保护程序设置”对话框，如图 5.26 所示。

在“屏幕保护程序”下拉列表框中选定一种屏幕保护图案，然后单击“设置”按钮，对图案的形状、颜色等进行设置。此时可以在对话框上方的显示器上看到该图案的效果，也可以通过单击“预览”按钮该图案在全屏幕上的效果。如果对图案不满意，可以重新选择一种图案，直到满意为止。然后在“等待”微调框中设置等待时间。最后单击“确定”按钮，返回“个性化”窗口。

3. 设置窗口颜色

在图 5.24 所示的“个性化”窗口的下方单击“屏幕保护程序”图标，即显示“窗口颜色”对话框，如图 5.27 所示。

图 5.26 “屏幕保护程序设置”对话框

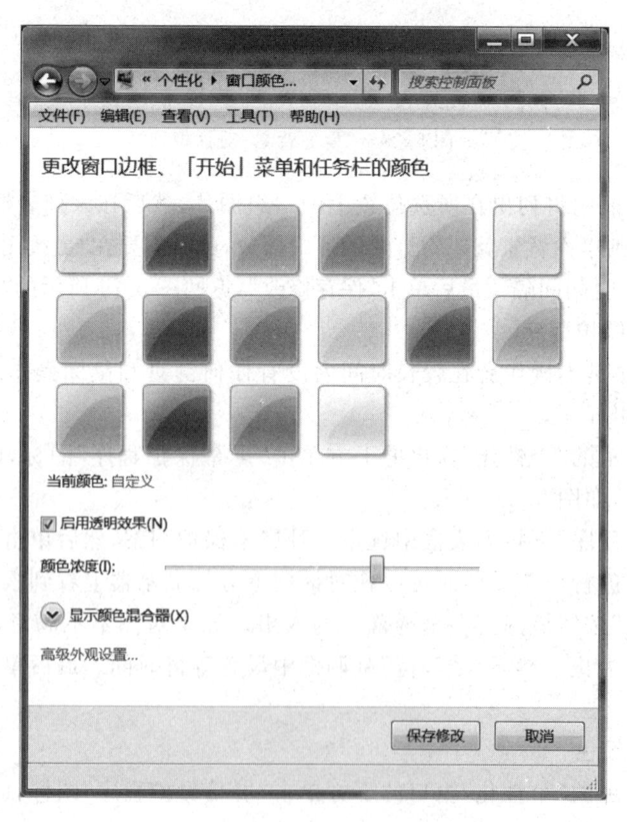

图 5.27 “窗口颜色”对话框

在该对话框中显示了窗口的各种颜色方案供选择，并且可以对颜色的浓度进行调节。单击"保存修改"按钮，返回"个性化"窗口。

4. 设置显示特性

在"控制面板"窗口中单击"显示"命令，即显示图 5.28 所示的"显示"窗口。在这个窗口中可以设置下列几项的显示特性。

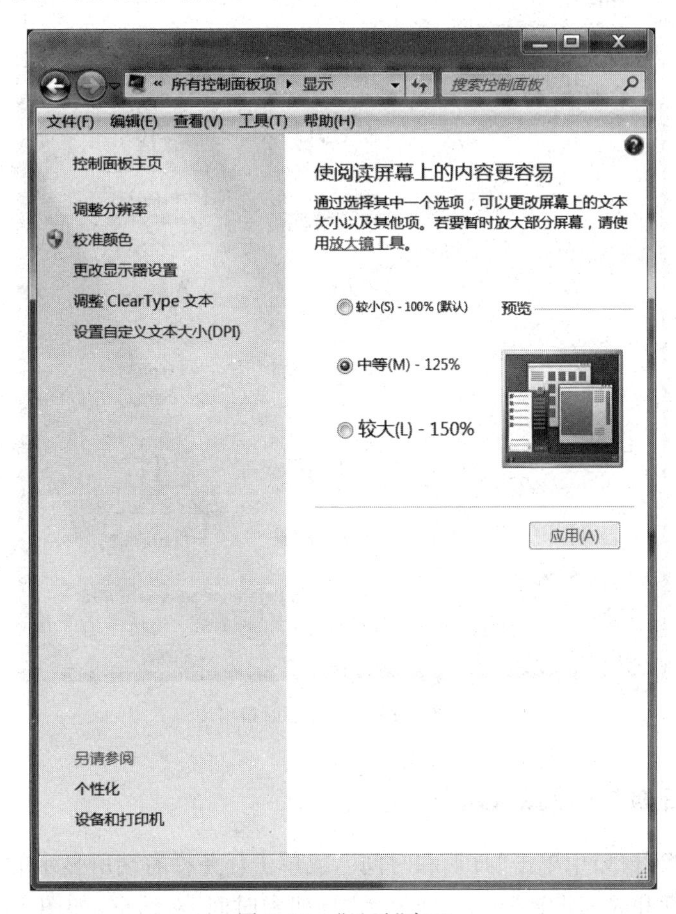

图 5.28 "显示"窗口

- 更改屏幕上的文本大小。
- 调整屏幕的显示分辨率。
- 调整 ClearType 文本等。

5.6.3 字体的设置

在"控制面板"窗口中单击"字体"图标，将显示"字体"窗口，如图 5.29 所示。在"字体"窗口的右半部列出了 Windows 7 系统中安装的字体，用户可以通过单击某字体后预览、删除或者显示和隐藏该字体。

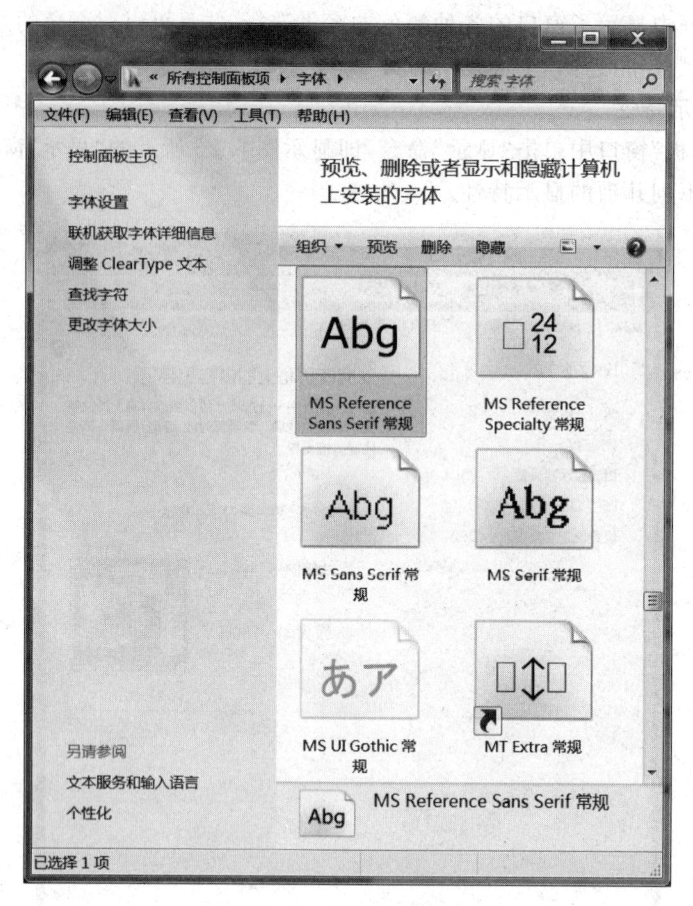

图 5.29 “字体”窗口

5.6.4 系统日期与时间的设置

在“控制面板”窗口中单击“日期和时间”,或单击任务栏右端所显示的时间后,再单击其中的“更改日期和时间设置”按钮,即显示“日期和时间”对话框,如图 5.30 所示。在该对话框中显示了当前的日期与时间。

首先单击图 5.30 对话框中的“更改日期和时间”按钮,显示“日期和时间设置”对话框,如图 5.31 所示。在该对话框的“日期”列表框中修改日期(左右移动月历,然后单击当月的日期),再在时间钟表中调整时间。修改后单击“确定”按钮,返回图 5.30 的“日期和时间”对话框。

然后单击图 5.30 对话框中的“更改时区”按钮,即显示图 5.32 所示的“时区设置”对话框。在该对话框中设置时区。设置后单击“确定”按钮,返回图 5.30 的“日期和时间”对话框。最后单击“确定”按钮。

5.6.5 键盘的设置

在“控制面板”窗口中单击“键盘”图标,即显示“键盘属性”对话框,如图 5.33 所示。

图 5.30 “日期和时间”窗口

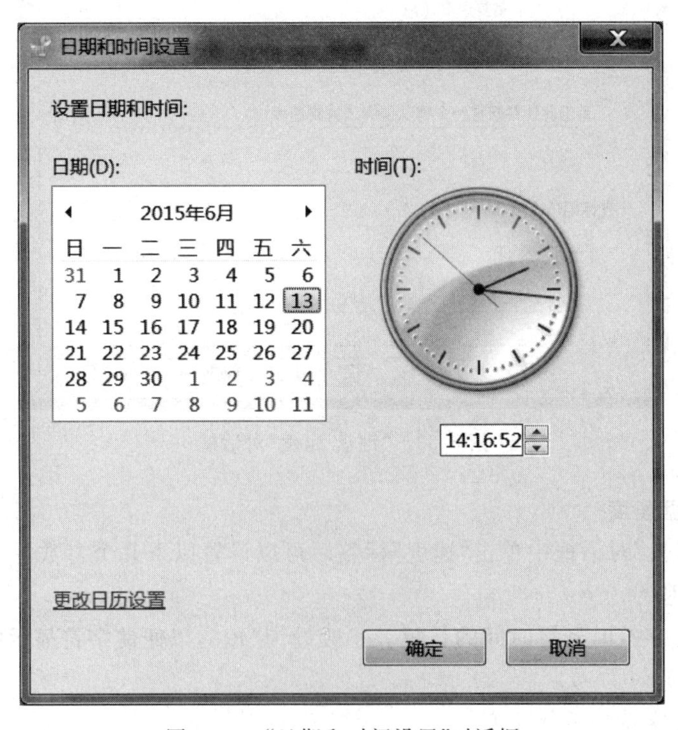

图 5.31 “日期和时间设置”对话框

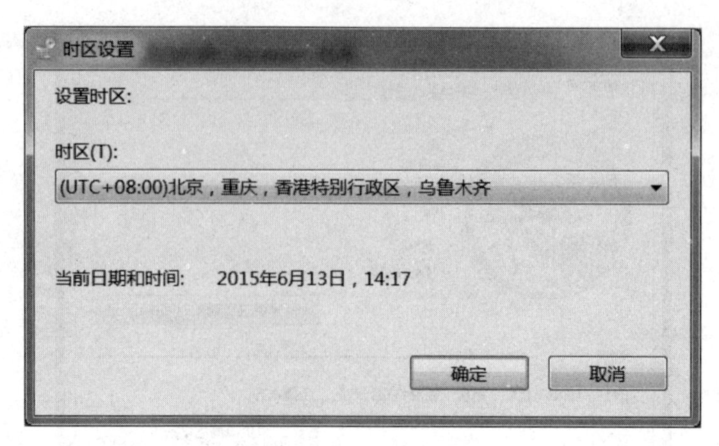

图 5.32 “时区设置”对话框

图 5.33 “键盘 属性”对话框

1. 设置键盘速度

在“键盘 属性”对话框中单击“速度”标签后可以设置以下几个参数。

1）重复延迟

设置按重复字符时延缓时间的长短。一般设为“短”，以便使字符显示时间加快。

2）重复速度

设置按重复字符的重复速度。

3）光标闪烁速度

设置光标闪烁的速度。

2. 设置键盘类型

在“键盘 属性”对话框中单击“硬件”标签后可以更改键盘的类型。

5.6.6 鼠标的设置

在“控制面板”窗口中单击“鼠标”图标，即显示“鼠标 属性”对话框，如图 5.34 所示。

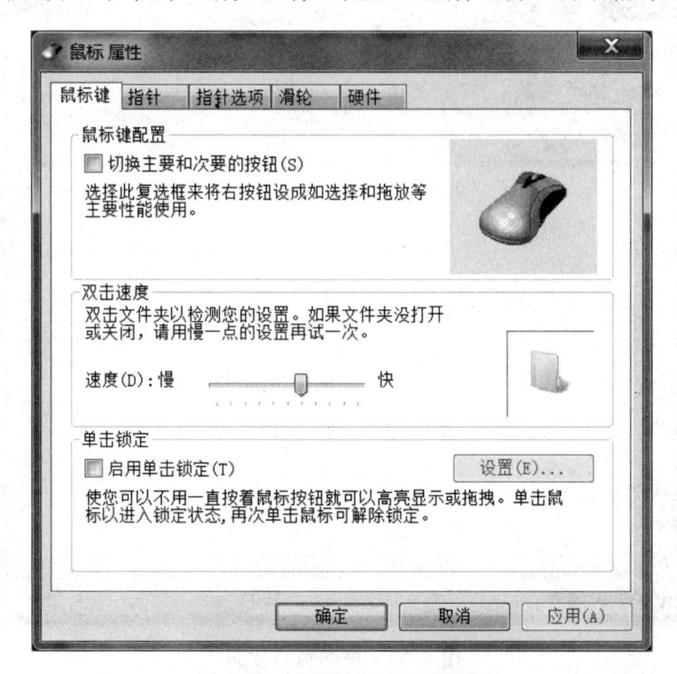

图 5.34 “鼠标 属性”对话框

在“鼠标 属性”对话框中，可以作以下几种设置：

(1) 在对话框中单击“鼠标键”标签后设置鼠标键的配置和双击的速度等。

(2) 在对话框中单击“指针”标签后设置可以使用的鼠标指针的方案。

(3) 在对话框中单击“指针选项”标签后可以设置鼠标指针移动的速度和轨迹等。

(4) 在对话框中单击“硬件”标签后可以重新安装鼠标的驱动程序。

(5) 在对话框中单击“滑轮”标签后可以设置每滚动鼠标滑轮一个齿格所滚动的行数。

5.7 画图应用程序

画图应用程序是 Windows 7 系统为用户提供的绘画工具。它支持对象链接和嵌入，即由它建立并存入剪贴板中的图形信息，可以嵌入或链接到由其他应用程序生成的文档中。用户利用画图功能，可以很方便地绘制点、线、圆等基本图形，还可以对复杂的图形进行编辑及配置图形色彩等操作。

5.7.1 画图应用程序的启动

画图应用程序的图标一般在附件组中。为了启动画图应用程序，在“开始”菜单中单击“程序”命令，然后在“程序”菜单中单击“附件”命令，最后在“附件”菜单中单击“画图”命令，此时屏幕上就会出现如图 5.35 所示的画图窗口主页。为了方便启动画图应用程序，也可以将“画图”图标添加到“开始”菜单中，使用时就可以直接在“开始”菜单中单击它了。

图 5.35　画图窗口主页

画图窗口的第二行有 3 个菜单。

(1) 最左边的是一个下拉式菜单，单击它即显示一个下拉式菜单，如图 5.36 所示。其中：

单击“新建”命令将进入画图窗口主页画一个新图。

单击“打开”命令将打开一个已有的图像调入画图窗口主页进行编辑修改。

单击“保存”命令将画图窗口主页中的图像以原文件名保存。

单击“另存为”命令将画图窗口主页中的图像以新文件名保存。

单击“打印”命令将用打印机打印画图窗口主页中的图像。

单击“退出”命令将退出画图窗口。

(2) 中间的是“主页”标签，单击它即显示画图窗口主页，如图 5.35 所示。

在画图窗口的主页中，上方有 7 个下拉子菜单或工具箱，这些子菜单或工具箱的功能将在 5.7.2 节中介绍；中间的空白区是绘图区域；下方是状态栏，在状态栏的行列坐标框中随时显示鼠标指针所在的位置（第一个为列坐标，第二个为行坐标）。

(3) 最右边的是“查看”标签，单击即显示画图窗口外观，如图 5.37 所示。在这个窗口中可以设置主页中绘图区域的外观，包括图像的缩放，标尺、网格线和状态栏的显示或隐藏，以及显示的方式等。

图 5.36　画图窗口下拉菜单

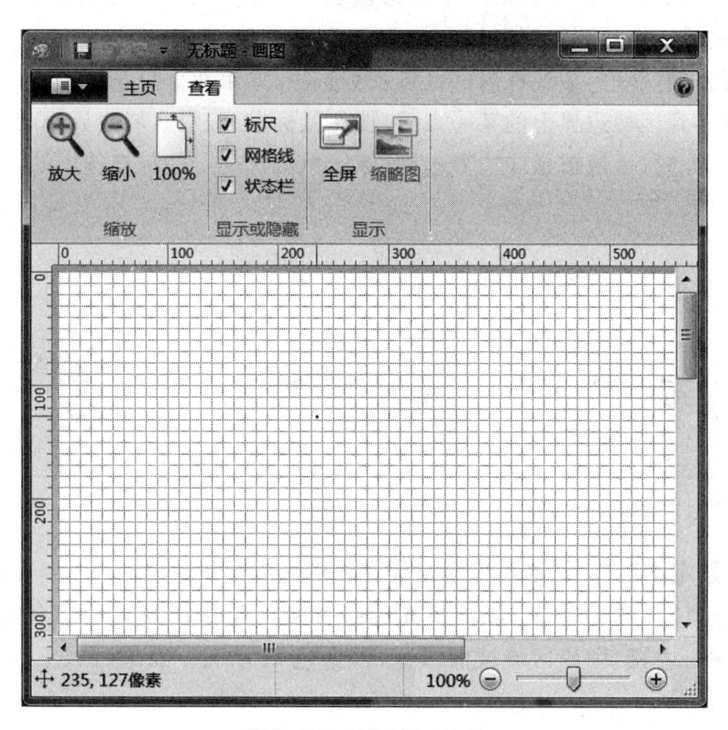

图 5.37　画图窗口外观

利用画图程序进行绘图，最主要的操作有三种：一是从“工具箱”中选取一种工具；二是选择线条的形状和粗细；三是选取颜色，主要是前景色和背景色。

5.7.2　绘图工具箱

前面说过，画图窗口主页中有 7 组用于绘图的项目，下面分组介绍。

在需要选择某一组绘图工具项目时，只要单击该组工具项目的图标即可展开显示其中的命令或具体内容；如果画图窗口全屏幕显示，则这 7 组用于绘图的项目处于展开状态。下面分别介绍各绘图工具的功能与有关的操作。

1. 剪贴板

“剪贴板”项目中有 3 个命令，如图 5.38 所示。其中：

剪切：将在当前编辑的图形中选中的区域移动到剪贴板中。

复制：将在当前编辑的图形中选中的区域复制到剪贴板中。

：将剪贴板中的图形信息或指定“来源”中的图形信息插入到绘图区中。

2. 图像

“图像”项目中有 4 个命令，如图 5.39 所示。其中：

裁剪：仅拾取当前选中区域(矩形或自由图形)中的图形。

重新调整大小：调整选中区域内的图形大小。

旋转：将选中区域内的图形进行旋转。

：在当前编辑的图形中选取一个图形区域。具体操作是：如果在下拉菜单中选择“矩形选择”，则将光标移到矩形区域的左上角后，按住鼠标左键，拖动鼠标到矩形区域的右下角后放开左键，此时，虚线框内的区域就被选中；如果在下拉菜单中选择“自由图形选择”，则将光标移到区域边界上的某一点后，按住鼠标左键，沿区域边界拖动鼠标绕区域一周后放开左键，此时，区域被虚线边界包围，该区域被选中。如果在选中的区域外单击，则将取消该选中的区域。

3. 工具

“工具”项目中有 6 个命令，如图 5.40 所示。其中：

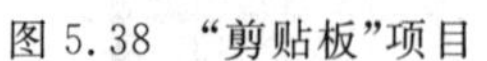
图 5.38　“剪贴板”项目

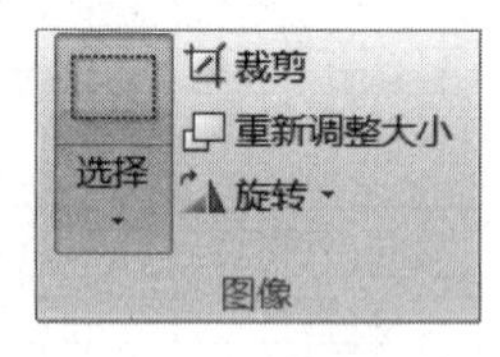

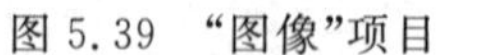
图 5.39　“图像”项目

图 5.40　“工具”项目

铅笔：选定本工具后，通过移动鼠标在绘图区以前景色(即颜色 1)自由画线。

用颜色填充：选定本工具后，将光标指针置于某封闭区域(如空心方框、空心圆等)中后单击鼠标左键，则该区域被前景色(即颜色 1)填满。如果区域不封闭，则在全窗口内用前景色填满。

A 文本：选定本工具后，单击绘图区中需要加注文字说明的位置，此时出现文本光标，表示可以开始输入文字。

橡皮擦：擦除当前颜色变为背景色(即颜色2)。选定本工具后，再选定线宽作为橡皮的大小。将光标移到需要擦除的位置，按住鼠标左键，沿着擦除的部位拖动鼠标。放开鼠标左键即结束擦除。

颜色选取器：选定本工具后，在调色板中单击所选取的颜色作为前景色(即颜色1)。

放大镜：选定本工具后，在绘图区中单击一次，可将图形放大。

4. 刷子

"刷子"项目中有一个下拉子菜单，在该子菜单中有7种刷子，如图5.41所示。选中其中的一把刷子后，将光标移到起始点，按住鼠标左键移动鼠标，即可以画出与光标移动轨迹相同的线条。放开鼠标左键即停止绘制。

5. 形状

"形状"项目中包括一个插图列表框和两个下拉子菜单，如图5.42所示。

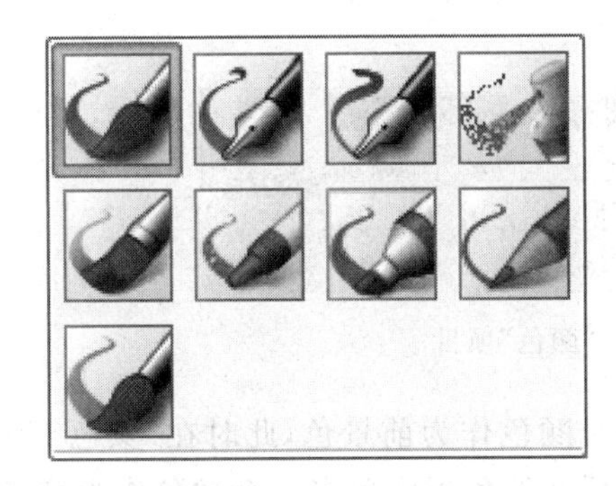

图5.41 "刷子"项目

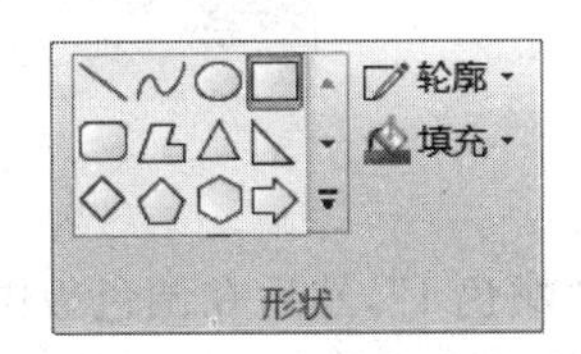

图5.42 "形状"项目

在插图列表框中包括直线、一般曲线、一般多边形以及11个规则的边界封闭的图形。

在轮廓下拉子菜单中列出了画直线、曲线或边界封闭图形轮廓线的各种媒体。在填充下拉子菜单中列出了对边界封闭图形填充的各种媒体。其中在画直线、曲线和边界封闭图形轮廓线时采用前景色(即颜色1)，而对边界封闭图形填充用的是背景色(即颜色2)。因此，在画图前首先要从调色板中选定前景色和背景色。

选定直线图形后，在轮廓下拉子菜单中选择一种媒体，然后按住鼠标左键从直线的起点拖动到终点，放开鼠标左键后即形成一条以前景色画的直线。

选定曲线图形后，在轮廓下拉子菜单中选择一种媒体。首先按住鼠标左键从曲线的起点拖动到终点，放开鼠标左键后即形成一条连接曲线两个端点的直线。然后将光标置于需要弯曲的位置处，按住鼠标左键并拖动鼠标，直线就向光标移动的方向弯曲。对弯曲程度感到满意后放开鼠标左键(如果放开鼠标左键后又感到不满意，则可右击来取消本次操作)；如果在其他位置处还需要弯曲，则重复这一步。最后将光标定位于曲线终点处，单击即形成最终的一条以前景色画的曲线。

选定一般多边形后，在轮廓下拉子菜单中选择一种媒体，再在填充下拉子菜单中选择一种媒体。首先将光标移到多边形的任意一个顶点，按住鼠标左键并拖动到下一个顶点，放开按键后即形成第一条边；然后依次单击多边形的各顶点，形成多边形的各条边，直到回到开始的顶点为止。

选定规则边界封闭图形后，在轮廓下拉子菜单中选择一种媒体，再在填充下拉子菜单中选择一种媒体。将光标移到图形的左上角，按住鼠标左键并向右下角拖动到大小满意后放开按键，即得到规则边界封闭图形的外切矩形框，但实际得到的是需要绘制的规则边界封闭图形。

6. 粗细

“粗细”项目中包括一个下拉子菜单。在该子菜单中列出了各种粗细的线条，如图 5.43 所示。用户可以在其中选择粗细合适的线条。

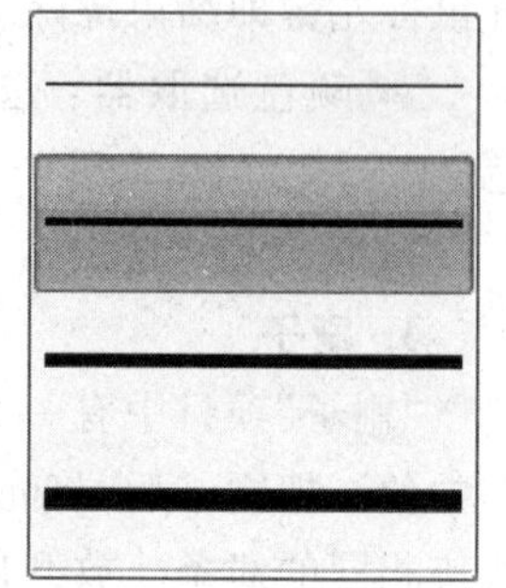

图 5.43 “粗细”项目

7. 颜色

“颜色”项目中包括前景色（即颜色 1）、背景色（即颜色 2）和调色板，如图 5.44 所示。

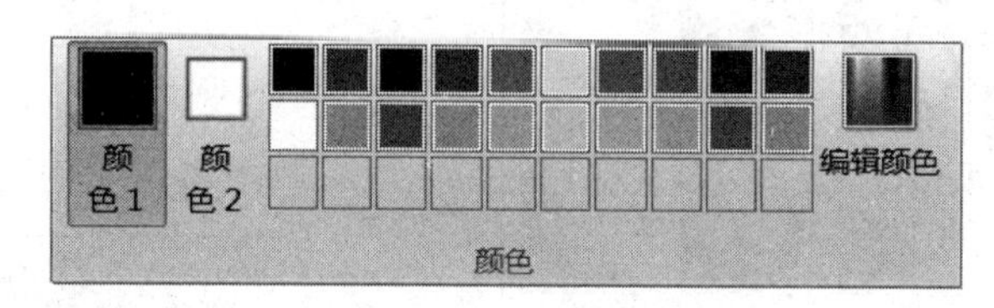

图 5.44 “颜色”项目

单击“颜色 1”，然后在调色板中单击一个颜色作为前景色，此时在“颜色 1”中就显示当前选中的这个前景色。单击“颜色 2”，然后在调色板中单击一个颜色作为背景色，此时在“颜色 2”中就显示当前选中的这个背景色。

习 题 5

一、选择题

1. Windows 7 系统是(　　)系统。

   A) 单窗口单任务　　B) 单窗口多任务

   C) 多窗口多任务　　D) 多窗口单任务

2. Windows 7 的“桌面”是指(　　)。

   A) 整个屏幕　　B) 活动窗口　　C) 某个窗口　　D) 全部窗口

3. Windows 7 的“开始”菜单包括了 Windows 7 系统中的(　　)功能。

   A) 全部　　B) 部分　　C) 主要　　D) 初始化

4. 当一个应用程序窗口被最小化后，该应用程序(　　)。

   A) 终止执行　　B) 暂停执行

   C) 继续在前台执行　　D) 继续在后台执行

5. 对于 Windows 7 系统，下列说法不正确的是(　　)。

   A) 可同时运行多个应用程序　　B) 桌面上可同时容纳多个窗口

C）桌面上只能容纳一个窗口　　D）可支持鼠标操作

6. 选定文件夹后，下列操作中能删除该文件夹的是（　　）。

A）双击该文件夹　　B）在“文件”菜单中选择“删除”命令

C）单击该文件夹　　D）在“编辑”菜单中选择“清除”命令

7. 在 Windows 7 环境下，单击当前窗口中的“关闭”按钮，其功能是（　　）。

A）将当前应用程序转为后台运行　　B）退出 Windows 7 后再关机

C）退出 Windows 7 后重新启动计算机　　D）终止当前应用程序的运行

8. 在 Windows 7 环境下，粘贴按钮是（　　）。

A）　　B）　　C）　　D）

9. 在 Windows 7 菜单中，暗淡的命令名项目表示该命令（　　）。

A）暂时不能用　　B）正在执行

C）包含下一层菜单　　D）包含对话框

10. 在 Windows 7 环境下，能实现窗口移动的操作是用鼠标（　　）。

A）拖动窗口中的任何部位　　B）拖动窗口的边框

C）拖动窗口的控制按钮　　D）拖动窗口的标题栏

11. 在 Windows 7 环境下，Print Screen 键的作用是（　　）。

A）打印当前窗口的内容　　B）打印屏幕内容

C）复制屏幕到剪贴板　　D）复制当前窗口到剪贴板

12. 在 Windows 7 环境下，（　　）。

A）同一时刻可以有多个活动窗口

B）同一时刻可以有多个应用程序在运行，但只有一个活动窗口

C）同一时刻只能有一个打开的窗口

D）以上三种说法都不对

13. 在 Windows 7 环境下，为了终止应用程序的运行，应（　　）。

A）关闭该应用程序窗口　　B）最小化该应用程序窗口

C）双击该应用程序窗口的标题栏　　D）将该应用程序的窗口移出屏幕

14. 在 Windows 7 环境下，启动应用程序的正确方法是（　　）。

A）将鼠标指向该应用程序图标　　B）将该应用程序窗口还原

C）将该应用程序窗口最小化成图标　　D）双击该应用程序图标

二、填空题

1. 在 Windows 7 系统中，为了将整个桌面的内容存入剪贴板，应按<u>（1）</u>键，为了将当前窗口的内容存入剪贴板，应按<u>（2）</u>键。

2. 在 Windows 7 系统中，被删除的文件与文件夹将存放在________中。

3. Windows 7 窗口一般由标题栏、菜单栏、控制按钮等部分组成。为了移动窗口，要用鼠标拖动________。

第6章 文字处理软件 Word 2013

6.1 Word 概述

随着计算机技术的发展,文字信息处理技术也得到了很大的发展。文字处理软件的推出,利用计算机编辑文稿、管理文档、排版印刷等技术已成为文字处理的高效实用的新技术。一般来说,作为文字处理软件都具有以下基本功能:

(1) 编辑功能。对文档的内容可以有多种输入的途径,并且能自动更正文档中的错误以及各种字体之间的转换,还可以在文档中进行查找和替换。这些功能都是为了提高文字编辑的效率。

(2) 排版功能。为了使文档美观,一般的文字处理软件都提供了多种排版格式,以方便用户选择使用。

(3) 表格处理功能。为了在文档中插入表格,一般的文字处理软件具有创建表格,对表格进行编辑、统计、排序等功能。

(4) 图形与公式处理功能。包括建立、插入多种形式的图形和表达式,并且允许图文混排等。

(5) 文档管理功能。包括文档的建立、保存、恢复和保密,以便确保文档的安全性和通用性。

本章以中文 Word 2013 为工具介绍文字处理的基本方法。

6.1.1 Word 2013 的启动与退出

1. Word 2013 的启动

Word 2013 是应用程序,启动 Word 2013 与运行其他应用程序的方法完全相同。主要有以下三种方式。

(1) 如果在“开始”菜单中有 Microsoft Office Word 2013 图标,则单击该图标。

(2) 如果在“任务栏”中有 Microsoft Office Word 2013 图标,则单击该图标。

(3) 单击“开始”|“所有程序”|“Microsoft Office”|“Microsoft Word 2013”命令。

用以上方法打开的 Word 2013 窗口如图 6.1 所示。

从图 6.1 可以看出,刚启动的 Word 窗口中没有任何文档内容,也没有用于编辑文档的工具。可以通过单击该窗口左侧“Word 最近使用的文档”中的某个文档,将该文档调入窗口进行修改或编辑,也可以通过单击窗口右侧的某个图标新建一个具有特定模板的文档。在 6.2 节中将具体介绍新建与打开现有文档的方法。

2. 退出 Word 2013

单击 Word 2013 窗口右上角的关闭按钮✕,即可退出 Word 2013。

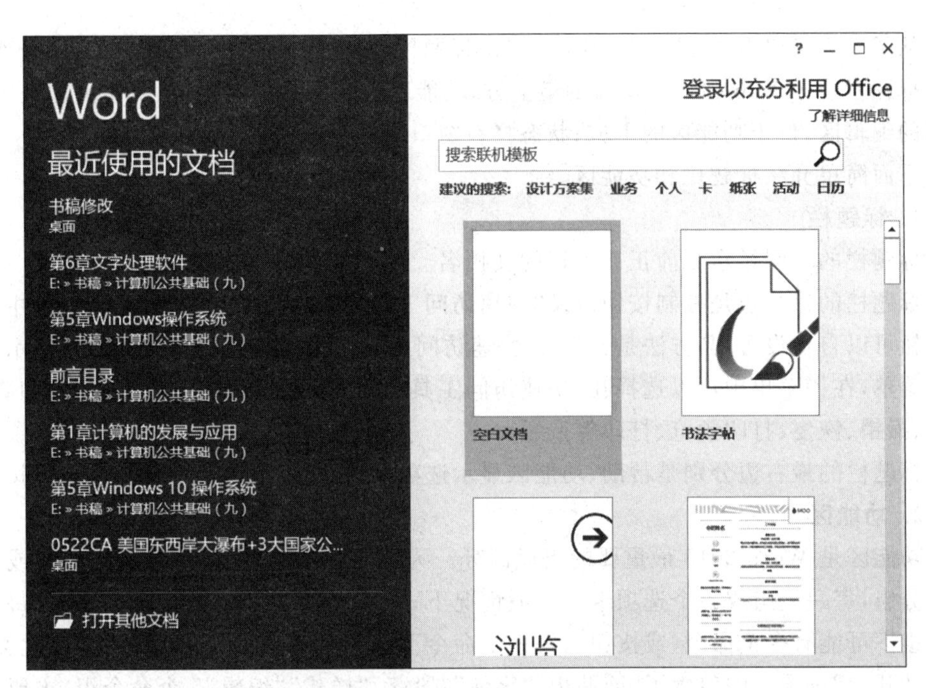

图 6.1 Word 2013 的启动窗口

6.1.2 Word 2013 窗口的布局

在图 6.1 所示的 Word 2013 启动窗口中单击右侧中的空白文档图标，即显示 Word 2013 的文档编辑窗口，如图 6.2 所示。

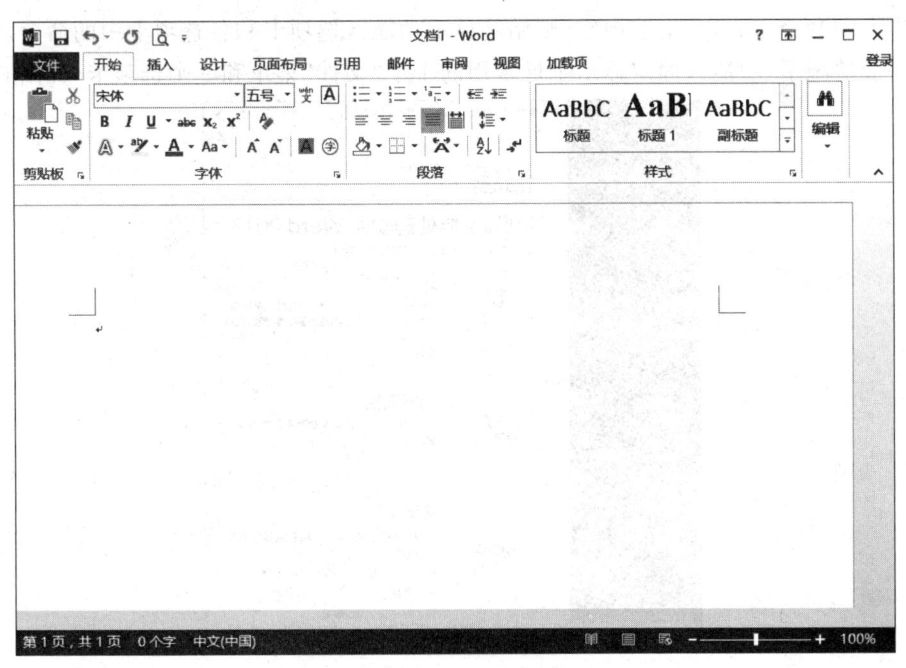

图 6.2 Word 2013 编辑窗口

从图 6.2 可以看出，Word 2013 窗口由标题栏、功能区、工作区和状态栏四部分组成。

标题栏位于 Word 2013 窗口的最上方；功能区位于标题栏的下方；工作区即是 Word 文档的编辑区，位于功能区的下方；状态栏在窗口的最下方。

下面简单介绍标题栏和功能区。

1. 标题栏

标题栏的中间显示当前正在编辑的文档名。

标题栏的最左边是控制按钮以及“快速访问工具栏”。其中“快速访问工具栏”中的操作按钮可以自行设置，其方法是：单击“快速访问工具栏”右边的倒三角按钮，将显示一个下拉菜单，在该菜单中可以选择在“快速访问工具栏”中需要显示的操作按钮，例如新建、保存、撤销、恢复、打印预览、打印等按钮。

标题栏的最右边分别是帮助、功能区显示选项及最小化、最大化(还原)和关闭按钮。

2. 功能区

功能区是 Word 2013 最重要的组成部分。为了便于浏览，功能区按特定方案或对象进行分组，每一组组成一个选项卡。一般情况下，一个选项卡中包含多个命令组，每一个命令组下可能有多个命令(或按钮)，每一个命令下又可能有多个子命令菜单，以此类推。例如，“开始”选项卡中包含了“剪贴板”“字体”“段落”“样式”“编辑”5 个命令组，主要用于对剪贴板的操作、字体的设置、段落设置等，它们包含了编辑文档正文所常用的命令与操作按钮；而在“剪贴板”命令组中又包含“粘贴”“剪切”“复制”等命令(或按钮)。

单击功能区选项按钮，将显示三个关于功能区状态的命令，分别是：自动隐藏功能区，如果单击选中它，则隐藏功能区，当单击窗口顶部时才显示这个功能区；显示选项卡，如果单击选中它，仅显示功能区选项卡，当单击选项卡时才显示该选项卡中的命令；显示选项卡和命令，如果单击选中它，则始终显示功能区选项卡和各选项卡中的命令。

一般情况下，功能区固定显示了最常用的 1 个“文件”菜单和 9 个选项卡，如图 6.3 所

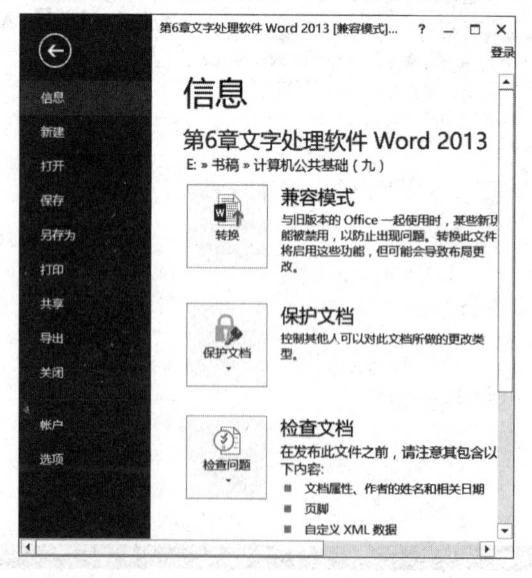

图 6.3 “文件”菜单

示。在对文档进行编排的过程中，随着新的操作需要，有时会再增加新的选项卡，操作结束后，该选项卡也就从功能区中消失。例如，单击一个图形对象时，功能区就会显示“绘图工具”选项卡，其中包括了对图形进行编辑修改的命令，编辑修改结束后，该选项卡就消失了。同样，编辑一个表达式时，功能区显示“公式工具”选项卡，编辑完后就消失了，等等。

下面简单说明固定的几个主要选项卡。

单击“文件”菜单后，在窗口的左侧显示一个下拉式命令菜单，其中包含了对 Word 文件的基本操作命令，如打开、新建、打印、保存、关闭等命令，并且对于不同的命令，窗口右端显示不同的信息。如果正在编辑一个文档时单击“文件”菜单，并选中“信息”，则窗口右半部分还会显示有关该文档的信息，如图 6.3 所示。

下面列出几个主要选项卡的命令组。其中：

“开始”选项卡主要用于对剪贴板的操作、字体的设置、段落设置等，主要包含“剪贴板”“字体”“段落”“样式”“编辑”等命令组，包括了编辑文档正文常用的命令或操作按钮。

“插入”选项卡用于文档中的插入操作，主要包括“页面”“表格”“插图”“应用程序”“媒体”“链接”“批注”“页眉和页脚”“文本”和“符号”等命令组。

“页面布局”选项卡主要用于文档编排设计操作，提供页面布局的主要命令，主要包括“页面设置”“稿纸”“段落”和“排列”等命令组。

“引用”选项卡主要包括“目录”“脚注”“引文与书目”“题注”“索引”和“引文目录”等命令组。

“审阅”选项卡主要包括“校对”“语言”“中文简繁转换”“批注”“修订”“更改”“比较”和“保护”等命令组。

“视图”选项卡主要包括“视图”“显示”“显示比例”“窗口”和“宏”等命令组。

6.1.3 编排 Word 文档的基本流程

编排 Word 文档的基本流程如图 6.4 所示。从本质上讲，编排一个新的文档和编排一个已有的文档是一样的，唯一不同的是打开已有文档时，该文档已经有了选用好的模板

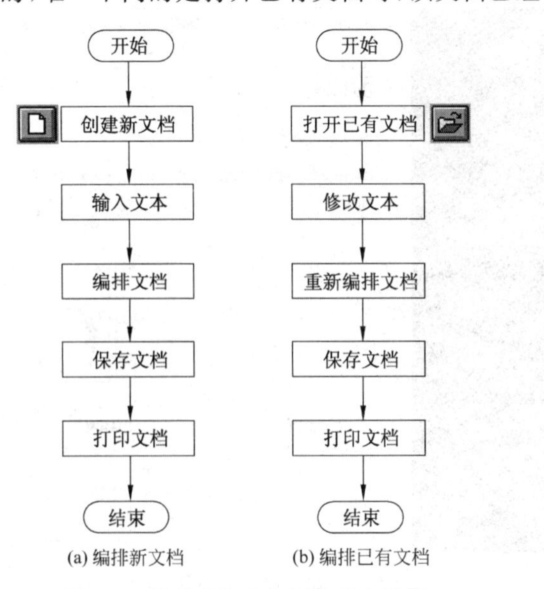

图 6.4 编排 Word 文档的基本流程

和内容，而建立一个新文档则需要从头开始，依据所选择的模板确定文档的格式和规范。

6.2 Word 文档的打开与保存

6.2.1 创建新的 Word 文档

使用 Word 去建立一个新的文档时，可以通过以下两个途径来实现：

(1) 利用默认的空白文档模板建立新文档；

(2) 利用特定模板建立新文档。

利用默认的空白文档模板建立新文档是最简单、最直接的方法，容易为初学者理解和接受。而利用特定模板建立新文档则需要首先对这些模板有一个基本的了解，并明确各自的用途后，才能使以此创建的新文档既符合用户的意图，又可以节省重新设置文档格式等许多麻烦。

1. 利用默认的空白文档模板建立新文档

初学者在尚不了解模板的概念和好处时，一般可以采用这种简便而直接的方法。单击“文件”|“新建”命令，在显示的“新建”模板列表框中单击“空白文档”，系统即依据空白模板迅速建立起一个名为“文档 X”的新文档，如图 6.2 所示(图中为“文档 1”)。

默认的空白文档模板规定了所建文档的页面设置，如纸张大小、页边距、版面要求等，以及固定的文字格式、段落样式、视图方式等。然而，由于默认的空白文档模板常常被各种文件所公用，特别是经过不同人的使用，其格式也往往随之而改变，使得以默认空白文档模板先后建立的文档有可能出现基本格式不同的情况，从而影响了默认空白文档模板的一致性。这是默认空白文档模板的不足之处。

2. 利用特定模板建立新文档

单击“文件”|“新建”命令，将显示一个“新建”模板的对话框，如图 6.5 所示。此时就

图 6.5 利用特定模板建立新文档

可以根据需要从中选择(单击)特定模板类型。

6.2.2 打开已有的 Word 文档

由于 Word 2013 可以支持和转换的文件类型是多种多样的,因此,在 Word 2013 中打开各种类型的 Word 文档将是一件轻而易举的事。

单击"文件"|"打开"命令,显示"打开"对话框,如图 6.6 所示。根据已有文档所在的存储位置,Word 2013 可以打开以下三种存储的已有文档。

(1) 如果需要打开的是最近使用过的文档,则选择(单击)"最近使用的文档",此时就可以直接在右侧"最近使用的文档"列表中单击需要打开的文档,如图 6.6(a)所示。

(2) 如果需要打开的文档存储在云盘上,则选择(单击)"OneDrive",此时就可以通过右侧的界面,使用 OneDrive 以从任何位置访问需要打开的文件并与任何人共享,如图 6.6(b)所示。

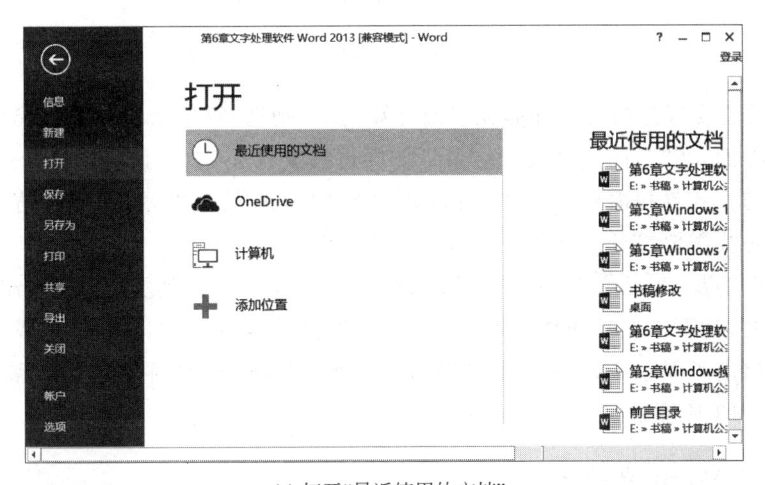

(a) 打开"最近使用的文档"

(b) 打开存储在云盘上的文档

图 6.6 打开已有文档

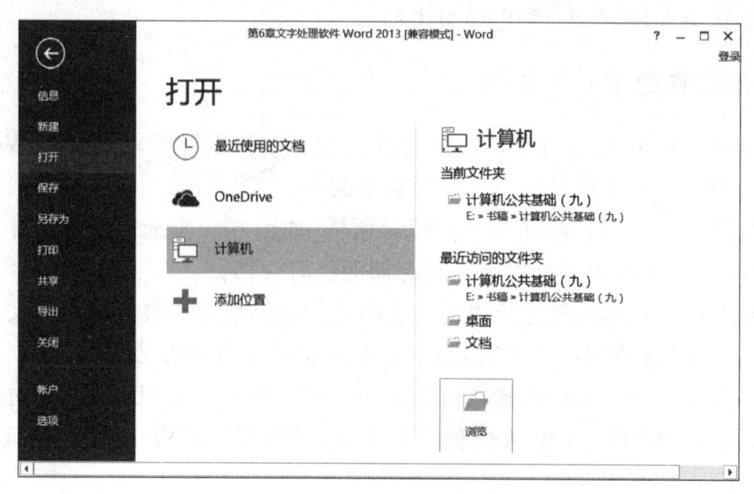

(c) 打开存储在当前计算机上的文档

图 6.6 （续）

(3) 如果需要打开的文档存储在当前计算机上，则选择(单击)“计算机”，此时就可以通过右侧的界面，在“当前文件夹”或“最近访问过的文件夹”中寻找需要打开的文档，还可以通过浏览的方式寻找需要打开的文档，如图 6.6(c)所示。实际上，这种情形是通过资源管理器来寻找需要打开的文档。

值得一提的是，当已有文档是非 Word 2013 文档时，只要其类型在 Word 2013 可以转换的范围内，就不必操心文档的转换，而放心地交给 Word 2013 自行完成。如果已有文档的类型超出了 Word 2013 所能处理的文档类型的范围，则系统会发出警告，并拒绝调入 Word 2013 环境中。

6.2.3 保存 Word 文档

对文档的编辑和排版，都只是在 Word 2013 环境下的处理，并没有真正将编排后的文档写到磁盘上。为了将编排的结果保存到磁盘上，必须对编排的文档进行存盘操作。

在 Word 2013 中对正在编辑的文档进行存盘，可以只存盘而不退出对该文档的处理，也可以存盘后退出对该文档的处理。前者称之为对文档的保存，后者称之为对文档的关闭。

1. 文档的保存

在编排文档的过程中，应该养成随时保存文档的好习惯，以避免因突然掉电、机器故障、死机或者误操作而引起的数据丢失。对文档的保存只将文档存盘，而不需要退出对文档的编排。

对 Word 2013 文档的保存是很简单的，单击“文件”|“保存”命令，或者单击 Word 2013 窗口左上角“快速访问工具栏”中的“保存”按钮(💾)，即可对当前的文档进行存盘操作，同时又保持该文档的编辑环境，不退出对该文档的处理。为了方便文档的保存，事先用户应将“保存”按钮(💾)设置到“快速访问工具栏”中。

如果单击“文件”|“另存为”命令，屏幕显示与“打开”对话框类似的“另存为”对话框，在“计算机”列表中单击“浏览”按钮，此时在“另存为”对话框中选定存放该文件的文件夹，在“保存类型”下拉列表框中选择合适的文档类型，并输入需要保存文档的文件名，最后单击“保存”按钮。

Word 2013 文档的文件名后缀为 docx。

2. 文档的关闭

所谓关闭文档，即对当前文档存盘并退出对当前文档的处理，但不退出 Word 2013 窗口。实现文档的关闭很简单，只要单击“文件|关闭”命令，或者用鼠标单击 Word 2013 窗口左上角“快速访问工具栏”中的“控制”按钮( )，在下拉的控制菜单中单击“关闭”命令。

如果关闭文档之前尚未保存文档，则系统会给出提示，如图 6.7 所示，询问是否保存对该文档的修改。

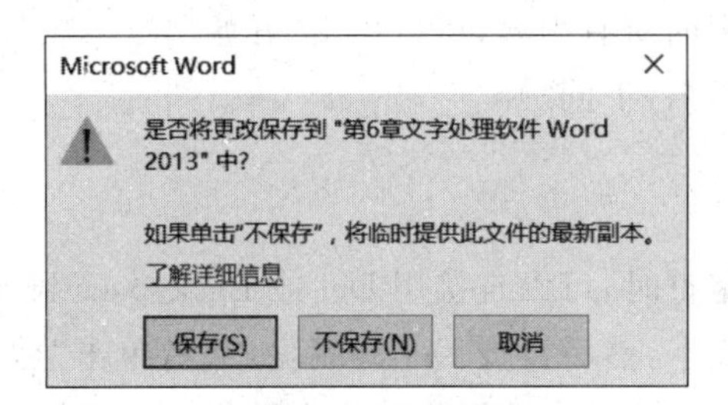

图 6.7　系统提示

6.3　Word 文档的编辑

6.3.1　文本的录入

进入 Word 2013 以后，就可以录入文档内容了。

1. 文字与字符的输入

与一般的文本编辑软件类似，在 Word 2013 中，英文字母和常用的半角字符可以直接通过键盘输入，而要输入中文文字和字符，则需要切换到中文输入方式下。

当按照某种中文输入方法在代码区中输入一定的代码后，就会在汉字选择区中显示出相应的一系列汉字，然后可以通过输入所需汉字前面的数码来选择汉字。如果当前的汉字选择区中没有所需要的汉字，则可以通过翻页区向后查找，直到所需要的汉字出现为止。

2. 光标定位与插入

文本的插入、选定、删除、替换、移动和复制均涉及光标的定位。Word 2013 仍然支持传统的键盘定位方法，同时又支持鼠标自由定位光标。

在用鼠标定位光标时，在屏幕所见的范围内可以用鼠标直接指向所需位置；还可以通过垂直和水平滚动条进行移动和翻页操作。

一旦学会了光标定位，文本的插入就非常简单了。将光标定位到需要插入字符的位置上，然后输入字符，输入的字符就出现在光标前面。

6.3.2 文本的选定

选定文本可以用键盘，也可以用鼠标。与光标的定位类似，用键盘选定文本比较机械，而用光标选定文本则较随意。

用键盘选定文本时，离不开 Shift 键。按住 Shift 键，并同时按任意方向键，则从光标起始位置开始，凡光标所走过的文本均反白显示（即文字颜色和背景色对调），表示该部分文本已选定。

用鼠标选定文本比键盘选定文本更自由。它除了将鼠标从所需选取的文本的起始位置拖至终止位置外，还具有用键盘选定文本所没有的特殊功能。如果要取消对文本的选定，可以按任意方向键，或者在页面内任意位置单击即可。

如果需要选定文本中的所有内容，可以单击“开始”|“（编辑）选择”|“全选”命令。（括号内指选项卡中的命令组名，下同。）

6.3.3 文本的删除

当需要删除一两个字符时，可以直接用 Del 或 Backspace 键。当删除的文字很多时，就需要先选定要删除的文本，然后再按 Del 键删除，或者单击“剪切”按钮（）。特别要说明的是，按 Del 键后，选定的内容被删除并且也不送入到剪贴板中；而单击“剪切”按钮后，选定的内容被删除，但同时送入到剪贴板中。

如果删除文本出现了误操作，或者希望恢复最近刚被删除的文字，可以单击窗口左上角“快速访问工具栏”中的“撤销”按钮（）。通过不断执行该操作，可以撤销最近若干次的输入操作。

6.3.4 文本的移动

在文本的编辑过程中，常常会对文本的前后顺序进行重新调整。这就涉及一段文字甚至几段、几十段文字从文档中的一个位置搬移到另一个位置的操作，即文本的移动。

移动文本通常分为以下四个步骤：

(1) 文本的选定：即选定需要移动的文本；

(2) 剪切操作：将选定的文本“剪切”掉，放入剪贴板中；

(3) 光标的定位：将光标定位到需要插入该段文本的位置；

(4) 粘贴操作：粘贴剪贴板中的文本。

其中，步骤(1)和(3)的操作已经在前面介绍过。下面先介绍剪贴板，然后再分别讨论剪切操作和粘贴操作。

剪贴板是 Windows 提供的一个临时存储区，有了剪贴板，使剪切操作和粘贴操作变得简单而又容易。

剪切操作与用 Del 或 Backspace 键删除是不同的，剪切的文字只是从 Word 2013 正文区中消失，但还保存在剪贴板中。剪切操作可以通过“开始”|“（剪贴板）剪切”命令来实

现。必须注意，当没有被选定的文本时，“剪切”命令的颜色呈灰色，不可执行。

粘贴操作是把剪贴板中的内容粘贴到光标所在位置。粘贴操作可以通过在“开始”|“剪贴板”|“粘贴”命令来实现。但也要注意，当剪贴板中没有内容时，“粘贴”命令的颜色呈灰色，不可执行。

以上是移动文本的一般步骤。此外，Word 2013 提供了用鼠标快速移动文本的方法。具体操作如下：

(1) 文本的选定：即选定需要移动的文本；

(2) 移动操作：将鼠标指针指向所选取的文本，当鼠标指针变为箭头( )时，按下鼠标左键，此时箭头左方出现一条竖虚线，箭柄处有一个虚方框，然后拖动鼠标，直到竖虚线定位到需要插入所选定文本的位置，松开鼠标左键，于是所选定的文本就移动到了这个新位置。

6.3.5 文本的复制

与文本移动相同的是，文本的复制也是要将选定的文本从文档中的一个位置搬移到另一个位置；不同的是，移动完文本后，原处的文本不再存在，而复制完文本后，原处仍保留着被复制的文本。

复制文本通常也分为四个步骤：

(1) 文本的选定：即选定需要复制的文本；

(2) 复制操作：将选定的文本复制到剪贴板中；

(3) 光标的定位：将光标定位到需要插入该段文本的位置；

(4) 粘贴操作：粘贴剪贴板中的文本。

其中，步骤(1)、(3)和(4)已经介绍过，下面仅讨论复制操作。

复制操作可以通过单击“开始”|“(剪贴板)复制”命令来实现，将选定的文本复制到剪贴板中。同样，当没有被选定的内容时，“复制”命令的颜色呈灰色，不可执行。

Word 2013 提供了用鼠标快速复制文本的方法。具体操作如下：

(1) 文本的选定：选定需要复制的文本；

(2) 复制操作：将鼠标指针指向所选取的文本，当鼠标指针变为箭头( )时，按住 Ctrl 键不放，并按下鼠标左键，此时箭头左方出现一条竖虚线，箭柄处有一个虚方框，虚方框上有一个加号“+”，然后仍按住 Ctrl 键，并拖动鼠标，直到竖虚线定位到需要插入所选定文本的位置，松开鼠标左键，于是所选定的文本就复制到了这个新位置。

6.3.6 文本的查找与替换

1. 查找

单击“开始(编辑)替换”命令，显示“查找和替换”对话框。然后在该对话框中选择“查找”标签，在“查找内容”输入框中输入要查找的内容(例如“开始”)，在“在以下项中查找”下拉菜单中选择查找的范围(例如“主文档”)，此时在对话框中显示匹配项的数目，如图 6.8 所示。

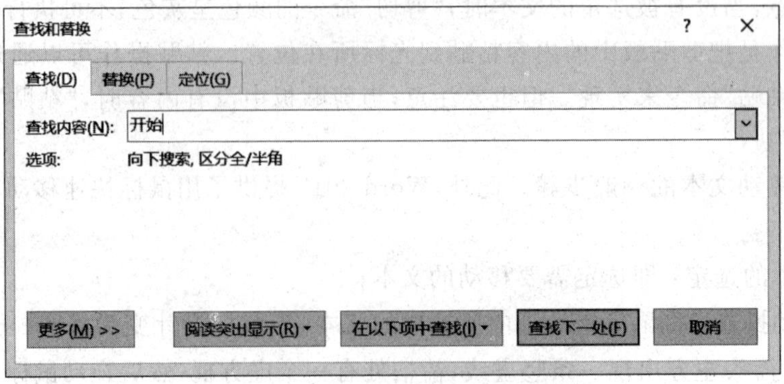

查找和替换
查找(D)
替换(P)
定位(G)
查找内容(N):
开始
选项:
向下搜索, 区分全/半角
更多(M) >>
阅读突出显示(R)
在以下项中查找(I)
查找下一处(F)
取消

图 6.8 “查找和替换”对话框(1)

2. 替换

在“查找和替换”对话框中选择“替换”标签,在“查找内容”输入框中输入需要替换的内容(例如“开始了”),在“替换为”输入框中输入需要替换进的内容(例如“开始”)。然后单击“全部替换”按钮,即开始进行替换。如果希望一个一个通过应答后才替换,则单击“替换”按钮,如图 6.9 所示。全部替换完后,在显示的消息框中单击“确定”按钮后结束。

查找和替换
查找(D)
替换(P)
定位(G)
查找内容(N):
开始了
选项:
向下搜索, 区分全/半角
替换为(I):
开始
更多(M) >>
替换(R)
全部替换(A)
查找下一处(F)
取消

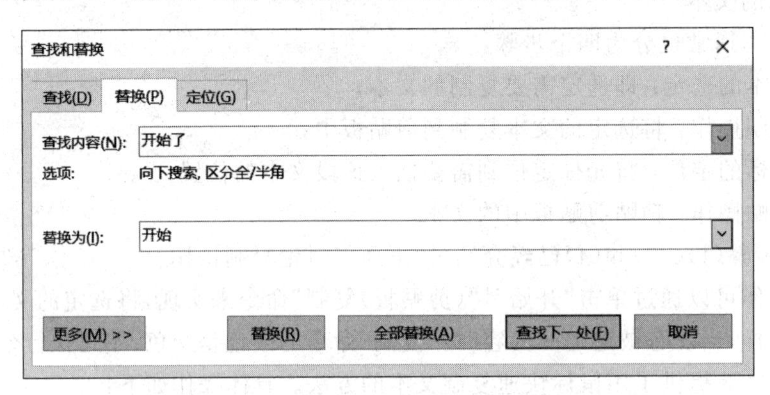

图 6.9 “查找和替换”对话框(2)

6.4 Word 文档的编排

文本输入、修改后,接下来就需要对文档进行编排。文档编排的目的是使文档的排版漂亮,重点突出,阅读方便。不同的编排可以创造和实现不同的外观效果,充分显示了文档编排的作用和地位。如何从丰富多彩的文档编排格式中选择出好的式样,取决于文档的用途和要求,以及作者的喜好和审美观。

本节从基本的文档编排入手,介绍如何编排简单的 Word 2013 文档。

6.4.1 页面的设置

一个文档给人的第一印象是它的整体布局,这就离不开页面的设置。页面设置包括文档的页大小、页走向、页边距、页眉、页脚等的设置，甚至包括装订线、奇偶页等的特殊设定。

单击“页面布局”|“(页面设置)”“页面设置”对话框启动器按钮(即“页面布局”|“(页面设置)”命令组右下角的“页面设置”对话框启动器按钮，下同。)，屏幕就显示一个专门用于页面设置的对话框。有关页面的设置均可以在这个对话框中完成。

1. 字符数/行数的设置

在“页面设置”对话框中，激活“文档网络”标签，对话框如图 6.10 所示。在该对话框中可以设置每页的行数与每行中的字符数等参数，还可以设置排列的格式等。

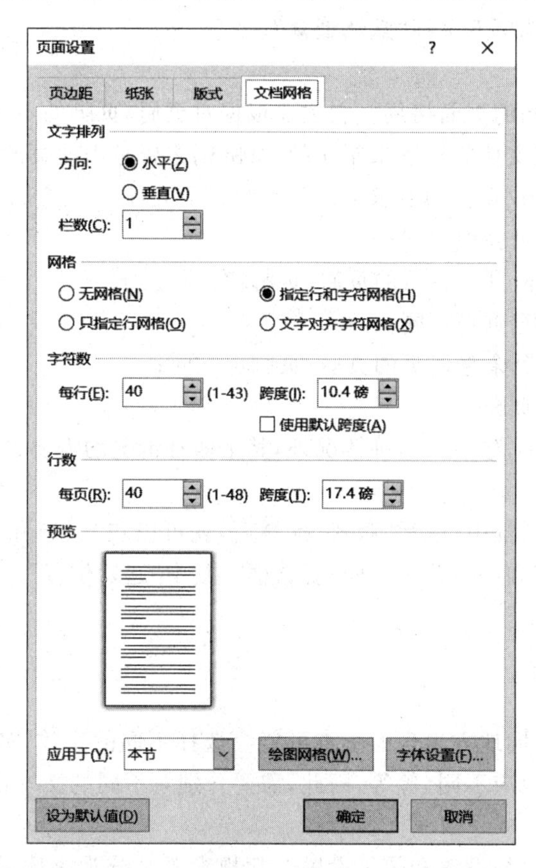

图 6.10 “页面设置”对话框

2. 页边距的设置

页边距的设置实际上是版心的设置，它需要指明文本正文距离纸张的上、下、左、右边界的大小，即上边距、下边距、左边距和右边距。一般地，上边距应略大于下边距，左边距最好等于右边距。当文档需要页眉、页脚时，还要设置页眉、页脚距纸张边界的距离。当文档需要装订时，最好设置一下装订线的位置。装订线就是为了便于文档的装订而专门留下的宽度。若不需要装订，则可以不设置此项。

在“页面设置”对话框中，激活“页边距”标签后，就可以在“上”“下”“左”“右”选项下分别设置精确的数值。如果需要，还可以设置精确的装订位置。

3. 纸张的设置

纸张的设置包括纸型的设置和纸张来源的设置。在“页面设置”对话框中，激活“纸张”标签后，就可以在“纸张大小”列表框中选择合适的纸张规格，并在“宽度”和“高度”框中分别设置精确的数值。

需要注意的是，设置纸张的对话框中，有一个“应用于”选项，它表明当前设置的纸张大小的应用范围：或者是整个文档，或者是所选取的文本，或者是选定的节。这就为一个文档可以由不同的纸张构成提供了可能。

设置纸张来源的目的是为了告诉打印机以什么方式取打印纸。在“纸张来源”列表框的“首页”和“其他页”选项下选择“默认纸盒”。

4. 版面的设置

版面是指整个文档的页面格局。它主要根据对页眉/页脚的不同要求，来形成不同的版式。通常，页眉是用文档的标题来制作的，页脚则主要是当前页的页码。

一般的文档对页眉/页脚的要求可以归纳为以下五种：

(1) 各页的页眉/页脚均相同；

(2) 除首页不同外，其余各页的页眉/页脚均相同；

(3) 奇偶页的页眉/页脚不同；

(4) 首页不同，且其余奇偶页的页眉/页脚也不同；

(5) 不需要页眉/页脚。

在上述五种情况中，除最后一种情况外，其余四种情况均需要设置版面。设置版面的具体操作如下：

在“页面设置”对话框中，激活“版式”标签后，就可以在“页眉和页脚”选项下，根据需要，选中“奇偶页不同”和/或“首页不同”复选框。其中“起始位置”选项表示该版面设置的作用范围。

6.4.2 字体的设置

在一个文档中，不同地方出现的文本可能会选择不同的字体，如标题与正文应不同，不同级别的标题之间也应不同，等等，因此，需要分别对不同的文本设置字体。

1. 字体的格式

字体的设置包括常规设置和效果设置。常规设置又分为字体设置、字形设置和字体大小设置。效果设置可以包括下画线设置、字体颜色设置、上下标设置、字符间距设置、字符位置设置等。

1) 字体

Windows 提供的字体很多，用户可以根据不同文档的需要，选择合适的字体。

2) 字形

字形分为常规字形、斜体字形、粗体字形和粗斜体字形四种。斜体字形是常规字形倾斜，粗体字形是普通字体加粗，粗斜体字形则是常规字形倾斜并加粗。一般情况下，文档的正文部分选择常规字形，标题部分可以采用粗体字形，正文中需要突出强调的字、词或者句子可以使用斜体或者粗体。英文的书名、杂志名等习惯上使用斜体字形。

3）字体大小

在排版中，字体大小的单位用“磅(pt)”来度量。由于 Word 2013 中运用了 TrueType 字形技术，因此它可以支持的字体大小从 1 磅到“足够大”，几乎是任意的，只要能分辨得清楚一个 1 磅大小的字，或者一页纸内可以容下一个“足够大”的字。字体的大小可以是整数值，也可以是小数值。与英文不同的是，中文书籍、报章杂志中常常使用“字号”来表示字体的大小。“字号”与“磅”的对应关系如表 6.1 所示。

表 6.1　字体大小单位“字号”与“磅”的对应关系

中文字号	对应的字体大小(磅)	中文字号	对应的字体大小(磅)
八号	5	小三	15
七号	5.5	三号	16
小六	6.5	小二	18
六号	7.5	二号	22
小五	9	小一	24
五号	10.5	一号	26
小四	12	小初	36
四号	14	初号	42

4）下画线

使用下画线的目的是为了突出或强调所画部分。Word 2013 提供了多种形式的下画线，即单线、只在字下加线、双线、点线、粗线、短画线、点画线、点点画线、波浪线等。使用时，可以根据需要来选择。

5）字体颜色

由于常用的打印机是黑白的，设置字体的颜色对打印稿件来讲并没有多大意义，相反，不同的颜色只会使得打印出来的字符深浅不一，反而显得凌乱。但是，如果制作的文档只是作为电子文档，提供给大家在 Word 环境下查看，或者使用的是彩色打印机，那么，不同的文本设置为不同的颜色，无疑会给文章增姿添彩。

6）上下标

除了上述几种处理字符外观效果的方法外，Word 2013 还提供一些有用的字体效果，如上下标、删除线、隐藏、小型大写字母、全部大写字等。这些字体效果并不需要改变字体本身的大小，应用起来非常简单。上下标常用于脚注和尾注；删除线常常用在电子文档的修改上，以注明删除的部分；隐藏则表示不需要打印但希望阅读电子文档的人注意的部分，往往是作者的附加解释和说明。

7）字符间距

在 Word 环境下，可以调整字符之间的间距，如加宽、紧缩，以创造出不同的版面效果。例如，标题文字之间的间距可以加宽些，这样在不加入空格的情况下，同样可以使得标题文字之间不会显得太密。加宽或紧缩的值可以用“磅”来精确度量。

8）字符位置

当图文混排时，夹杂在文字中间的图形或者图片有可能与文字不在同一个水平线上，使得直观效果不佳。此时，就可以利用字符位置的调整，提升或降低图形或图片，达到文字与图形的位置一致。当然，也可以提升或降低文字的位置。提升或降低的值同样可以用“磅”来精确度量，但其量值必须在0～14磅之间。

2. 字体的设置

设置字体的操作过程如下：

单击“开始”|“(字体)”|“字体”对话框启动器按钮(即“开始”|“(字体)”命令组右下角的“字体”对话框启动器按钮)，屏幕显示“字体”对话框。在“字体”对话框中单击“字体”标签，对话框如图6.11所示。在该对话框中可以设置中文字体、英文字体、下画线、字形、字号、颜色、着重号、效果等参数，最后单击“确定”按钮。每设置一种参数后，在下方的“预览”框内将显示出来。

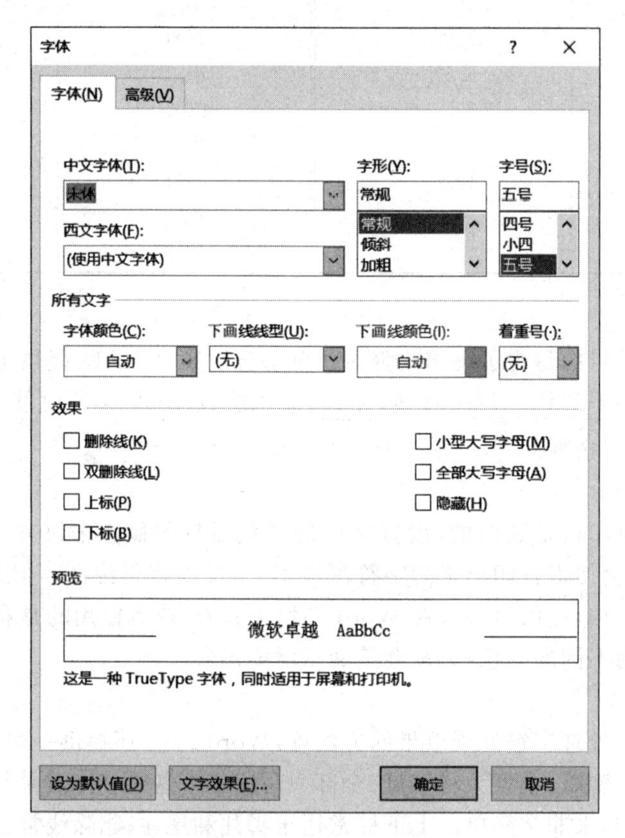

图6.11 “字体”对话框

3. 设置字符间距

设置字符间距的操作如下：

在“字体”对话框中单击“高级”标签，就可以在该对话框中可以设置缩放、间距、位置等参数，最后单击“确定”按钮。每设置一种参数后，在下方的“预览”框内也将显示出来。

4. 常用字体的快速设置

一些常用的字体，也可以利用鼠标以及“开始”|“(字体)”命令组中的字体快速设置按钮快速设置。例如：

(1) 当需要设置选定文本的字体时,可以单击"字体"|"(字体)"|"字体"下拉列表框,从中选择所需要的字体。

(2) 当需要设置选定文本的字体大小时,可以单击"字体"|"(字体)"|"字号"下拉列表框,从中选择合适的字体大小即可。

其他字体如**加粗**、*倾斜*、下画线、~~删除线~~、$_{下标}$、^{上标}、字符底纹、带圈字符、字符边框等,都可以通过字体快速设置按钮进行快速设置。

6.4.3 段落的设置

段落设置是以段落为单位,设置段落的格式以及正文排列和体裁。段落设置得好,可以体现一个文档编排的良好风格。

1. 段落的格式

段落格式通常包括段落的左右缩进大小、首行格式、行距、段前段后的间距、对齐方式和制表位。正文排列主要是指强制分页的条件。体裁则规定了段落中换行符(即软回车)的条件以及字体间距调整和对齐方式等。

1) 左右缩进

前面已经讨论过,在页面设置完成后,每页的版心就确定了。但是,这并没有限制正文段落的宽度。版心的宽度只是给定了段落的默认宽度。当需要缩小段落的宽度时,左右缩进值应该大于零;当需要增大段落的宽度时,左右缩进值应该小于零。左右缩进值可以精确到毫米。

2) 首行格式

在文档中,经常会碰到首行的格式与其他行不同的情况,如首行缩进而其余行不缩进,首行不缩进而其余行悬挂缩进等。首行缩进的格式正好符合中文文章的书写要求,只是此时缩进的大小是以厘米或者毫米来度量的,而不是以缩进字符的个数来计算。根据段落中字体的大小,可以确定出缩进两个中文字符的数值。悬挂缩进格式常用于并列举出若干条款、项目等。该样式要求其余行左端对齐,并均比首行缩进若干数值,因此,悬挂缩进的值实际上是相对于首行而言的,而不是相对于页面的左边界。

3) 行距

行距给出了段落中一行文字所占的高度。行高的单位通常用"磅"表示,也可以用厘米(或者毫米)为单位。行高可以是根据段落中字体的大小来自动调整的,如单倍行距、1.5 倍行距、2 倍行距、多倍行距等;也可以是一个固定高度;甚至是一个最小高度值。单倍行距到多倍行距不需要用户知道段落中字符所占的实际行高,而完全交给 Word 系统来确定。在多倍行距中,倍数可以是大于 1,也可以是小于 1 的任意一个正数。固定高度有时会因个别字符所占的高度过大,而削掉了字符超出的部分。设置最小高度值则可以避免这类问题。当个别字符所占的高度超过该最小行高时,Word 会自动增大行距,以满足需要。设置行高为最小高度的好处在于段落中每一行的高度都是一定的,即使是小号字符所在的行,除非其中个别字符占据的高度超过该行高时。设置多倍行距会在字号混排时出现行高不等的效果。

4) 段前段后的间距

段前段后的间距主要是用来设置段落之间的空行问题。这样做的好处在于,当一个段前空出若干磅的段落出现在一页的起始位置时,按照排版的规矩,段前间距应该取消而不再需要,此时,Word 就会自动调整,使该段落的首行文本直接处于该页的起始位置,而段前的间距则被隐藏起来。当然,当一个段后空出若干磅的段落出现在一页的末尾位置时,Word 2013 也会自动调整,即使本页中剩余的地方不足以放下段后间距,也不会将其转到下一页。这些都是真正的空行所不能实现的。

5) 对齐方式

在 Word 中提供的对齐方式有左对齐、居中、右对齐、两端对齐和分布五种。其中,分布对齐方式有着特殊的用途,分布对齐方式不仅可以使文本两端对齐,而且当文本的内容不足一行时,可以自动拉开字符间距,使文本内容在该行中均匀分布。当表格的某栏各行需要左端和右端均对齐时,就可以让该栏的各行呈分布对齐,在不用空格的情况下就可满足要求。

6) 制表位

由于段落对齐方式的存在,字符之间的空格不再等宽,使得靠空格不能实现严格的对齐。制表位正是 Word 提供的用于段中对齐的工具,用来弥补空格对齐的不足。通常,在没有设置制表位时,按一下制表键(Tab),则 Word 根据默认制表位,计算从版心的左边界到离当前光标最近的默认制表位的整数倍的位置,并将光标定位到该处。例如默认制表位等于 0.75cm,当前光标所在位置为 7.75cm,则在当前光标处按一下 Tab 键,光标就会挪到 8.25cm 处。然而,有时对齐的位置并不一定是默认制表位的整数倍,此时就需要设置制表位。制表位的设置包括制表位的位置、制表位的对齐方式和制表位的前导字符三个方面的设置。制表位的对齐方式主要包括左对齐、居中对齐、右对齐和小数点对齐四种,各对齐方式的作用和效果如表 6.2 所示。制表位的前导字符包括无前导字符、点线前导、虚线前导和直线前导四种。有了制表位后,只要按一下 Tab 键,光标就会从当前位置直接移到制表位,根据是否有前导字符,决定前后两个位置之间是空白还是给出相应的前导字符。有了制表位,诸如目录之类的编排就显得很容易了。

表 6.2 制表位的主要对齐方式及其作用

对齐方式	对 齐 效 果
左对齐	从制表位开始输入的字符,以制表位为起点向右边扩展
居中对齐	从制表位开始输入的字符,以制表位为中点向两边对称扩展
右对齐	从制表位开始输入的字符,以制表位为起点向左边扩展
小数点对齐	从制表位开始输入的数值,以小数点置于制表位处,整数部分向左边扩展,小数部分向右边扩展

7) 正文排列

对于文档中的某些特殊段落,要求有特殊的排列的方式。例如,每一章的标题应该从新的一页开始,每一节的标题不应该出现在一页的最后一行,有些段落不希望分成前后两页,有些段落希望与下一段落放在同一页上,等等。

正文排列正是对段落的分页作出规定，它包括孤行控制、段中不分页、与下段同页和段前分页四种选项。

（1）孤行控制是指禁止段落的首行出现在某一页的最后一行和段落的最后一行出现在页首；

（2）段中不分页是指禁止在段落内使用分页符，使该段落在任何时候都不会跨页；

（3）与下段同页是指禁止在该段及其下一段之间使用分页符，使该段与下一段始终在同一页中；

（4）段前分页是指在段落前插入一个硬分页符，使该段总在一页的开始。

8）体裁

体裁规定了段落中自动换行的条件和格式，以及如何自动调整字体间距与一行文字的垂直对齐方式。在 Word 中，一般选择自动换行，若行尾遇到标点可以令其溢出，但同时应该注意避头尾字符。头尾字符包括后置标点和前置标点。后置标点可以放在行尾并溢出，但不可以放在行首；前置标点可以放在行首，但不可以放在行尾。默认的避头尾字符中，后置标点包括半角符号！），．：；？］｝和全角符号、。·ˉˇ¨〃々—～‖…’”〕〉》」』〗】：!"´),.：;?]`|}等，前置标点包括半角符号（［｛和全角符号·‘“〔〈《「『〖【(.[{等。另外，Word 提供了中、英文间自动调整间距和中文、数字间自动调整间距两种功能。选中这两项，Word 将根据需要，自动调整中文与英文、中文与数字的间距。但是，建议大家最好不使用这两项自动功能，避免出现中文与英文、中文与数字的间距过大而显得稀疏的情况。至于一行文字的垂直对齐方式，常见的有顶端对齐、中间对齐、底端对齐和基线对齐方式。推荐使用基线对齐方式。

2. 设置缩进与间距

设置缩进与间距的操作如下：

单击“开始”|“（段落）”|“段落”对话框启动器按钮（即“开始”|“（段落）”命令组右下角的“段落”对话框启动器按钮），屏幕显示“段落”对话框。在“段落”对话框中单击“缩进与间距”标签，对话框如图 6.12 所示。在“左侧”、“右侧”选项下设置左、右缩进大小，在“特殊格式”选项下设置“首行缩进”，在“行距”选项下设置行距，在“段前”、“段后”选项下设置段前段后的间距，在“对齐方式”选项下设置对齐方式等。

3. 设置换行和分页

设置换行和分页的操作如下：

在“段落”对话框中单击“换行和分页”标签后，就可以在“分页”选项下选择“孤行控制”“段中不分页”“与下段同页”“段前分页”复选框中的一个或者多个。

4. 中文版式设置

在“段落”对话框中单击“中文版式”标签后，就可以在“换行”选项下，选中“按中文习惯控制首尾字符”“允许标点溢出边界”复选框；在“字符间距”选项下，选中“自动调整中文与数字的间距”“自动调整中文与西文的间距”。在“文本对齐方式”选项下，选择合适的对齐方式。

对于一些常用的段落格式，还可以利用鼠标以及“开始”选项卡控件“段落”组中的段落设置按钮进行快速设置，例如：

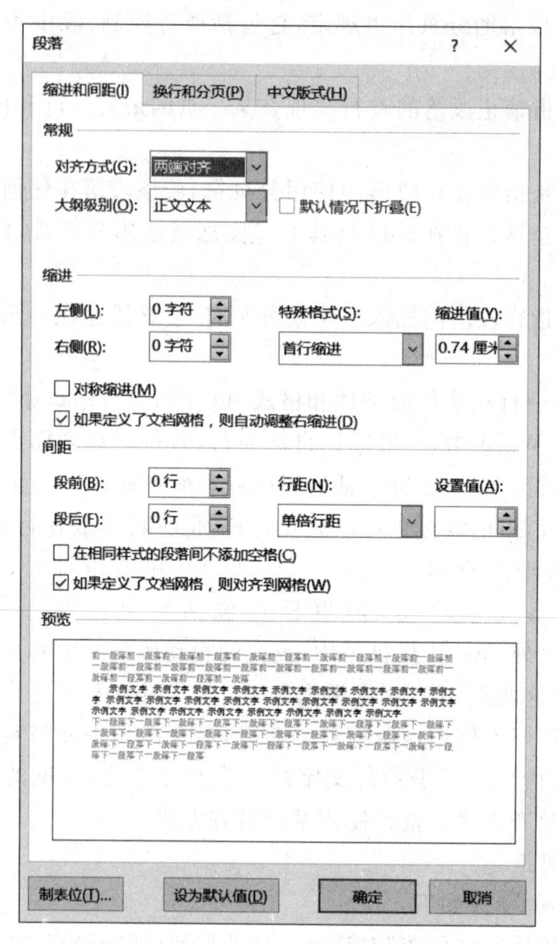

图 6.12　设置缩进和间距对话框

（1）当需要设置选定段落的缩进格式时，可以利用水平标尺上的四个缩进标记，即首行缩进标记、悬挂式缩进标记、左缩进标记和右缩进标记。首行缩进标记控制着段落的第一行的第一个字符所在的位置；悬挂式缩进标记控制着段落的第二行以后的各行的第一个字符所在的位置；首行缩进标记和悬挂式缩进标记一起控制着段落的左边距左页边界的距离，形成左缩进标记；右缩进标记控制着段落的右边距右页边界的距离。根据所要设置的段落的缩进格式，用鼠标指向相应的缩进标记，并拖动鼠标到指定位置即可。

（2）当需要设置选定段落的对齐方式时，可以单击"开始"|"（段落）居中"按钮，或单击"开始"|"（段落）右对齐"按钮，或单击"开始"|"（段落）两端对齐"按钮等快速完成。

6.4.4　页眉与页脚的设置

前面在版面的设置时已经讨论了对页眉/页脚的几种要求。要具体设置页眉/页脚，首先需要从编辑正文状态切换到编辑页眉/页脚的状态。

单击"插入"|"（页眉和页脚）页眉"|"编辑页眉"或单击"插入"|"（页眉和页脚）页脚"|"编辑页脚"命令，功能区将显示"页眉和页脚工具设计"选项卡和命令，如图 6.13(a)或

(b)所示。此时,正文编辑区内的文字变成灰色,而页眉或页脚编辑区的文字则变成黑色,而在编辑正文区状态下,正文编辑区内的文字是黑色的,而页眉/页脚编辑区的文字是灰色的,这就说明已经从编辑正文区的状态切换到了编辑页眉/页脚编辑区的状态。

页眉和/页脚的编排与正文的编排类似,同样涉及字体的设置和段落的设置,有时为了美观,还要加框和底纹等,这里不再赘述。下面主要针对页眉/页脚设置的特殊之处展开讨论。

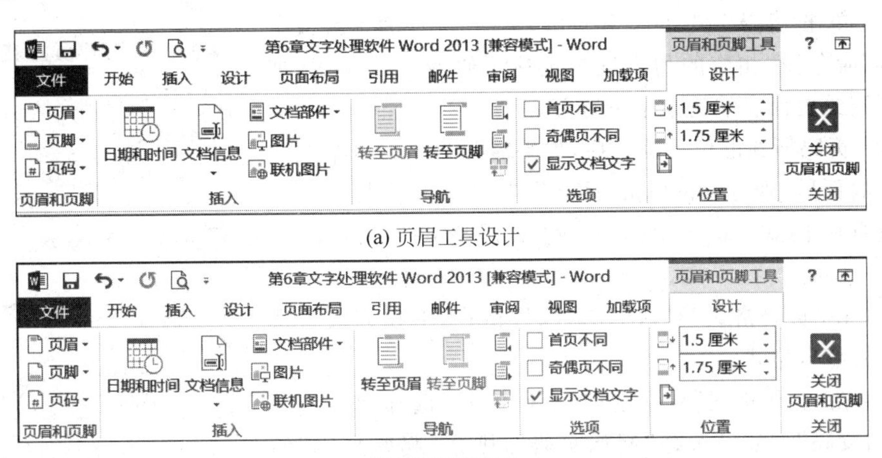

(a) 页眉工具设计

(b) 页脚工具设计

图 6.13　页眉和页脚工具设计

1. 不同页的页眉/页脚的设置

根据版面设置的不同,各页对页眉/页脚的要求也不同。前面已经将其归纳为四种主要的版面类型,下面分别介绍。

(1) 当版面设置为各页的页眉/页脚均相同时,只需编排某一页的页眉/页脚,其余页的页眉/页脚随之而定。

(2) 当版面设置为首页不同,其余各页的页眉/页脚均相同时,先单独编排首页的页眉/页脚,并任意选择其余页中的某一页编排其页眉/页脚,除首页以外的其余页的页眉/页脚随之而定。

(3) 当版面设置为奇偶页的页眉/页脚不同时,先编排某一个奇数页的页眉/页脚,其余奇数页的页眉/页脚随之而定。然后编排某一个偶数页的页眉/页脚,其余偶数页的页眉/页脚随之而定。

(4) 当版面设置为首页不同,且其余奇偶页的页眉/页脚也不同时,先单独编排首页的页眉/页脚,然后编排某一个奇数页的页眉/页脚,其余奇数页的页眉/页脚随之而定。最后编排某一个偶数页的页眉/页脚,其余偶数页的页眉/页脚随之而定。

2. 页码的设置

页眉/页脚设置中的重要一项是页码的设置。对于页码本身的格式,可以按照字体设置和段落设置的步骤进行修改和调整。而对于页码的编号方式,则需要进入页码对话框进行设置。页码的编号方式包括页码编排和页码格式两个方面。

(1) 页码编排用来给定页码的起始编号。对不分节的文档,一般选择给定起始页码的方式，该起始页码可以是0～32 767的任意数。而对于分了节的文档，最明智的选择是页码续前节编号。这样，不管前一节的页码编到多少号，本节的页码都会继续编号。

(2) 页码格式规定的是页码的书写形式，如阿拉伯数字1,2,3,…，小写英文字母a,b,c,…，大写罗马数字I,II,III,…，中文数字一、二、三、……等形式。通常，正文中的页码用阿拉伯数字的形式(1,2,3,…)，目录中的页码用小写罗马数字的形式(i,ii,iii,iv,…)。

设置页码的操作如下：

(1) 单击“插入”|“(页眉和页脚)页码”|“页面顶端或页面底端”命令，在相应的列表框中选择页码所在的位置，如页面顶端或页面底端的某个位置等。

(2) 页码所在的位置确定后，如果需要改变编号格式或起始页的页号，则可以再单击“插入”|“(页眉和页脚)页码”|“设置页码格式”命令，屏幕显示“页码格式”对话框，如图6.14所示。

(3) 在“页码格式”对话框的“编号格式”下拉列表中选择合适的编号格式。

(4) 在“页码格式”对话框的“页码编号”选择“续前节”或“起始页码”。如果选择“起始页码”，则在“起始页码”的输入框中输入起始页号。最后单击“确定”按钮。

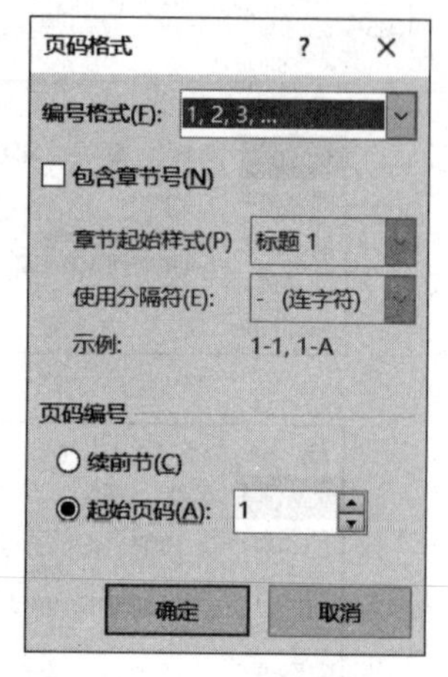

图6.14 “页码格式”对话框

6.4.5 多栏的设置

前面讨论的均是单栏的文档。在日常生活中，常见到多栏的排版格式，如报纸、杂志等。在Word 2013中，同样可以实现多栏，甚至是不等宽分栏的复杂版面。

多栏设置涉及栏数n、栏宽和栏与栏之间的间距等三个参数的设置。这三个参数之间的关系如下：

各栏等宽且等间距时：栏宽×栏数n+间距×(栏数$n-1$)=版心宽度；

各栏不等宽但等间距时：栏宽1+栏宽2+…+栏宽n+间距×(栏数$n-1$)=版心宽度。

因此，在设置多栏时必须兼顾三个参数之间的关系。值得一提的是，Word 2013已经考虑了这个问题，并为用户提供了几种预设的分栏格式，如各栏等宽的1栏、2栏和3栏格式，不等栏宽的左、右格式等。根据选定的预设格式，Word 2013会自动调整上述三个参数，来满足上述关系式。

分栏的具体操作如下(以下段落分成了两栏)：

单击“页面布局(页面设置)分栏|更多分栏”命令，显示“分栏”对话框如图6.15所示。可以在“预设”选项下选择希望的分栏格式，也可以在“栏数”选项下输入所分的栏数，则Word 2013自动给出了各栏的栏宽和间距。如果需要，还可以在“宽度和间距”选项下调整各栏的栏宽和间距。

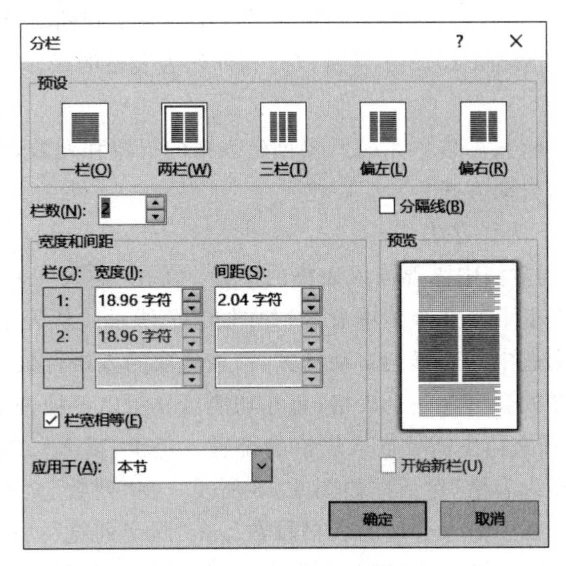

图 6.15 "分栏"对话框

6.4.6 首字下沉

首字下沉是 Word 为文字排版提供的一种功能。具体操作如下(以下段落使用了首字下沉):

将鼠标定位在段落中的第一个字符前(非空格)。单击"插入|(文本)首字下沉|首字下沉选项"命令,即显示"首字下沉"对话框,如图 6.16 所示。在该对话框的位置列表中选择"无"或"下沉"或"悬挂",在"字体"下拉列表中选择首字的字体,在"下沉"输入框中输入下沉的行数,在"距正文"输入框中输入合适的距离。

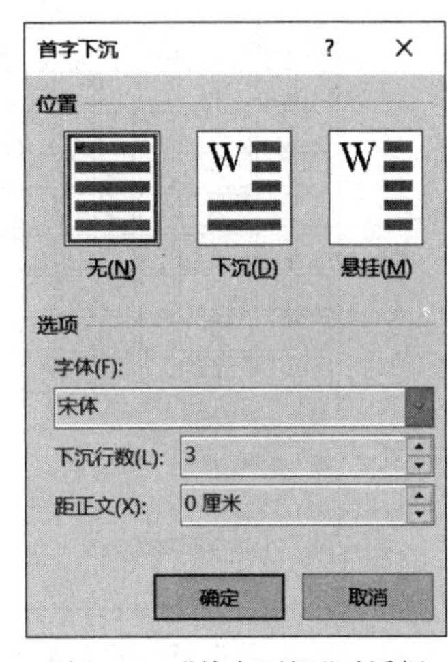

图 6.16 "首字下沉"对话框

下沉的首字实际上为图文框所包围,可调整它的大小和位置,双击图文框还可以对选定首字的环绕方式等进行具体设置。

6.5 表 格

表格是文档中经常要遇到而又十分必要的处理对象,Word 2013 提供了强大的表格处理功能。

6.5.1 创建表格

一个表格通常是由若干单元格组成的。一个单元格就是一个方框,它是表格的基本单元。处于同一水平位置的单元格即构成了表格的一行,而处于同一垂直位置的单元格则组成了表格的一列。这样，当表格中的所有单元格均完全相同时，就可以用×行×列来描述了。为了方便，在 Word 2013 中常常以行和列作为表格的操作对象。

1. 创建新表格

创建一个新的表格，只需告诉系统所要创建表格的行数和列数，至于表格每一行的高度，Word 2013 默认为自动方式。

创建新表格有以下两种方法：

(1) 将光标定位到文档中需要插入表格的位置。单击"插入|(表格)表格"命令，将显示一个下拉的表框，表框下有五个菜单命令，如图 6.17 所示。从表框的左上角开始向右下角方向拖动鼠标，则选中的表框会自动增大，当被选取的表格行数和列数符合要求时松开鼠标，则在光标所在处会出现一个表格，且在功能区显示出各种表格样式供选择。

(2) 将光标定位到文档中需要插入表格的位置。单击"插入"|"(表格)表格"|"插入表格"命令，将显示"插入表格"对话框如图 6.18 所示。在"列数"文本框中输入合适的表格列数，在"行数"文本框中输入合适的表格行数。在"固定列宽"列表框中显示着"自动"字样，表示表格的列宽按自动方式确定，如果想人工设置列宽，可以在"固定列宽"文本框中输入希望的列宽值。最后单击"确定"按钮，在光标所在处会出现所创建的表格，且在功能区显示出各种表格样式供选择。

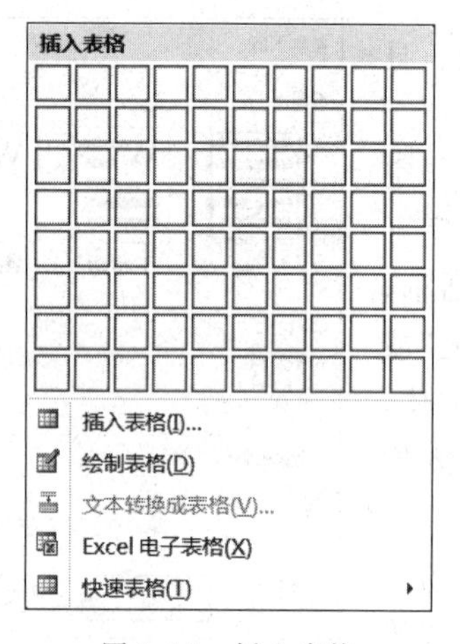

图 6.17 插入表格

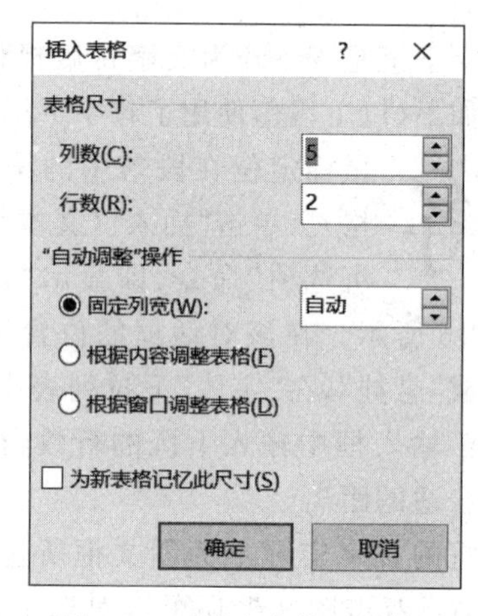

图 6.18 "插入表格"对话框

2. 由文本创建表格

由文本也可以创建表格，只是对转换成表格的文本有一定的要求，具体要求如下：

(1) 文本中必须有文本分隔符。在将文本转换成表格的过程中，Word 能识别的文本分隔符有段落符(或称硬回车)、制表符、半角逗号、半角空格或者其他可以从键盘上输入的半角字符。

(2) 文本中最好不要有分页符、分栏符，因为 Word 一般忽略掉这些分页符、分栏符，而不会将其作为段落符看待。

(3) 每一段文本中的文本分隔符个数最好一样多。因为由文本转换成表格的过程中，Word 能识别具有最多文本分隔符的段落，并自动以(最多的文本分隔符个数＋1)作为所生成表格的列数。如果各个段落中的文本分隔数不一样多，就有可能出现生成的表格不尽如人意的情况。

由文本创建表格的具体方法如下：

首先选定需要转换成表格的文本。然后单击“插入”|“(表格)表格”|“文本转换成表格”命令，将显示“将文字转换成表格”对话框如图 6.19 所示。在“列数”文本框中输入合适的表格列数，在“行数”文本框自动填入了一个行数(这是由文本的行数决定的，不能修改)。在“固定列宽”列表框中显示着“自动”字样，表示表格的列宽按自动方式确定，如果想人工设置列宽，可以在“固定列宽”文本框中输入希望的列宽值。在“文字分隔位置”中自动选择了文本中所使用的分隔符，或者可以选中“其他字符”，在其输入框中输入其他字符。最后单击“确定”按钮，则将选定的文本转换成相应的表格，且在功能区显示出各种表格样式供选择。

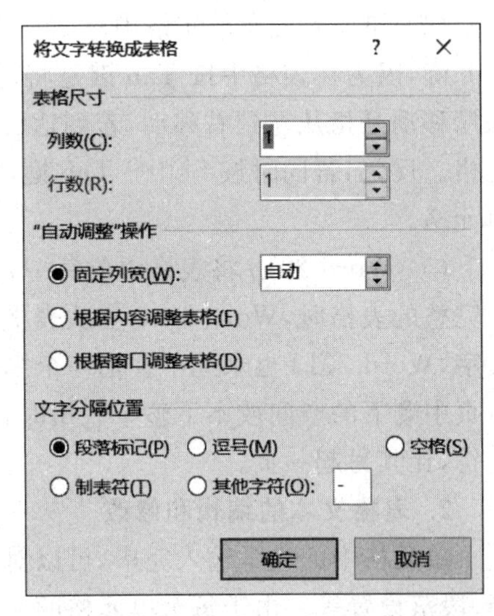

图 6.19 “将文字转换成表格”对话框

在图 6.17 所示表框下的菜单中还给出了另三种创建表格的方式：

选中“绘制表格”命令后，鼠标指针移到文档编辑区后变成一支笔，从左上角移向右下角形成一个矩形框，然后就可以在矩形框中画横线和竖线形成表格。最后可以在功能区选择合适的表格样式。

选中“快速表格”命令后，系统将列出内置的一些常用的表格样式供选择。

选中“Excel 电子表格”命令后，系统将生成一个 Excel 电子表格。

6.5.2 编辑表格

无论创建的是一个空表格，还是由文本创建的一个已经填充了内容的表格，都会涉及表格的填充问题。表格的填充过程就是在表格的每一个单元格中输入有关的文本，并对其进行编辑和修改的过程。

1. 表格文本的输入

往表格的单元格中输入文本与在文档的正文中输入文本基本一样。但要注意以下几个问题：

(1) 表格的输入是以单元格为单位的，各单元格之间相互独立，互不干扰。

(2) 当光标位于表格中时，水平标尺会发生变化，由原来的两个左右页边界标记和四个段落缩进标记(即首行缩进标记、悬挂式缩进标记、左缩进标记和右缩进标记)变成了两个左右页边界标记、光标所在行的每个单元格的列边界标记以及光标所在单元格的四个段落缩进标记。这样，更有利于对每个单元格进行文本输入和编辑。

当光标位于表格中时，垂直标尺也会发生变化，由原来的两个上下页边界标记变成了两个上下页边界标记和表格每行的行边界标记。

(3) 当文本回绕时,若超出了单元格的行高,则单元格会自动增加高度,以保证输入的文本均容于本单元格中。此时与该单元格处于同一行的其他单元的行高也会相应增高。反之,当单元格中的文本被删除时,Word 2013 会根据需要自动减低该单元格所在行的行高。

(4) 如果需要在单元格中输入一个制表符,不能只按 Tab 键,而应该同时按 Ctrl+Tab 键,因为在表格中按 Tab 键是将光标从当前所在的单元格顺序移到下一个单元格。顺序移动是指从左到右移动,若到达一行的最后一个单元格,则将移到下一行的第一个单元格。反之,若同时按 Shift+Tab 键,则是将光标从当前所在的单元格反序移到上一个单元格。

(5) Word 2013 将表格中的每一行看成是一个独立的段落,因此当一页中放不下一个完整的表格时,Word 2013 会从表格中间分页。但是,无论表格中的单元格里有多少行文字,Word 2013 也永远不会把一个单元格分割开,而总是把它放在一页中。所以,如果一页中剩下的空间放不下整个表格时,Word 2013 会自动在该表格的某一行前插入软分页符,让其另起一页。

2. 表格文本的编辑和修改

单元格中的文本输入完毕,可以对每个单元格中的文本进行独立的编辑,包括字体选择、段落设置等。由于每个单元格的文本格式可以互不相同、互不影响,因此可以逐个对每个单元格进行格式设置,其方法与一般正文的格式设置方法相同。

6.5.3 格式化表格

表格的设置是指表格位置、行高、列宽等的设置。这些是制作表格必不可少的操作。

1. 表格位置的设置

表格在文档中的位置是可以调整的。它包括两个方面,即左缩进值的设置和表格对齐方式的设置。

左缩进值是表格的左边界参考位置。该值是相对于页面版心的左边界而设定的。当左缩进值为 0 mm 时,表示表格的左边界参考位置与页面版心的左边界重叠;当左缩进值为正的×mm 值时,表示表格的左边界参考位置位于页面版心的左边界的右边×mm 处;当左缩进值为负的×mm 值时,表示表格的左边界参考位置位于页面版心的左边界的左边×mm 处。

表格的对齐方式是指表格相对于表格的左边界参考位置和页面版心的右边界是左对齐、居中或者右对齐。当表格左对齐时,表示表格的左边界与表格的左边界参考位置重叠;当表格居中时,表示表格相对于表格的左边界参考位置和页面版心的右边界居中;当表格右对齐时,表示表格的右边界与页面版心的右边界重叠。

左缩进值可以采用下列三种方法之一来设置:

(1) 将鼠标指针指向整个表格的左边界,当鼠标指针变为中间夹着两条竖线的水平方向的双向箭头时,拖动鼠标往左或者往右移动。

(2) 将光标定位到表格中的任意位置,然后将鼠标指针指向水平标尺上的表格第一列的列边界标记,当鼠标指针变为水平方向的双向箭头时,拖动鼠标往左或者往右移动。

(3) 右击表格中的任意位置，将显示一个快捷菜单，在快捷菜单中选择“表格属性”命令，进入“表格属性”对话框，并激活“表格”标签(如图 6.20 所示)，直接在“左缩进”选项的文本框中输入左缩进值即可。

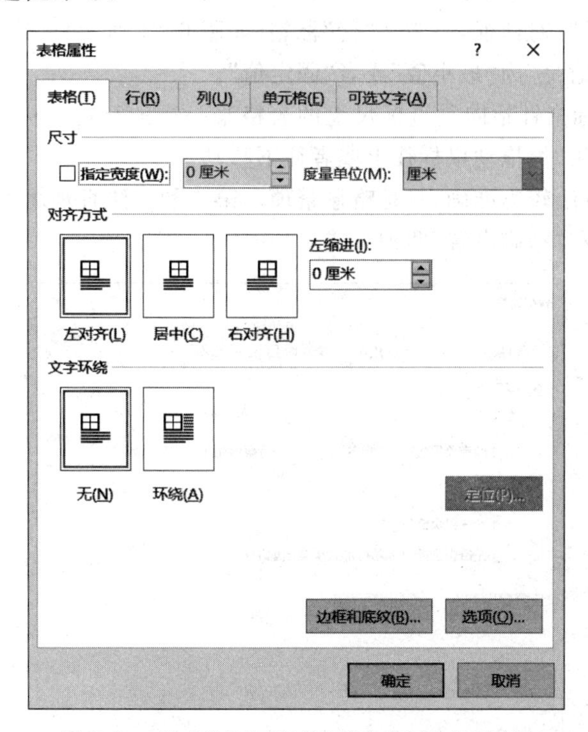

图 6.20　选中“表格”标签的“表格属性”对话框

在上述三种方法中，前两种方法比较直观简单，但是不够精确；第三种方法较为准确，只是略显繁琐。

表格的对齐方式只能用第三种方法来完成。右击表格中的任意位置，将显示一个快捷菜单，在快捷菜单中选择“表格属性”命令，进入“表格属性”对话框，并激活“表格”标签(如图 6.20 所示)，在“对齐方式”选项下选中“左对齐”、“居中”或者“右对齐”之一的复选框。

2. 表格行高的设置

创建表格时，Word 2013 将表格的每一行的行高设置成自动，目的在于当往表格中填充文本时，表格的行高会自动根据文本的增加而增高。如果需要明确规定表格的行高，就涉及行高的设置问题。

需要说明的是，表格的行高有两种形式，即最小值或者精确设置。它们的区别如下：

当表格的行高为“最小值”时，如果该行任意一列中的文本高度未超过此最小高度，则表格该行的行高固定为此最小值；只要该行中有一列中的文本高度超过此最小值，Word 2013 就会自动增加该行的高度，以保证与其中的文本高度一致。

当表格的行高为“精确设置”时，则该行始终保持这一固定高度。如果该行的文本高度超过该精确设置值，则超过部分的文本将被截掉。

表格行高可以采用下列两种方法之一来设置：

(1) 光标定位到表格中需要设置行高的那一行的任意位置，或者选定表格的一行或者若干行。右击表格中的任意位置，将显示一个快捷菜单，在快捷菜单中选择“表格属性”命令，进入“表格属性”对话框，并激活“行”标签(如图 6.21 所示)。选中“指定高度”，然后输入行高值，“行高值是”为“最小值”或者“固定值”。

(2) 直接将鼠标指针指向垂直标尺上的表格某一行的行边界标记，当鼠标指针变为垂直方向的双向箭头时，拖动鼠标往上或者往下移动。

显然，第一种方法较为准确，只是略显繁琐。第二种方法直观简单，但是不够精确，且不能设置“最小值”和“精确设置”两种方式。

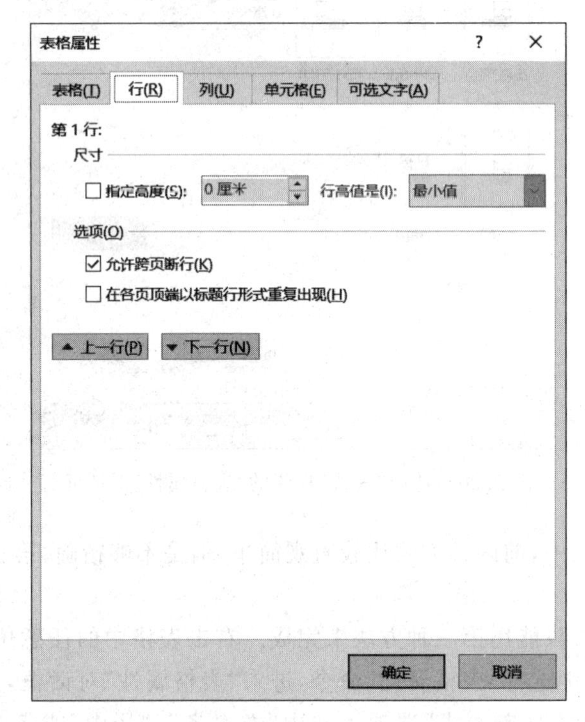

图 6.21 选中“行”标签的“表格属性”对话框

3. 表格列宽的设置

设置表格列宽，需要首先将光标定位到表格中的需要设置列宽的那一列的任意位置，或者选定表格中的若干单元格。然后，采用以下三种方法之一设置所选列的列宽：

(1) 进入“表格属性”对话框，并激活“列”标签(如图 6.22 所示)，选中“指定宽度”，并输入具体的列宽值。

(2) 将鼠标指针指向表格选定栏的左边界(或右边界)，当鼠标指针变为中间夹着两条竖线的水平方向的双向箭头时，拖动鼠标往左或往右移动。

(3) 将鼠标指针指向水平标尺上的表格选定栏的左列边界标记(或右列边界标记)，当鼠标指针变为水平方向的双向箭头时，拖动鼠标往左或者往右移动。

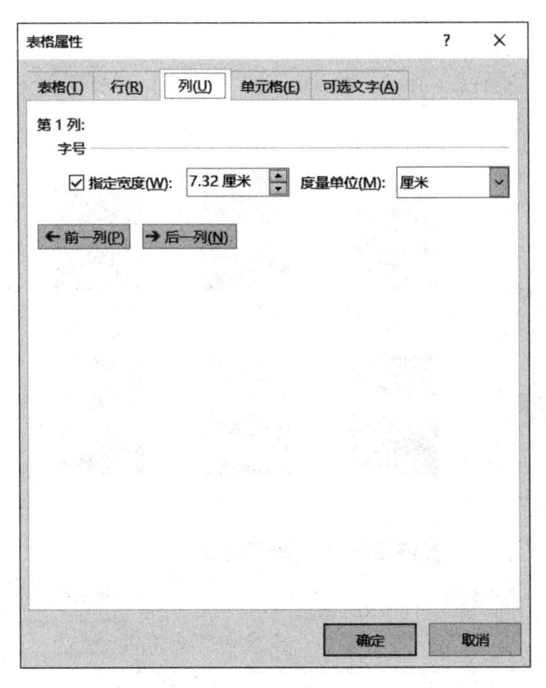

图 6.22　选中“列”标签的“表格属性”对话框

6.6　图形与表达式

一般的文档都免不了要插入图形、表达式等对象。图形可以使文档形象生动、易于理解，并达到美化版面的效果。

6.6.1　图形的插入与编辑

1. 在文档中插入图片

在文档中插入图片的操作如下：

首先将光标移到需要插入图片的位置。然后选择“插入”|“(插图)图片”命令，显示“插入图片”对话框如图 6.23 所示。通过这个对话框就可以从系统的图库中选择需要插入的图片。也可以直接在对话框下方的“文件名”输入框中输入需要插入图片的文件名。最后单击“插入”按钮。

同样地，可以在文档中插入剪贴画、线条、箭头、图表、流程图、屏幕截图等。

2. 图形的编辑修改

首先选中图片，功能区将增加一个“图片工具格式”选项卡。单击该选项卡，功能区显示“图片工具格式”命令组，利用这些命令可以对图片进行编辑修改。

对于文档中一般的图形也可以通过“画图”应用程进行编辑修改。具体操作如下：

将文档中的图形“复制”到剪贴板中。打开“画图”应用程序窗口，将剪贴板中的图形“粘贴”到“画图”窗口的绘图区，对图形进行编辑修改。编辑修改完成后，利用“画图”窗口

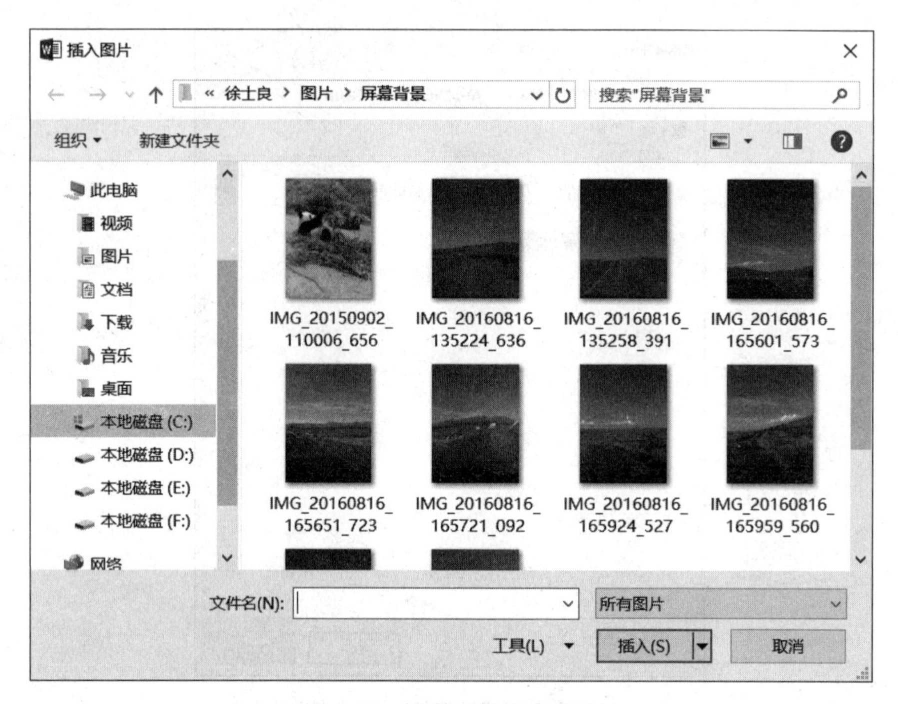

图 6.23 “插入图片”对话框

中的“选择”操作选中需要的图形区域，用“画图”窗口中的“复制”按钮，将选中的图形区域“复制”到剪贴板中。退出“画图”窗口，此时显示退出画图窗口的对话框，如图 6.24 所示，单击“不保存”按钮。

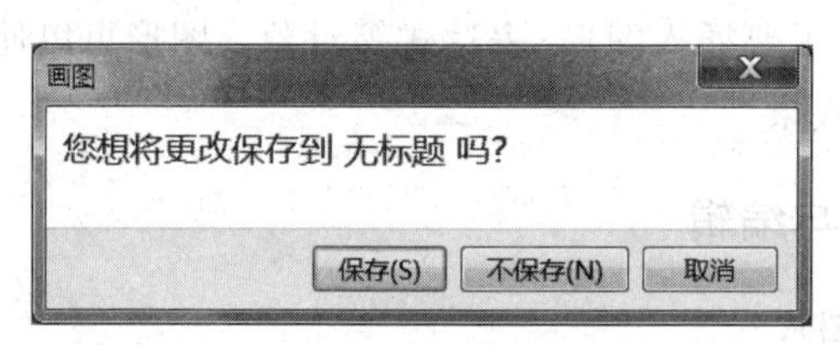

图 6.24 退出画图窗口对话框

退出“画图”窗口回到文档编辑状态后，编辑修改好的图形在剪贴板中，此时可以把它“粘贴”到文档的合适位置上。如果原来的图形不再需要了，就可以将它从文档中删除掉。

6.6.2 文本框

文本框是文档中包含图形、表格、文字等任何文本的局部文档，它打破了规则排版的局限。通过改变文本框的大小、文本框与周围文字的关系以及文本框的位置等，可将文本框固定在页面上的任何位置，甚至在页边距外，以满足复杂的版面要求。图 6.25 给出了用文本框实现的特殊版面的示意图。

为满足文档局部排版的需要，文本框应该具备下列特点：

(1) 文本框中的文本可以独立进行排版，而不会影响文档中的其他文本。

清华 TH-OCR 高性能汉英混排简/繁体印刷文本识别系统

汉字识别由于汉字数量巨大是最困难的模式识别问题,且随着汉字识别的实用化而急剧增加。本项目的主要内容是，在汉字识别的基本方案上突破原有的局限性，创造了多方案优化组合特征的综合识别方法，使汉字识别率和稳健性（适应实用中遇到的各种干扰和变化）有了突破性的进展；开创性地利用汉英双语混排识别方案，解决汉英分辨、英文粘连字母切分和多体英文识别等问题，从而解决了汉英混排印刷文本的识别；解决了灰度门限自动选择、印刷版面自动分析、表格识别等，系统自动化有明显提高；完成了 DOS/Windows 以及 UNIX 清华 OCR 版本和一系列应用系统。专家论证居国际领先地位。

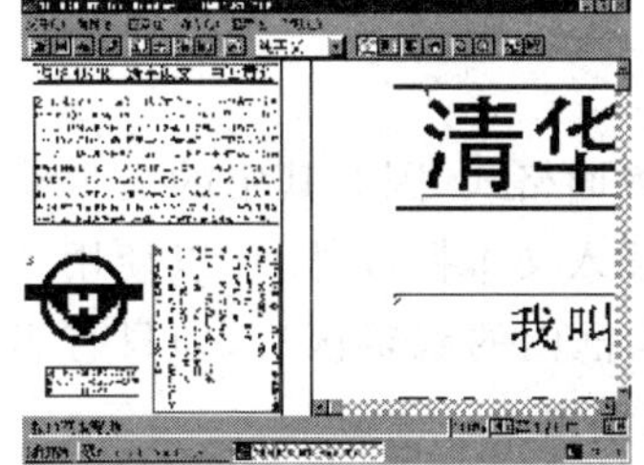

项目特点：

1、汉字英文混排同时识别。在国际上首次突破了 OCR 产品只能处理汉字或英文单一文字的局限性,用汉英双语识别实现了对汉英混排文本的同时识别。

2、汉字识别的正确率最高。经过多次的国家严格测试，总体正确率超过 98.5%,对其

图 6.25　用文本框实现特殊版面举例

(2) 文本框的大小可以自由调整,或者人工精确设置其宽度和高度,或者给定其宽度和高度的最小值而随文本框中文本的增加或减少自由调整。

(3) 文本框可以任意放置,甚至在页边距以外,因而不受页面设置的任何限制。

(4) 文本框可以被正文环绕,也可以无正文环绕,二者的选择完全取决于版面的需要。

1. 文本框的插入

插入文本框之前,最好将视图方式设置为页面视图,以便准确观察文本框的位置和大小。插入的文本框可以是空文本框,也可以是包含选定文本的文本框。

插入一个空文本框的方法如下:

(1) 选择"插入"|"(文本)文本框"|"绘制文本框"(横排)或"绘制竖排文本框"命令,此时鼠标指针变成了十字形状。

(2) 将十字形状的鼠标指针移动到需要插入文本框的起始位置,然后按下鼠标左键并拖动,此时正文区中会出现一个虚线勾画出的矩形框。当虚线矩形框的大小符合要求时,松开鼠标左键,则该矩形框变成一个单线边框的实线矩形框,如图 6.26 所示。该矩形框即为一个空文本框。

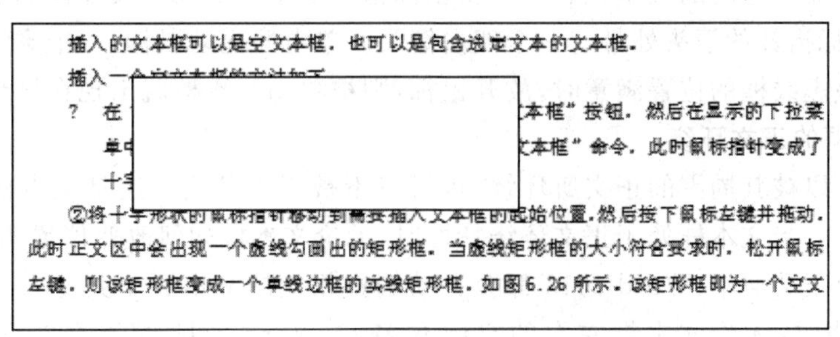
插入的文本框可以是空文本框．也可以是包含选定文本的文本框．

插入一

? 在　　文本框”按钮．然后在显示的下拉菜

单中　　文本框”命令．此时鼠标指针变成了

十字

②将十字形状的鼠标指针移动到需要插入文本框的起始位置．然后按下鼠标左键并拖动．此时正文区中会出现一个虚线勾画出的矩形框．当虚线矩形框的大小符合要求时．松开鼠标左键．则该矩形框变成一个单线边框的实线矩形框．如图 6.26 所示．该矩形框即为一个空文

图 6.26　绘制横排的空文本框

值得一提的是，在拖动鼠标的过程中，虚线矩形框中可能会包含所经过的文本，但这些文本并不会进入到这个新建的文本框中。

另外，如果希望给文本框加边框，或者想改变文本框的边框样式，则首先单击该文本框，功能区显示“绘图工具格式”选项卡。单击该选项卡，在“绘图工具格式”|“形状样式”命令组中选择合适的样式。

2. 文本框的文本编辑

文本框实际上就是一种版面格式，因此其中的文本编辑与一般文档中的文本编辑完全一样。除了不能再在其中插入文本框以外，可以使用一般文档编辑的所有方法。但必须注意，只有选中(单击)文本框内的编辑区后，即只有当文本框内的光标处于闪烁状态时，才能在文本框内进行文本编辑。

3. 文本框大小的调整

当需要重新调整文本框的大小时，可以采用下列两种方法。

(1) 利用文本框四周的八个尺寸控制点，使用鼠标拖动这些尺寸控制点，来实现文本框大小的调整。这八个尺寸控制点分别位于文本框的左上角、右上角、左下角、右下角、上边界中点、下边界中点、左边界中点和右边界中点。

首先选定需要改变大小的文本框，方法是将鼠标指向文本框四周的任意位置，直到鼠标指针的箭头处带着一个四向箭头为止。单击则文本框的四周出现阴影，且在阴影之上出现八个尺寸控制点。

然后根据需要改变的文本框的边界位置，选择合适的尺寸控制点，并将鼠标指向相应的尺寸控制点。当鼠标指针变成相应的双箭头样式时，就可以按住鼠标左键，并拖动鼠标至合适的位置。在拖动鼠标的过程中，鼠标指针呈十字(+)形状。

注意，拖动尺寸控制点只改变该尺寸控制点所控制的文本框的边界，而文本框其余的边界仍处于原来的位置。

(2) 在“布局”对话框中设置文本框的大小，包括文本框的宽度和高度。具体方法如下：

首先将鼠标指向文本框四周的任意位置，直到鼠标指针的箭头处带着一个四向箭头为止。然后右击，在显示的快捷菜单中选择“其他布局选项”命令，即进入“布局”对话框，选中“大小”标签，如图 6.27 所示。在该对话框中就可以设置所选定文本框的大小。

4. 文本框位置的移动

利用鼠标拖动文本框到新的位置。具体方法如下：

首先选定需要移动的文本框。然后将鼠标指向文本框四周除尺寸控制点以外的任意位置，此时鼠标指针的箭头处带着一个四向箭头。单击并拖动鼠标，一个虚线文本框将随之移动。当该虚线框的位置满意时，放开鼠标，则被移动文本框就出现在该新位置上。

5. 文本框的正文环绕

文本框可以被其周围的正文所环绕，也可以不被正文环绕。这是文本框可以实现复杂版面的原因。当文本框处于正文环绕特性时，无论文本框如何改变位置和大小，只要其左右可能填充正文文本，Word 2013 都会自动编排相应的文本置于其左右。当文本框处于无正文环绕时，无论文本框左右的空间有多大，Word 2013 都不会在其中填充正文文本。

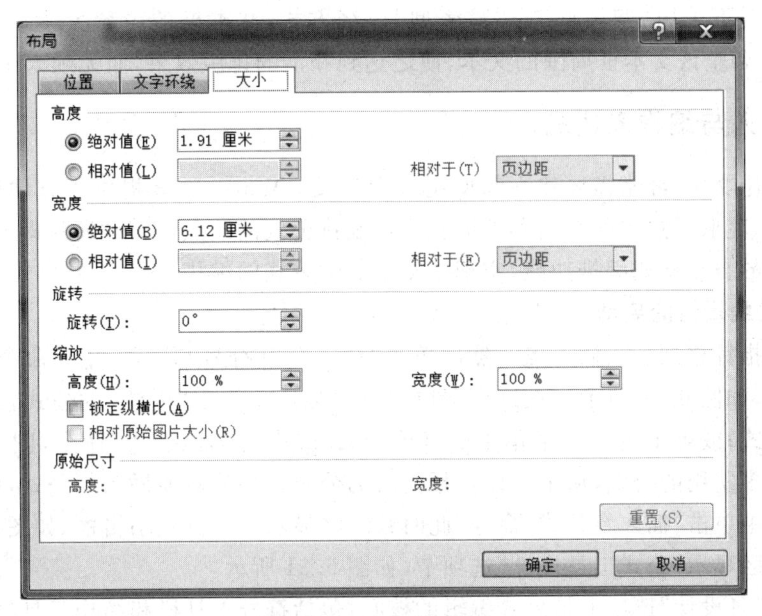

图 6.27 “布局”对话框(1)

设置文本框是否被正文环绕的方法如下(下一段落为“嵌入型”文本框,即无正文环绕):

首先将鼠标指向文本框四周的任意位置,直到鼠标指针的箭头处带着一个四向箭头为止;右击,在显示的快捷菜单中选择“其他布局选项”命令,即进入“布局”对话框;选中“文字环绕”标签,如图 6.28 所示。然后在该对话框中选择合适的文本框环绕方式。

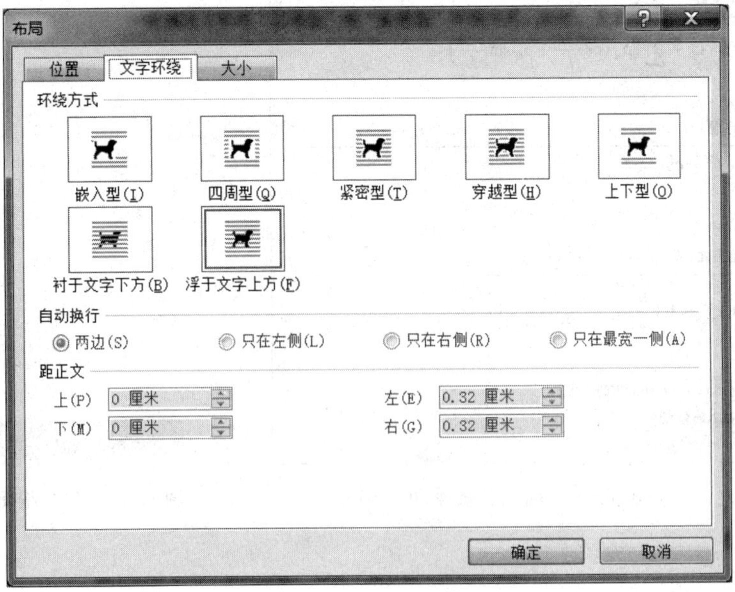

图 6.28 “布局”对话框(2)

一般情况下采用“四周型”或“紧密型”环绕方式,文本框的位置发生变化时,Word 2013 会自动调整该文本框周围的文本,使之达到和谐的排版效果,而无须人工干预。

6.6.3 插入与编辑表达式

在科技论文中,经常需要建立和使用数学公式。Word 2013 提供了方便而丰富的公式编辑功能,克服了过去的编辑器不能直观地编排公式的缺点,以其“所见即所得”的图形界面和强大的自动格式编排功能,实现了复杂数学公式的编排。

1. 公式编辑器的启动

将鼠标指针移到公式插入点。然后单击“插入”|“(符号)公式(π)”命令,即显示一个下拉菜单,如图 6.29 所示。在这个下拉菜单中显示出许多“内置”的公式,从中可以选择需要的公式;或者单击下拉菜单中的“Office.com 中的其他公式”命令,则显示系统库中存放的许多实用的公式,从中可以选择需要的公式。如果需要插入新公式,则可以在这个下拉菜单中单击“插入新公式”命令,此时系统将显示一个公式编辑框,如图 6.30 所示,并且在功能区显示“公式工具设计”选项卡,如图 6.31 所示。

“公式工具设计”选项卡是公式编辑的核心,包括符号工具栏和结构工具栏。

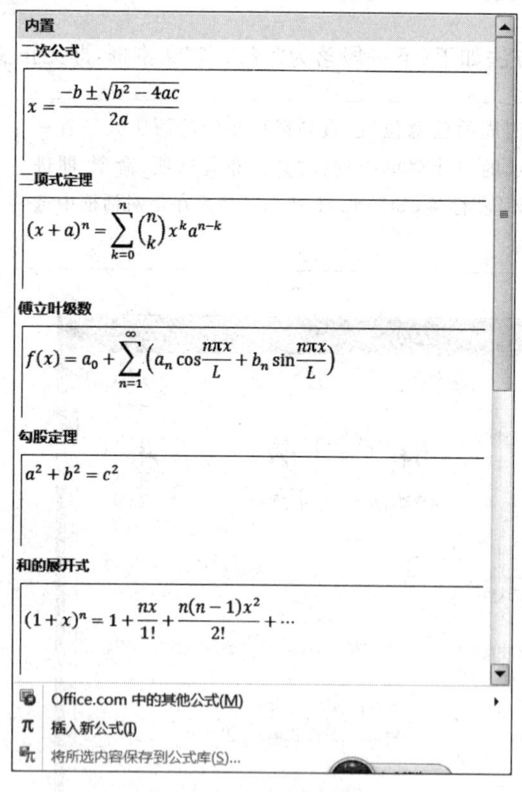

图 6.29 插入公式菜单

在此处键入公式。

图 6.30 公式编辑框

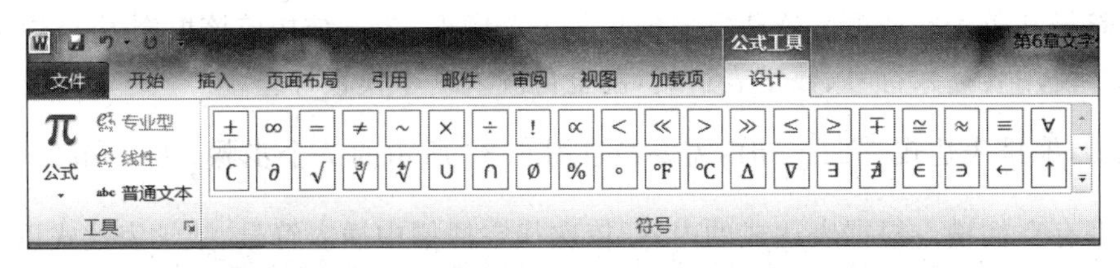

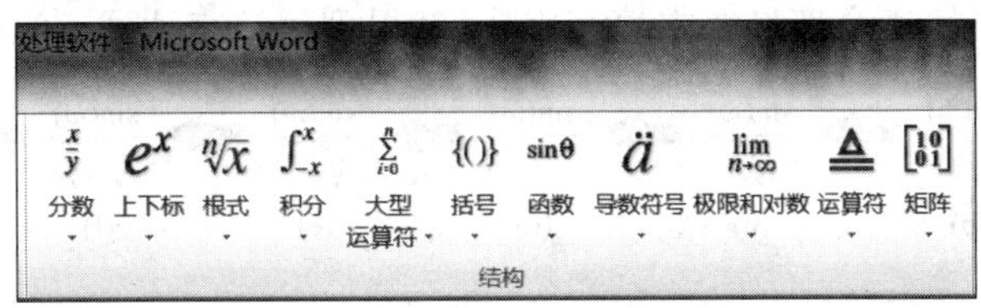

图 6.31 “公式工具设计”选项卡

2. 符号工具栏

符号工具栏提供了多种数学符号，单击符号工具栏右端下方的倒三角下拉按钮，就可以显示“基础数学”类的全部符号，如图 6.32(a)所示，可满足一般数学公式的需要。如果单击图 6.32(a)中右(或左)上角的倒三角下拉按钮，可以看到此下拉菜单中包括了八类符号。选中哪类符号，就在功能区显示这类符号。例如，现在选中“希腊字母”类符号，功能区即显示“希腊字母”类符号，如图 6.32(b)所示。

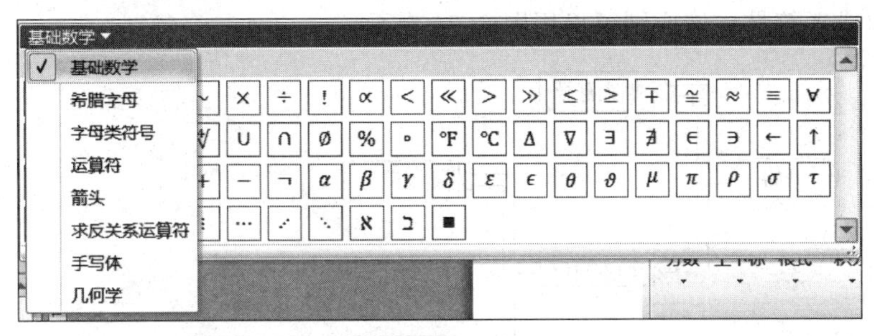

(a)“基础数学”类符号

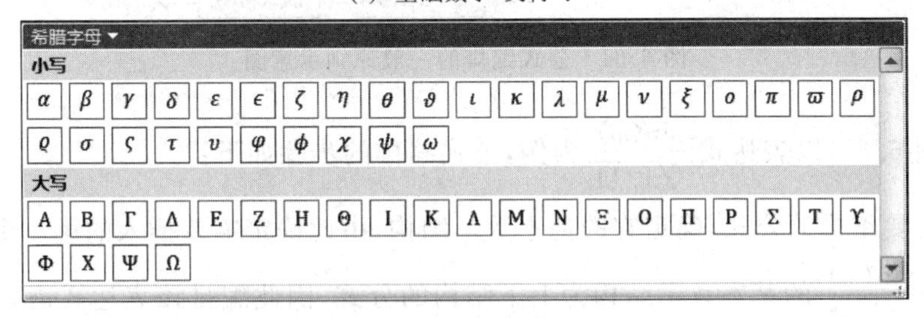

(b)“希腊字母”类符号

图 6.32 符号工具栏

3. 结构工具栏

结构工具栏提供了基本的数学表达式的结构，为数学公式的书写提供了极大的方便。插入结构的方法与插入符号的方法完全一样。

值得说明的是，插入一个结构后，就会出现相应的数学表达式的结构，包括其中必要的格式符号和若干空插槽。这些空插槽是一个个虚框，为该结构应该填充表达式的地方，用于引导使用者插入符号、数学表达式，甚至再嵌入一个模板等。

例如，编排表达式$\frac{\sin(\omega)}{\sqrt[4]{x/11}}$时，需要经过图 6.33 所示的 7 个步骤。除了最后一步外，每一步都有空插槽。根据表达式的内容，依次往空插槽中插入符号、数学表达式以及新的模板，直到所有的空插槽全部按要求填充完毕，就得到了该表达式。

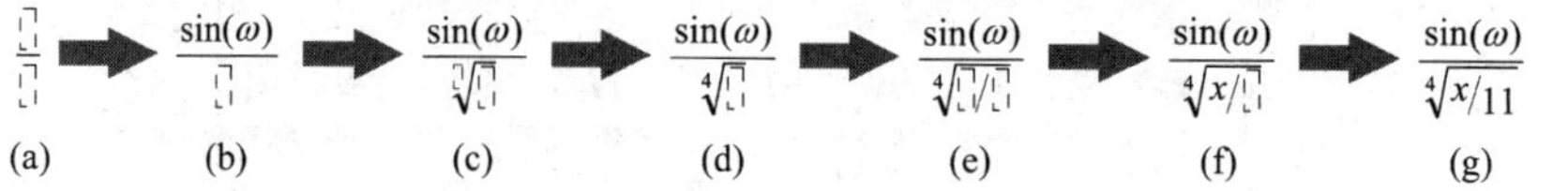

$\frac{\square}{\square}$ → $\frac{\sin(\omega)}{\square}$ → $\frac{\sin(\omega)}{\sqrt[\square]{\square}}$ → $\frac{\sin(\omega)}{\sqrt[4]{\square}}$ → $\frac{\sin(\omega)}{\sqrt[4]{\square/\square}}$ → $\frac{\sin(\omega)}{\sqrt[4]{x/\square}}$ → $\frac{\sin(\omega)}{\sqrt[4]{x/11}}$

(a) (b) (c) (d) (e) (f) (g)

图 6.33　表达式$\frac{\sin(\omega)}{\sqrt[4]{x/11}}$的书写过程

4. 公式的编排

公式的编排离不开“公式工具”选项卡。前面仅孤立地介绍了“公式工具”选项卡中的符号工具栏和结构工具栏的内容和插入方法，但并未将二者结合起来，形成编排公式的全局概念。下面将重点讨论如何使用“公式工具”选项卡编排数学公式。

1）公式编排的一般步骤

公式编排的一般原则是先插入结构，再插入符号。如果在结构中又嵌入了结构，则继续插入结构或者符号。该原则可以用图 6.34 表示。

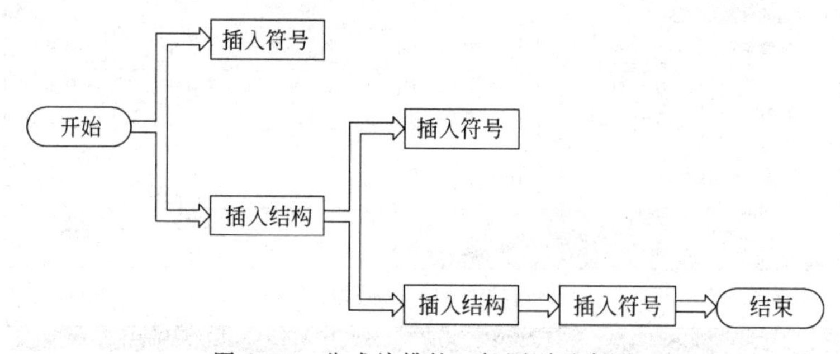

图 6.34　公式编排的一般原则示意图

参照图 6.34，以表达式$\frac{\sin(\omega)}{\sqrt[4]{x/11}}$为例，公式编排的步骤如下：

研究需要编排的公式，确定它的基本数学结构，由此确定需要插入的第一个模板。例如，表达式$\frac{\sin(\omega)}{\sqrt[4]{x/11}}$的基本数学结构为上下结构的分式，因此编排该表达式需要插入的第一个模板是分式。

在公式编辑窗口中插入需要的第一个结构。如果公式的基本结构是左右结构，则不需要插入任何结构，可以直接利用最初的公式编辑窗口中提供的一个简单的空插槽。在上例表达式$\frac{\sin(\omega)}{\sqrt[4]{x/11}}$中，需要首先插入图 6.33(a)所示的结构。

将光标定位到空插槽中，然后输入相应的表达式符号等。如果在空插槽的位置上又嵌入了数学结构，再插入相应的结构。例如，插入了图 6.33(a)所示的结构后，先在分子的空插槽中输入表达式 sin(ω)，如图 6.33(b)所示。然后将光标定位到分母的空插槽中，鉴于分母是一个根式，此时需要插入一个根式结构，如图 6.33(c)。

如果还有空插槽，则继续输入相应的表达式符号等，直到所有的空插槽全部按要求填充完毕为止。例如，在图 6.33(c)的基础上，将光标定位到分母根式的开方幂次空插槽，输入幂次 4，如图 6.33(d)所示；接着将光标定位到分母根式的开方空插槽，鉴于被开方的表达式是一个左右分式，此时需要插入一个左右分式结构，如图 6.33(e)。最后，分别在根号下的分式的分子上输入 x，在其分母上输入 11，如图 6.33(f)所示。至此，表达式 $\frac{\sin(\omega)}{\sqrt[4]{x/11}}$编排完毕。

2) 公式格式的设置

Word 2013 提供的公式编辑器，可以根据预先的公式编排规定，自动处理公式中各个部分的大小、字体和间距，用户不必为这些格式操心，只需要关心输入的公式本身。当然也可以利用“公式工具”选项卡“工具”组中的三个选项命令重新设置和修改。下面以公式 $\frac{\sin(\omega)}{\sqrt[4]{x/11}}$为例来说明。

选择“公式工具”选项卡控件“工具”组中的“专业型”命令，则公式变为$\frac{\sin(\omega)}{\sqrt[4]{x/11}}$。

选择“公式工具”选项卡控件“工具”组中的“线性”命令，则公式变为 $\sin(\omega)/\sqrt[4]{x/11}$。

选择“公式工具”选项卡控件“工具”组中的“普通文本”命令，则公式变为$\frac{\sin(\omega)}{\sqrt[4]{x/11}}$。

如果单击“公式工具设计”|“(工具)”|“公式选项”对话框启动器按钮(即“公式工具设计|(工具)”命令组右下角的“公式选项”对话框启动器按钮)，则显示“公式选项”对话框，如图 6.35 所示。在该对话框中进行相应的设置。

最后要特别说明的是，不同的公式，其格式要求也是不同的。一个具体的公式到底有哪些格式要求，一种最简单的方法是：右击该公式后显示一个快捷菜单，然后根据快捷菜单中的命令去设置。显然，不同的公式，其右击后的快捷菜单中的命令是不一样的。

6.6.4 插入符号与编号

在编辑文档过程中，除了要在文档中输入文本文字外，还需要插入图形和表达式等对象，这在前面已经介绍过。本节主要介绍如何在文档中插入键盘上没有的一些符号以及编号。

1. 插入符号

Word 2013 提供了足够丰富的符号。单击“插入”|“(符号)符号 π”命令，此时在下拉列表框中列出了一些近期使用过的符号，在其中单击某个符号后该符号就被插入到当前光标处；如果选择列表框下方的“其他符号”命令，即显示“符号”对话框，如图 6.36 所示。

在“符号”对话框中选中“符号”标签，则在符号列表框中列出了指定“字体”(从“字体”

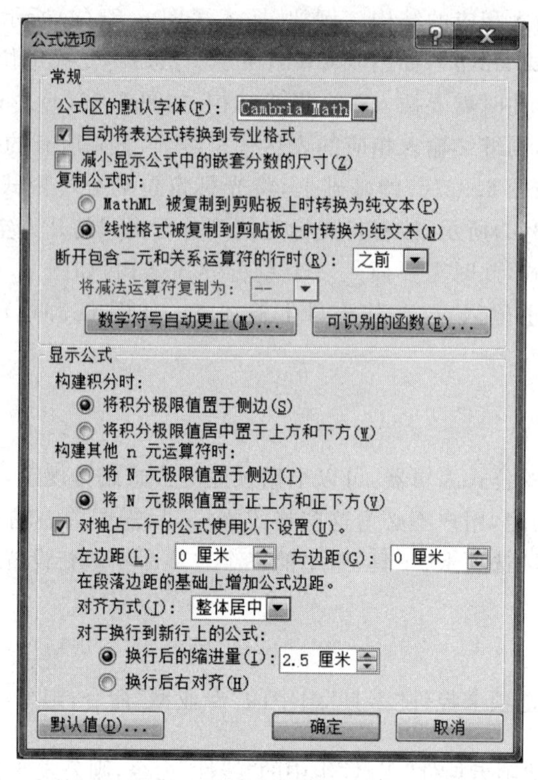

图 6.35 “公式选项”对话框

图 6.36 符号对话框(1)

下拉列表中选定)和指定“子集”(从“子集”下拉列表中选定)的各种符号,如图 6.36 所示。此时就可以从中选定(单击)需要插入的符号,单击“插入”按钮,最后单击“关闭”按钮,该符号就被插入到光标处,同时也插入到“近期使用过的符号”列表框中。

如果在“符号”对话框中选中“特殊字符”标签,则在符号列表框中列出了各种字体的符号以及对应的快捷键,如图 6.37 所示。此时就可以从中选定(单击)需要插入的符号,单击“插入”按钮,最后单击“关闭”按钮,该符号就被插入到了光标处。

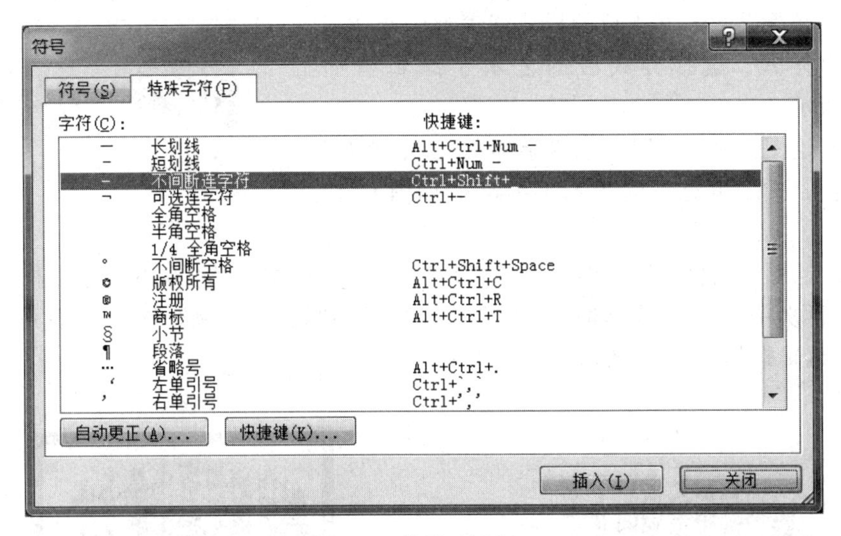

图 6.37 符号对话框(2)

2. 插入编号

Word 2013 还提供了丰富的编号符号。单击“插入”|“(符号)编号”命令,即显示“编号”对话框,如图 6.38 所示。

在“编号”对话框的“编号”输入框中输入编号的具体数字,在“编号类型”列表框中选择具体的编号类型后,单击“确定”按钮,该编号就被插入到了光标位置处。例如,在“编号”输入框中输入的数字,以及在“编号类型”中选择的类型如图 6.38 所示,则插入的编号为“iii”。

图 6.38 “编号”对话框

6.6.5 插入艺术字

在文档中插入艺术字的方法如下:

选择“插入”|“(文本)艺术字”命令,在下拉列表框中选择需要的样式,即显示图 6.39 所示的艺术字编辑框。

在其中输入需要的文字,如输入“删掉编辑框中的文字”。输入文本后的艺术字编辑框如图 6.40 所示。

图 6.39 原始艺术字编辑框

图 6.40 输入文本后的艺术字编辑框

选中编辑框，功能区显示“绘图工具”选项卡，单击该选项卡，功能区显示“绘图工具格式”选项卡，单击“绘图工具格式”|“(艺术字样式)文本效果”|“转换”命令，在下拉的样式列表框中选择一个弯曲的样式。选择样式后的艺术字编辑框如图 6.41 所示。

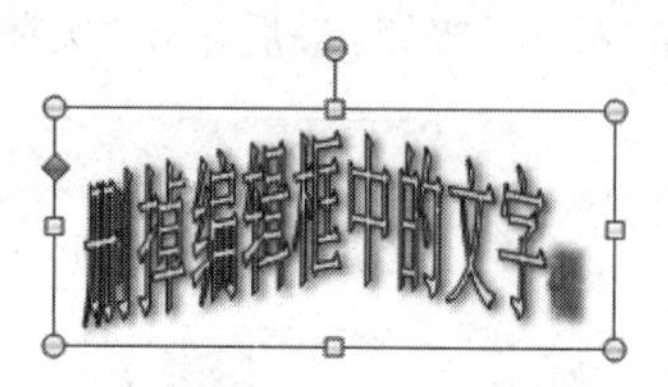

图 6.41 选择样式后的艺术字编辑框

单击“绘图工具格式”|“(艺术字样式)文本填充”|“深红色”。文本填充后的艺术字编辑框如图 6.42 所示。

选择“绘图工具格式”|“(形状样式)形状轮廓”|“粗细”命令，在下拉列表框中选择最粗的线。再次单击“绘图工具格式”|“(形状样式)形状轮廓”|“深红色”。设置形状轮廓后的艺术字编辑框如图 6.43 所示。

图 6.42 文本填充后的艺术字编辑框

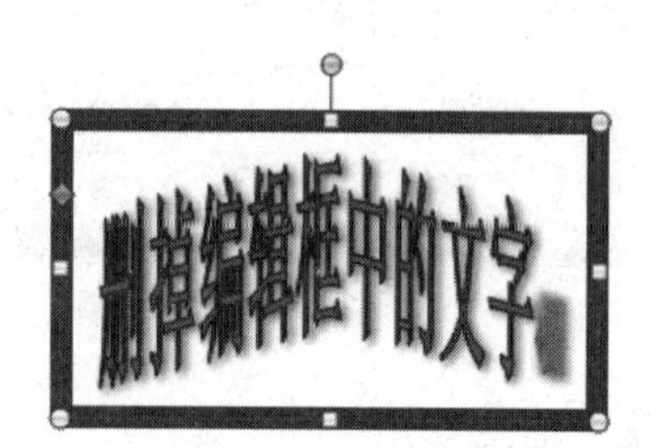

图 6.43 设置形状轮廓后的艺术字编辑框

有关艺术字的编辑操作都可以利用“绘图工具格式”选项卡中的工具来实现。读者可自行进行这方面的练习。

6.7 样式与模板

前面几节介绍了有关 Word 2013 编排文档的流程和具体步骤。从中可以发现，如果在整个文档输入完成后，再对一段一段的文字进行字体设置，并对一个一个的段落进行段落设置，将是一件十分烦琐的工作，而且不易保持前后统一。特别是当文档非常大时，其工作量更显突出。如何利用 Word 2013 最大可能地实现文档的自动排版，达到事半功倍、高效高质，这是本节所要讨论的问题。

要实现自动排版，主要依靠样式和模板。也就是说，样式和模板是系统实现自动排版的范本。其中，样式的建立离不开字体设置和段落设置，而模板的建立又离不开文档的建立。

6.7.1 样式

样式是一组存储起来的格式指令，它规定的是一个段落的总体格式，包括段落中的字体格式、段落格式以及后续段落的格式等。

使用样式的最大好处有以下两点：

(1) 使用样式可以自动编排段落，避免了手工编排无法百分之百保证各段落具有统一格式的问题，并大大提高了编排速度。

(2) 使用样式十分便于修改，使修改同一类型的段落的格式简化为只需要修改其样式本身，系统将自动根据修改后的样式对其作用的所有段落的格式进行更新，避免了手工一段一段地进行修改。

不同类型的文档，需要的样式种类是不同的。即使是同样的样式名称，其中的格式也会相差很大，因此，需要逐个建立所需要的每一个样式。一组样式建立完成后，可以存放到后面将要介绍的模板中，以供同一个类型的文档使用。虽然建立样式需要花费一定的精力和时间，但是，“磨刀不误砍柴工”，有了样式后的文档编排必将事半功倍。

在 Word 2013 窗口“开始”选项卡的“样式”命令组的快速样式列表中列出了多种常用的样式。

单击“开始”选项卡的“样式”组最右下角的“样式”窗口启动器按钮，则显示“样式”窗口，在这窗口中列出了系统中已有的所有样式。

1. 样式的创建

创建样式的方法如下：

单击“开始”选项卡“样式”命令组最右下角的“样式”窗口启动器按钮，在显示的“样式”窗口下方单击新建样式按钮，即显示“根据格式设置创建新样式”对话框，如图 6.44 所示。

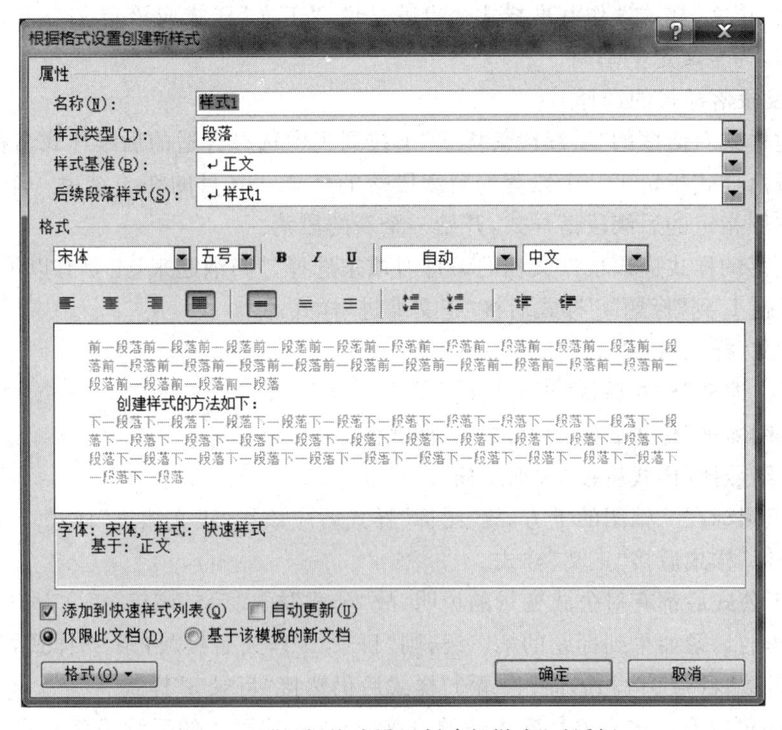

图 6.44 “根据格式设置创建新样式”对话框

样式的创建主要包括样式的命名、基准样式的选择、后续样式的定义以及样式格式的设置等。

1）样式的命名

在该对话框的“名称”输入框中输入新建样式的名称。

新建一个样式，首先需要对样式进行命名。样式的名称可以是中文的，也可以是英文的，视个人喜好而定。总的原则是望名知意，让人在选择样式时，一看见样式名称就可以猜测到该样式用于何种类型的段落。例如，Word 2013 窗口中列出的样式名称中，“正文”是用于正文段落的，“标题”、“标题 1”、“副标题”则是用于不同级别的标题的；等等。

需要注意的是，新样式名称不能与 Word 2013 提供的已有的常见样式名称相同。

2）基准样式的选择与样式的继承

在该对话框的“样式基准”下拉列表中选择一个合适的基准样式名称。

基准样式是作为样式定义或者修改时的参考标准。基准样式可以是所建立的新样式本身，也可以是其他的已有样式。二者的不同在于，前者必须一一定义和设置新样式的所有字体和段落格式；后者则只需要在基准样式的基础上进行修改和补充，系统会自动标明新样式与基准样式的不同之处。后者的最大好处在于，当若干个样式都是以一个基准样式为参考时，如果需要修改这些样式的某个共同之处的格式，由于这个共同之处的格式必然是基准样式所定义，并为这些样式所共同具有的，所以只需要对该基准样式进行相应的修改即可。可见，基准样式的选择具有很大的意义。

通常把“正文”样式选作基准样式。也就是说，“正文”样式应该定义一个文档所需要的基本格式，为全文定下基调。

3）后续段落样式的选择

在新建样式对话框的“后续段落样式”下拉列表中选择合适的后续样式名称。

后续段落样式指定了一个段落的后续段落的样式。其目的在于结束一个段落后，系统会自动按照指定的后续段落样式，开始一个新的段落。

后续段落的样式应该根据文档的编排习惯来选择。归纳起来，主要有以下几种：

- “标题 1”到“标题 9”样式后接“正文缩进”样式。
- “正文”样式后接“正文”样式。
- “正文缩进”样式后接“正文缩进”样式。
- “大纲缩进”样式后接“大纲缩进”样式。
- “大纲悬挂”样式后接“大纲悬挂”样式。
- 由于图标在一幅图的下方，故“图标”样式后应该接“正文缩进”样式。
- “表标”样式后接“正文”样式。
- 由于公式后都有对公式变量的说明，故“公式”样式后应该接“正文”样式。
- 制作的目录如果到标题的第三级，则“目录 1”样式后接“目录 2”样式，“目录 2”样式后接“目录 3”样式，而“目录 3”样式后仍然接“目录 3”样式。

当然，还可以有许多有着特殊用途的段落，至于这些段落的后续段落样式应该如何规定比较合理，完全取决于使用时是否方便。

值得注意的是，供选择的后续段落样式必须是已经定义过或者正在定义的样式，不能也不可能选择尚未出现过的新样式。当然，如果选择的后续段落样式不合适，则可以更改它。

4）样式格式的设置

段落样式需要设置包括字体、段落、制表位、边框、语言、文本框、编号在内的参数。这些设置共同决定了该类样式下的段落的格式；或者说，综合这些参数的设置，就构成了对一个段落格式的规定。

在该对话框中单击“格式”按钮后下拉出若干选项。选择需要设置的选项，则进入相应的设置对话框。

2. 样式的修改

一个样式建立完成后，往往会有一些不尽如人意之处，这就需要修改样式。样式的修改包括样式名称的修改、基准样式的修改、后续段落样式的修改、样式格式的修改等。

一般来说，样式的修改与新建一个样式类似。

3. 样式的应用

有了样式后，就可以将其运用到需要的段落中去。应用样式的方法有两种：

(1) 在开始一个段落时，先应用所需要的样式。

(2) 在一个段落编辑完成后，选中该段落，然后应用相应的样式。

二者的区别在于，前者在整个段落的编辑过程中，始终按照此样式自动排版，并且当结束该段落，开始下一个新段落时，由于该样式规定了其后续段落的样式，故新段落会自动根据规定选择样式。这样，就不必一段一段地应用样式，而依靠系统自动完成了。如果后续段落的样式和预先定义的不同时，就要采用后者，手工设置某一特殊的样式。通常，前者用于文档的写作过程中，后者用于文档的修改过程中。

应用样式的方法如下：

首先将光标定位到需要应用样式的段落中的某个位置，或者选定需要应用样式的若干连续的段落。（下一段落为“标题”样式的文本。）

然后在 Word 2013 窗口“开始”选项卡的“样式”组快速样式列表或“样式”窗口中选择一种样式，则该段落就应用了这种样式。

6.7.2 模板

有了样式后，当一个文档中有多个段落具有相同的格式时，就可以把该段落格式设置成一种样式，以便直接应用样式，快速格式化同种类型的段落。如果多个文档具有相同的格式，如页面设置相同，样式种类相同，若干文字的格式相同等，就可以把这些文档公用的、相同的部分定义为模板，以便直接利用模板，快速建立具有严格一致的格式的文档。所以说，模板是自动排版的范本。

模板和样式的概念类似，都是为了对一类对象建立一个统一的格式标准。不同的是，样式针对的对象是段落，而模板针对的对象是整个文档。因此，模板所包含的内容远远比样式丰富。

通常，在下列两种情况下需要使用模板：

（1）经常需要创建格式、设置完全相同的文档，如传真、公函、备忘录、会议通知、工作计划等。

（2）需要创建的文档很长，而不得不按照章、节等拆成若干小文档，同时要求各个小文档的格式设置相同，如撰写书籍、论文等。

使用模板可以节约时间，提高工作效率，避免重复劳动，同时保证不同的文档的格式严格统一。

模板的应用实际上是指新建一个文档时选用一个合适的模板，即基于已有的模板创建一个新文档。其方法如下：

单击"文件"|"新建"命令，在"新建"列表框中列出了"可用模板"，从中可以选择需要的合适模板。

可以说，创建新的 Word 2013 文档的过程也是模板应用的过程。

6.8 文档打印

文档打印是文档编排的最后一个步骤，也是至关重要、必不可少的一步。一方面，在电子文档尚未普及的情况下，将文本打印出来是供人审查、浏览、阅读的主要途径；另一方面，翻看书面文章较符合普通人阅读的习惯，而且打印出来的文档也便于出版、印刷。

单击"文件"|"打印"命令，或单击"快速访问工具栏"中的"打印预览和打印"按钮，即显示"打印"对话框，如图 6.45 所示。在"打印"对话框中包括三个区域：选择打印机、打印设置和打印预览。

1. 选择打印机

计算机系统中可能安装多台打印机，并且未将当前与计算机连接的打印机设置为默认打印机，此时就需要选择打印机，并对选择的打印机进行属性设置。

首先单击"打印"对话框中"打印机"栏右边的倒三角按钮，从弹出的下拉列表中选择合适的打印机。然后再单击"打印机"栏下方的"打印机属性"，对所选打印机的属性进行设置。

2. 打印设置

这里的打印设置主要是指打印选项的设置。

打印选项用来控制打印文档的方式和效果，它包括通用打印选项和特定打印选项。通用打印选项是一般打印机在打印文档时应该遵守的若干准则，通过"打印"对话框"设置"栏下的各选项的选择来设置；特定打印选项则是与特定打印机（默认打印机）相关的选项，通过单击"打印机"栏下方的"打印机属性"来设置，作为对通用打印选项的补充。

3. 打印预览

打印预览区域位于"打印"对话框的右边，展现了打印的效果。

从电子文档打印为书面文档，还可能存在差别，因为屏幕所见与打印到纸上的并不完全一样。如果能预先在屏幕上看到文档的打印效果，并由此修改文档的排版格式，就可以避免因打印效果不满意而反复多次修改、打印。

为了实现在打印前预先在屏幕上看到文档的打印效果，可以采用两种方法：页面视

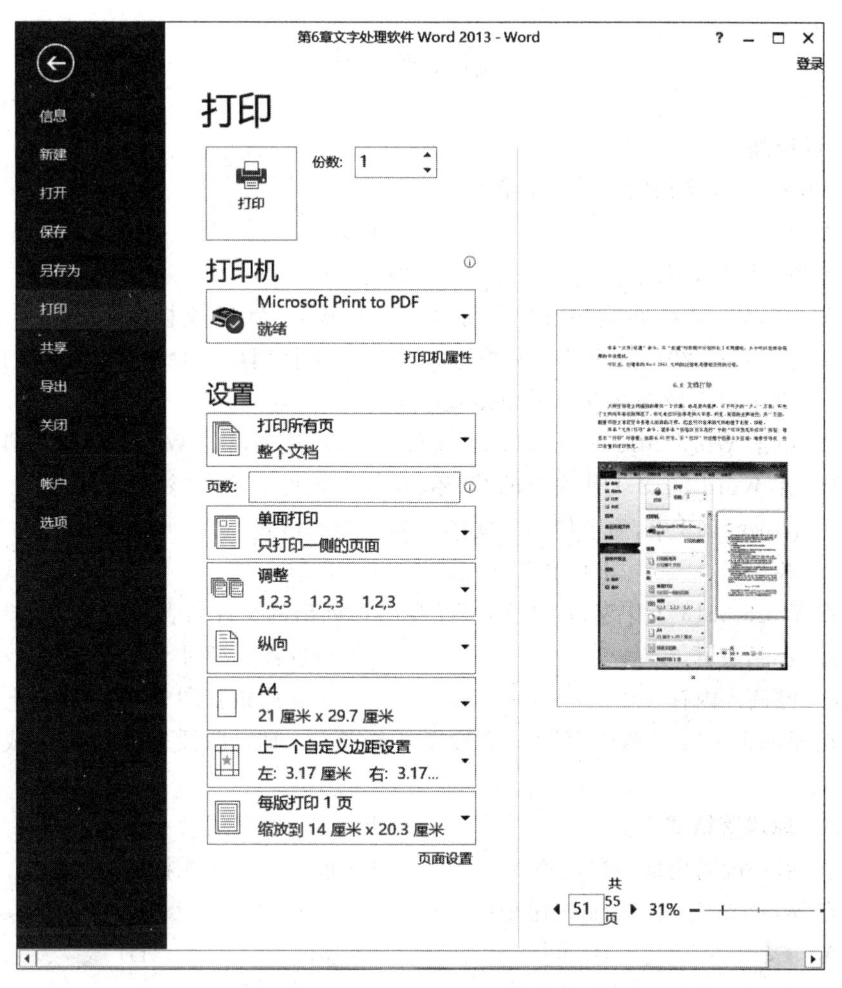

图 6.45 “打印”对话框

图和打印预览。

Word 2013 提供了五种查看文档的方式，即大纲视图、页面视图、阅读版式视图、Web 版式视图和草稿。在“视图”选项卡的“文档视图”组中给出了这五种查看文档的选项。如果单击“页面视图”选项，则文档以页面视图方式显示。在“页面视图”下，不仅能显示文档的正文格式，而且还能显示文档的页面布局，包括页眉/页脚、栏、文本框等复杂格式，适合于复杂的版面和打印预览。

打印预览所看到的完全是将要打印出来的文档的式样。如果页面视图的显示速度太慢，可以采用草稿或大纲视图来显示文档。当文档修改完成后，再利用打印预览的方式对文档进行排版。这种方法特别适合于冗长的文档。

在打印预览的状态下，只能调整和修改页边距、段落缩进格式等。为了便于比较若干页的版面，还可以选择一屏所显示的页面数。

习 题 6

一、选择题

1. Word 2013 文档的文件扩展名为(　　)。

A) txt　　B) docx　　C) doc　　D) wod

2. 下列方法中，不能打开 Word 2013 文档的是(　　)。

A) 在 Windows 的资源管理器窗口中双击 Word 2013 文档名

B) 在 Word 2013 工作窗口的"文件"菜单中选择"打开"命令，然后在"打开"对话框中输入或选择 Word 2013 文档名

C) 单击 Word 2013 工作窗口的"文件"菜单右边列出的 Word 2013 文档名

D) 在 Word 2013 工作窗口的"开始"选项卡控件中单击"复制"命令

3. 在 Word 2013 中，为了使一个文档中各段落的格式一致，可以使用(　　)。

A) 模板　　B) 样式　　C) 导航　　D) 页面格式化

4. 在 Word 2013 工作窗口的"文件"菜单右边列出的文件名表示这些文件(　　)。

A) 已被打开　　B) 最近被处理过

C) 已调入内存　　D) 正在脱机打印

5. 在 Word 2013 文档中删除一个段落标记符后，前后两段文字将合并成一段，此时(　　)。

A) 原段落格式不变　　B) 前一段采用后一段的格式

C) 后一段采用前一段的格式　　D) 前一段变成无格式

6. 在 Word 2013 中，复制按钮是(　　)。

A)　　B)　　C)　　D)

7. 在 Word 2013 中，剪切按钮是(　　)。

A)　　B)　　C)　　D)

8. 在 Word 2013 中，粘贴按钮是(　　)。

A)　　B)　　C)　　D)

9. 在 Word 2013 中，快速访问工具栏中的保存按钮是(　　)。

A)　　B)　　C)　　D)

10. 在"开始"选项卡的"段落"命令组中，表示右边对齐的按钮是(　　)。

A)　　B)　　C)　　D)

11. 在"开始"选项卡的"段落"命令组中，表示两边对齐的按钮是(　　)。

A)　　B)　　C)　　D)

12. 在"开始"选项卡的"段落"命令组中，表示居中对齐的按钮是(　　)。

A)　　B)　　C)　　D)

13. 在 Word 2013 编辑状态下，若要输入一个表达式，则应选择的操作是(　　)。

A) 在"插入"选项卡的"符号"组中选择"符号"命令

B）在“插入”选项卡的“符号”组中选择“公式”命令

C）在“插入”选项卡的“符号”组中选择“编号”命令

D）在“插入”选项卡的“符号”组中选择“表达式”命令

14. 在 Word 2013 中，“页眉和页脚”所在的选项卡是（　　）。

A）视图　　B）插入　　C）引用　　D）页面布局

15. 在 Word 2013 文档编辑状态下，为了调整所选中段落的段前与段后间距，应单击（　　）选项卡。

A）开始　　B）插入　　C）视图　　D）引用

16. 在 Word 2013 文档编辑状态下，先打开一个文档 f1. docx，然后又打开一个文档 f2. docx，则（　　）。

A）f1. docx 文档的窗口是当前文档窗口

B）f2. docx 文档的窗口是当前文档窗口

C）f1. docx 文档的窗口被关闭

D）两个文档的窗口都是当前文档窗口

17. 要在 Word 2013 文档的某两段之间留出一定的间隔，最好、最合理的方法是（　　）。

A）在两段之间按 Enter 键插入一个空行

B）用“开始”选项卡中的“段落”对话框设置行间距

C）用“开始”选项卡中的“段落”对话框设置段（前后）间距

D）用“开始”选项卡中的“字体”对话框设置字符间距

18. 在 Word 2013 文档编辑状态下，打开并编辑了 5 个文档，单击快速访问工具栏中的“保存”按钮，则（　　）。

A）保存并关闭当前文档

B）保存并关闭所有打开的文档

C）保存当前文档，当前文档仍处于编辑状态

D）关闭除当前文档外的其他 4 个文档

19. 在 Word 2013 文档编辑状态下，对已经选中的文本设置“分栏”，需要单击（　　）选项卡。

A）开始　　B）视图　　C）页面布局　　D）插入

20. 在 Word 2013 文档编辑状态下，对已经选中的段落设置“首字下沉”，需要单击（　　）选项卡。

A）开始　　B）插入　　C）页面布局　　D）视图

21. 单击 Word 2013 窗口标题栏右边显示的“最小化”按钮后，（　　）。

A）Word 2013 窗口被关闭

B）Word 2013 窗口变为任务栏上的一个按钮

C）Word 2013 窗口被关闭，变成窗口图标关闭按钮

D）打开的文档被关闭

22. 在 Word 2013 文档编辑状态下，执行两次“剪切”操作，则在剪贴板中（　　）。

A）只有第一次被剪切的内容　　B）只有第二次被剪切的内容

C) 有两次被剪切的内容　　　　　　D) 无内容

23. 在 Word 2013 文档编辑状态下，可以显示分页效果的视图方式是(　　)。

A) 草稿　　　　B) 大纲　　　　C) 页面　　　　D) 阅读

二、填空题

1. 在编辑一个 Word 2013 文档的过程中，如果需要换名保存该文档，应在“文件”菜单中选择________命令。

2. 如果需要在 Word 2013 文档中插入一个数学公式，应在“插入”选项卡的“符号”命令组中单击________命令。

3. 在 Word 2013 文档编辑状态下，可以插入图片的工具在________选项卡中。

4. 在 Word 2013 文档编辑状态下，可以插入文本框的工具在________选项卡中。

三、操作题

1. 录入本书 2.1 节的内容，并按原样排版。

2. 录入本书 2.2.1 节的内容，并按原样排版。

第7章　电子表格软件 Excel 2013

7.1　Excel 概述

7.1.1　Excel 的基本特点

Excel 是美国微软公司推出的 Microsoft Office for Windows 中的一个应用软件，它是一种功能强大、技术先进、使用方便的电子表格软件。特别是 Excel 以"所见即所得"的工作方式，为用户提供了极大的方便。在 Excel 启动后，屏幕上就以一张表格的形式展现在用户面前，用户可以利用键盘或鼠标直接对表格进行操作。

Excel 主要用于管理、组织和处理各种各样的数据，并以表格、图表、统计图形等方式为用户提供最后的结果，深受用户的欢迎。归纳起来，Excel 具有以下几方面的特点。

1. 界面友好

Excel 是在 Windows 环境下运行的系列软件之一，它继承了 Windows 的风格，为用户提供了极为友好的窗口、菜单、对话框、图标、工具栏和简捷菜单等界面。鼠标和键盘可同时作为输入工具。

2. 所见即所得

Excel 主要是以"表格"方式处理数据，对于表格的建立、编辑、访问与检索等操作十分简便，用户不用纸和笔就能处理表格，不用编程就能完成数据处理，用户的每一步操作都能立即看到结果。

3. 真三维数据表格处理

Excel 处理的文档是可以由多张"工作表"组成的"工作簿"，每张"工作表"又是由行、列交叉点的"单元格"组成，因此，Excel 可以直接处理工作簿中某个工作表某行、某列处的单元格中的数据，即 Excel 处理的是真三维数据表格。

4. 函数与制图功能

Excel 提供了丰富的函数，可以进行复杂的数据分析和报表统计。Excel 还具有丰富的制图功能，使表、图、文字有机结合，且操作简单方便。

5. 强大的数据管理功能

Excel 以数据库管理方式管理表格数据，具有排序、检索、筛选、汇总计算等功能，并具有独特的制表、作图与计算等手段。

6. 与其他软件共享资源

Excel 是 Microsoft Office for Windows 中的一个软件，它可以与其中的其他软件(如文字处理软件 Word、图形软件 PowerPoint、电子邮件 Mail、数据库 Access 等)相互切换并共享资源。

本章以中文 Excel 2013 为工具介绍表格处理的基本技术。

7.1.2 Excel 2013 的启动与退出

1. 启动 Excel 2013

Excel 2013 是应用程序,因此,启动 Excel 2013 与运行其他应用程序的方法完全相同。主要有以下三种方式。

(1) 如果在"开始"菜单中有 Microsoft Office Excel 2013 图标,则单击该图标。

(2) 如果在"任务栏"中有 Microsoft Office Excel 2013 图标,则单击该图标。

(3) 选择"开始|所有程序|Microsoft Office"命令,然后单击子菜单中的 Microsoft Excel 2013 图标。

用以上方法打开的 Excel 2013 窗口如图 7.1 所示。

图 7.1 Excel 2013 启动窗口

由图 7.1 可以看出,刚启动的 Excel 2013 窗口中没有任何工作簿文件内容,也没有用于编辑工作簿文件的工具。但可以通过单击该窗口左侧"Excel 最近使用的文档"中某个工作簿的文件名,将该工作簿文件内容调入窗口进行修改或编辑,也可以通过单击窗口右侧的某个图标新建一个具有特定模板的工作簿文件。在 7.2 节中将具体介绍新建与打开现有工作簿文件的方法。

2. 退出 Excel 2013

单击 Excel 2013 窗口右上角的关闭按钮 ✕ ,即可关闭 Excel 2013。

7.1.3 Excel 2013 界面

在图 7.1 所示的 Excel 2013 启动窗口中单击右侧中的空白工作簿图标，即显示 Excel 2013 的工作簿编辑窗口，如图 7.2 所示。

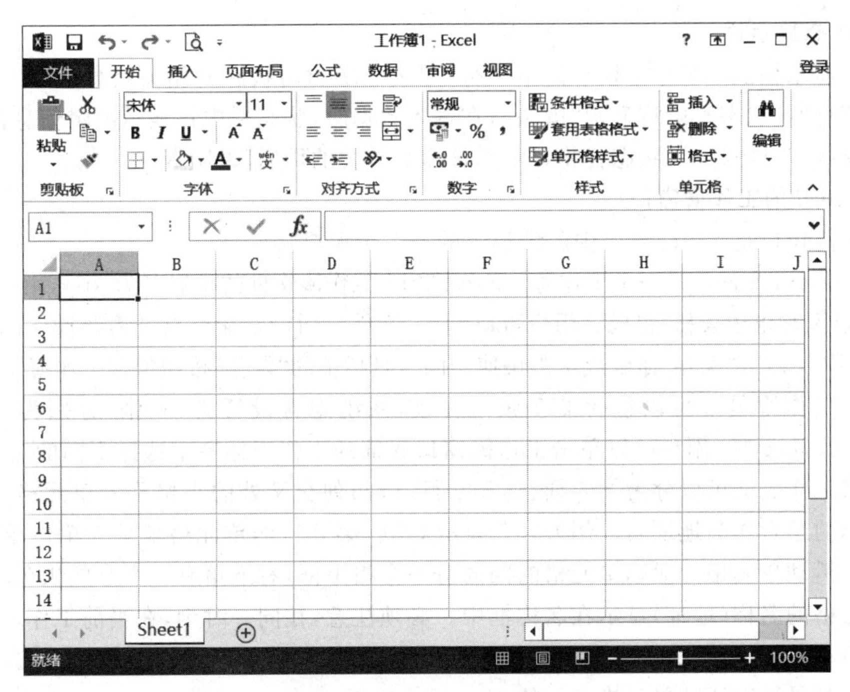

图 7.2　Excel 2013 编辑窗口

由图 7.2 可以看出，Excel 2013 窗口从上到下依次包括标题栏、功能区、名称框与编辑栏、工作簿窗口以及状态显示栏。下面分别简单介绍这五部分。

1. 标题栏

标题栏的中间显示当前正在编辑的工作簿名。

标题栏的最左边是控制按钮以及“快速访问工具栏”。其中“快速访问工具栏”中的操作按钮可以自行设置，其方法是：单击“快速访问工具栏”右边的倒三角按钮，将显示一个下拉菜单，在该菜单中可以选择在“快速访问工具栏”中需要显示的操作按钮，例如新建、保存、撤销、恢复、打印预览、打印等按钮。

标题栏的最右边分别是帮助、功能区显示选项、最小化、最大化（还原）和关闭按钮。

2. 名称框与编辑栏

名称框与编辑栏在同一行上。名称框在左边，其中总是显示当前活动单元格的坐标与区域名，所以也称为单元格名字框或地址栏。编辑栏在右边，其中总是显示当前活动单元格中的内容，它用于对活动单元格输入数据或进行编辑。名称框与编辑栏之间是公式栏。如果单击编辑栏一次，则在公式栏显示三个按钮，分别是取消按钮 ×、输入按钮 ✓ 与插入函数按钮 fx，如图 7.3 所示。当输入数据完毕并确认无误后，可以单击“输入”按钮或按 Enter 键将数据存入当前活动单元格；如果发现输入数据有误，可以单击“取消”按钮，以便重新输入数据；单击“插入函数”按钮将显示“插入函数”对话框。

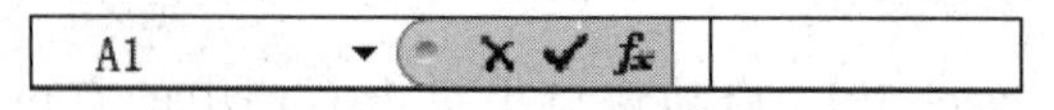

图 7.3　Excel 公式栏

3. 状态显示栏

状态显示栏位于工作簿窗口的下一行，用于显示当前状态的相关信息。当工作表准备接收信息时，状态栏中将显示“就绪”；在输入数据时，状态栏中将显示编辑信息；当选取菜单命令或工具图标时，状态栏将显示与该命令有关的用途、说明等。

4. Excel 的工作簿窗口

工作簿窗口是 Excel 窗口中区域最大的一个子窗口。

一个 Excel 文件就是一个工作簿。Excel 2013 工作簿文件的扩展名为 xlsx，由一个或多个工作表（又称电子表格）组成。用户可以利用“文件”|“打开”命令打开需要操作的工作簿文件，利用“文件”|“保存”命令或单击快速访问工具栏中的“保存”按钮保存工作簿文件。

一个工作簿最多可以包含 255 张工作表，系统隐含设置为 16 张，分别为 Sheet1、Sheet2、…、Sheet16，用户可以单击工作簿窗口底部的工作表标签来选择不同的工作表。

每张工作表又可以分为 256 列、65 535 行，行与列交叉处的小格称为单元格，它以列标与行标的组合作为地址名。例如，C5 表示 C 列、第 5 行的单元格地址。单击单元格可使其成为活动单元格。活动单元格的四周有一个粗黑框，右下角有一个小的黑色填充柄。活动单元格的名称（地址）显示在名称框中。必须注意，在同一时刻，在当前工作表中只能有一个活动单元格，双击活动单元格使光标出现后，用户就可以进行操作。因此，用户所有的操作都是针对活动单元格进行的。

5. 功能区

功能区是 Excel 2013 最重要的组成部分。为了便于浏览，功能区按特定方案或对象进行分组，每一组组成一个选项卡。一般情况下，一个选项卡中包含多个命令组，每一个命令组下可能有多个命令（或按钮），每一个命令下又可能有多个子命令菜单，以此类推。例如，由图 7.2 可以看到，“开始”选项卡中包含了“剪贴板”“字体”“对齐方式”“数字”“样式”“单元格”“编辑”等命令组，它们包含了编辑工作表所常用的操作按钮和命令；而在“剪贴板”命令组中又包含“粘贴”“剪切”“复制”等命令（或按钮）。

单击功能区选项按钮，将显示三个关于功能区状态的命令，分别是：自动隐藏功能区，如果单击选中它，则隐藏功能区，当单击窗口顶部时才显示这个功能区；显示选项卡，如果单击选中它，仅显示功能区选项卡，当单击选项卡时才显示该选项卡中的命令；显示选项卡和命令，如果单击选中它，则始终显示功能区选项卡和各选项卡中的命令。

一般情况下，功能区固定显示了最常用的 1 个“文件”菜单和 7 个选项卡，如图 7.2 所示。但在操作过程中，随着新的操作需要，有时会再增加新的选项卡，操作结束后，该选项卡也就从功能区中消失。

当单击“文件”菜单后，在窗口的左侧显示一个下拉式命令菜单，其中包含了对 Excel 工作簿文件的基本操作命令，如“打开”“新建”“打印”“保存”“关闭”等命令，并且对于不同的命令，窗口右端显示不同的信息，如图 7.4 所示。

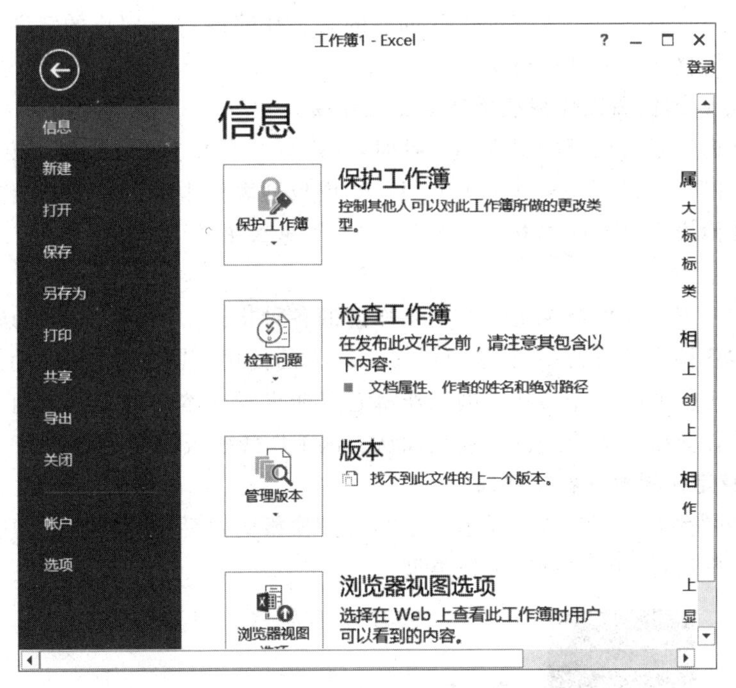

图 7.4 “文件”菜单

下面列出几个主要选项卡的命令组。

“开始”选项卡主要包含“剪贴板”“字体”“对齐方式”“数字”“样式”“单元格”“编辑”等命令组。

“插入”选项卡主要包括“表格”“插图”“应用程序”“图表”“链接”“文本”和“符号”等命令组。

“页面布局”选项卡主要包括“主题”“页面设置”和“排列”等命令组。

“公式”选项卡主要包括“函数库”“定义的名称”“公式审核”“计算”等命令组。

“数据”选项卡主要包括“获取外部数据”“连接”“排序和筛选”“数据工具”“分级显示”等命令组。

“审阅”选项卡主要包括“校对”“语言”“中文简繁转换”“批注”“更改”等命令组。

“视图”选项卡主要包括“工作簿视图”“显示”“显示比例”“窗口”和“宏”等命令组。

7.2 Excel 工作簿文件的打开与保存

7.2.1 创建新的 Excel 工作簿文件

使用 Excel 建立一个新的工作簿时，可以通过以下两个途径来实现：

(1) 利用默认的空白工作簿模板建立新工作簿；

(2) 利用特定工作簿模板建立新工作簿。

利用默认的空白工作簿模板建立新工作簿是最简单、最直接的方法，容易为初学者所理解和接受。而利用特定工作簿模板建立新工作簿则需要首先对这些模板有一个基本的了解，并明确各自的用途后，才能使以此创建的新工作簿既符合用户的意图，又可以节省重新设置工作簿格式等的许多麻烦。

1. 利用默认的空白工作簿模板建立新工作簿

初学者在尚不了解模板的概念和好处时，一般可以采用这种简便而直接的方法。

单击"文件"|"新建"命令，在显示的"新建"模板列表框中单击"空白工作簿"，系统即依据空白工作簿模板迅速地建立起一个名为"工作簿 X"的新工作簿，如图 7.2 所示(图中为"工作簿 1")。

默认的空白工作簿模板规定了所建工作簿的各种格式。然而，由于默认的空白工作簿模板常常被各种文件所公用，特别是经过不同人的使用，其格式也往往随之而改变，使得以默认空白工作簿模板先后建立的工作簿有可能出现基本格式不同的情况，从而影响了默认空白工作簿模板的统一性。这是默认空白工作簿模板的不足之处。

2. 利用特定模板建立新工作簿

选择"文件"|"新建"命令，将显示一个"新建"模板的对话框，如图 7.5 所示。此时可以根据需要从中选择(单击)特定模板类型。

图 7.5　利用特定模板建立新工作簿

7.2.2　打开已有的 Excel 工作簿文件

选择"文件"|"打开"命令，显示"打开"对话框，如图 7.6 所示。根据已有工作簿文件所在的存储位置，Excel 2013 可以打开以下三种存储的已有 Excel 工作簿文件：

(1) 如果需要打开的是最近使用过的工作簿文件，则选择(单击)"最近使用的工作簿"，此时就可以直接在右侧"最近使用的工作簿"列表中单击需要打开的工作簿文件，如图 7.6(a)所示。

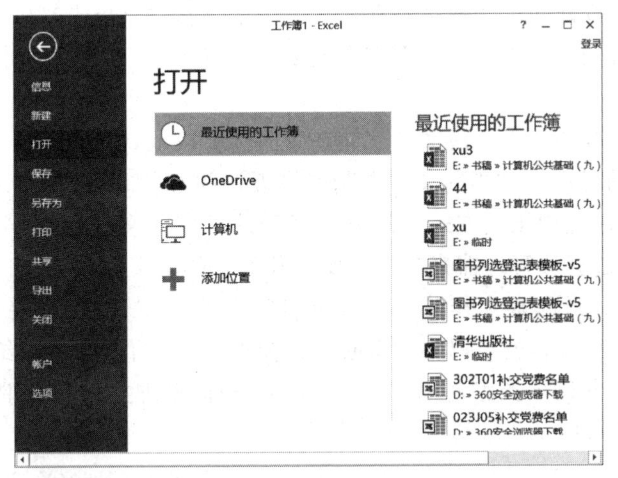

(a) 打开“最近使用的工作簿”

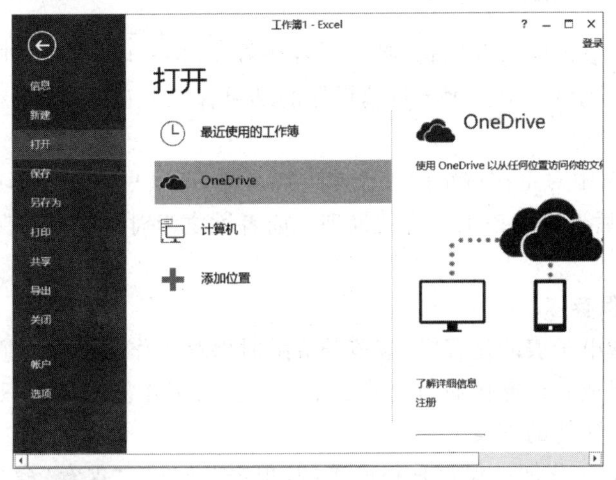

(b) 打开存储在云盘上的工作簿文件

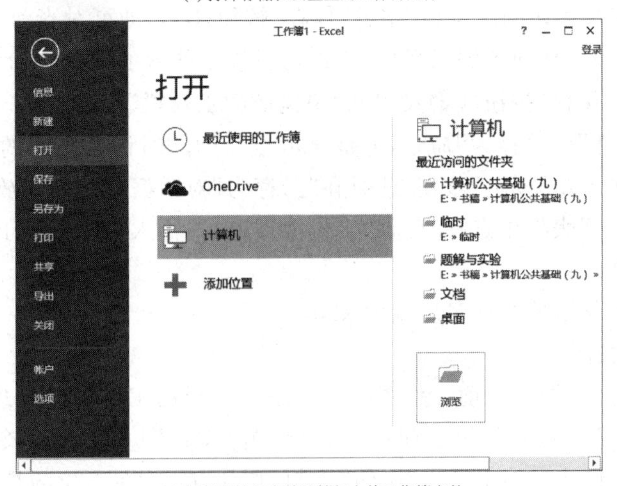

(c) 打开存储在当前计算机上的工作簿文件

图 7.6　打开已有工作簿文件

(2) 如果需要打开的工作簿文件存储在云盘上，则选择(单击)“OneDrive”，此时就可以通过右侧的界面，使用OneDrive从任何位置访问需要打开的文件并与任何人共享，如图7.6(b)所示。

(3) 如果需要打开的工作簿文件存储在当前计算机上，则选择(单击)“计算机”，此时就可以通过右侧的界面，在“当前文件夹”或“最近访问过的文件夹”中寻找需要打开的工作簿文件，还可以通过浏览的方式寻找需要打开的工作簿文件，如图7.6(c)所示。实际上，这种情形是通过资源管理器来寻找需要打开的工作簿文件。

值得一提的是，当已有工作簿是Excel旧版本的工作簿时，只要其类型属于Excel 2013可以转换的范围内，就可以不必操心工作簿的转换，而放心地交给Excel 2013自行完成。如果已有工作簿的类型超出了Excel 2013所能处理类型的范围，则系统会发出警告，并拒绝调入Excel 2013环境中。

7.2.3 保存Excel工作簿文件

对工作簿电子表的输入和编辑，都只是在Excel 2013环境下的处理，并没有真正将编辑好的工作簿写到磁盘上。为了将编辑好的结果保存到磁盘上，必须对编辑好的工作簿进行存盘操作。

在Excel 2013中对正在编辑的工作簿进行存盘，可以只存盘而不退出对该工作簿的处理，也可以存盘后退出对该工作簿的处理。前者称之为对工作簿的保存，后者称之为对工作簿的关闭。

1. 工作簿的保存

在编辑工作簿电子表的过程中，应该养成随时保存工作簿的好习惯，以避免因突然掉电、机器故障、死机或者误操作而引起的数据丢失。对工作簿的保存只将工作簿存盘，而并不需要退出对工作簿的编辑。

对Excel 2013工作簿的保存是很简单的，单击“文件”|“保存”命令，或者单击Excel 2013窗口左上角“快速访问工具栏”中的“保存”按钮( )，即可对当前的工作簿进行存盘操作，同时又保持该工作簿的编辑环境，不退出对该工作簿的处理。为了方便工作簿的保存，事先用户应将“保存”按钮( )设置到“快速访问工具栏”中。

如果单击“文件”|“另存为”命令，屏幕显示与“打开”对话框类似的“另存为”对话框，在“计算机”列表中单击“浏览”按钮，此时在“另存为”对话框中选定存放该文件的文件夹，在“保存类型”下拉列表框中选择合适的工作簿类型，并输入需要保存工作簿的文件名，最后单击“保存”按钮。

Excel 2013工作簿的文件名后缀为xlsx。

2. 工作簿的关闭

所谓关闭工作簿，即对当前工作簿存盘并退出对当前工作簿的处理，但不退出Excel 2013窗口。实现工作簿的关闭很简单，只要单击“文件”|“关闭”命令，或者单击Excel 2013窗口左上角“快速访问工具栏”中的“控制”按钮( )，在下拉的控制菜单中单击“关闭”命令。

如果关闭工作簿之前尚未保存工作簿，则系统会给出提示，如图7.7所示，询问是否保存对该工作簿的修改。

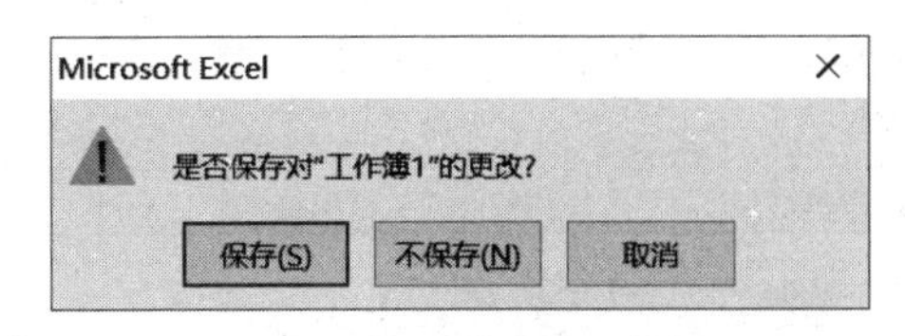

图 7.7　系统提示

7.3　工作表的编辑

7.3.1　工作表的建立

使用 Excel 操作的第一步是建立工作表,而 Excel 的一切操作均以工作表中的单元格为基本操作单位。

1. 单元格的选取

单元格是工作表中最基本的单位,单元格地址由标识列的字母和标识行的数字组成,如 E8 表示 E 列和第 8 行相交的单元格,AB13 表示 AB 列和第 13 行相交的单元格。

在对单元格进行数据输入、编辑等操作之前,首先要选取一个单元格作为活动单元格,然后双击它,使活动单元格内显示光标后才能输入数据。Excel 还允许选取单元格区域,此时,该单元格区域左上角的单元格为活动单元格。在 Excel 窗口的"名称框(单元格名字框)"中将随时显示当前活动单元格的地址。

选取单元格可以分以下几种情况。

1) 选取单一单元格

单击需要选取的单元格即可选中该单元格。被选中的单元格将成为活动单元格,并用粗框表示活动单元格。

2) 选取单元格区域

将鼠标指针移到区域左上角的单元格,然后按住鼠标左键拖动到区域右下角的单元格,此时,被选中的区域呈黑色,左上角的活动单元格呈白色。

3) 选取整行或整列单元格

用鼠标单击行首或列首,即可选中该行或该列中所有的单元格。

4) 选取多个不连续的单元格区域

首先选取第一个单元格区域(方法同 2)),然后按住 Ctrl 键不放再按 2)中的方法选取第二个及以后的单元格区域。在这种情况下,最后选取的单元格或单元格区域中左上角的单元格为活动单元格。例如,首先选取不连续区域中的前两个单元格组 C5:E7 和 A8:B9,最后再选取单元格组 A2:D3,则 A2 为活动单元格,如图 7.8 所示。

5) 选取整个工作表

只要单击工作簿窗口中的"全选框"就可以选中整个工作表。其中"全选框"位于列标所在行与行标所在列的交叉处。

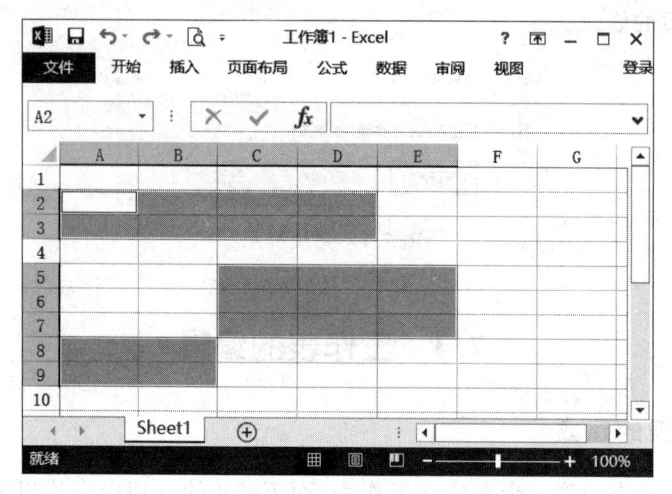

图 7.8　选取多个不连续的单元格区域

6）快速定位

由于 Excel 工作表很大，利用键盘或鼠标定位到表中的某单元格或单元格区域可能不太方便，为此，Excel 提供了快速定位的方法。

单击“开始”|“（编辑）”|“查找和选择”|“转到”命令，出现一个“定位”对话框，然后在该对话框中的“引用位置”文本框中输入需要选取的单元格地址或区域，再单击“确定”按钮，系统就立即定位到指定的单元格或区域上。

如果需要释放所选取的单元格区域，则只要单击表中任何位置即可。

2. 工作表数据的输入

1）数值型数据的输入

数值型数据包括整数、小数和分数。也可以用科学记数法来表示数值型数据，例如，23.456，2.3456E01，0.23456E02，2345.6E－02，它们代表同一个数。

在输入数值型数据时，要注意以下几点：

（1）在输入分数时，要求在数字前加一个“0”与空格，以避免与日期型数据相混淆。例如，分数“1/8”应输入成“0(1/8(其中(表示一个空格)”。

（2）在数值中可以包含千分位符号“,”（即逗号）与美元符号“＄”。例如，20,000.00 与＄20,000.00 都是合法的。

（3）数值型数据在单元格中默认为右对齐。如果输入数据的宽度超过单元格的宽度，则以科学记数法来显示。

（4）如果在数值型数据前用单撇号（'）作前导，则将其中的所有数字作为文字型数据输入。

2）文字型数据的输入

文字型数据包括字符串、汉字以及作为字符串处理的数值（如电话号码等）。

文字型数据在单元格中默认为左对齐。

3）日期型与时间型数据的输入

日期型数据与时间型数据的输入规则如下：

(1) 日期型数据中的年、月、日之间要用“/”或“-”作为分隔符号。例如,“1998 年 4 月 14 日”应输入为“98/4/14”或“98-4-14”。

(2) 在同一单元格中既有日期型又有时间型数据时,日期与时间之间要用空格分开。例如 98-4-14 10:15am。

(3) 对于时间型数据,系统自动以 24 小时制表示。如果要以 12 小时制表示,则在输入的时间后面加 am(表示上午)或 pm(表示下午)。

(4) 日期型与时间型数据在单元格中默认为右对齐。

以上提到的数据格式都是默认值,以后还可以重新设置。

在图 7.9 所示的工作表中已经输入了学生情况的各种数据,并利用“文件”|“另存为”命令以文件名 xu3 保存。其中“学号”“数学成绩”“外语成绩”所在列均为数值型数据,“姓名”“性别”所在列均为文字型数据,“出生日期”所在列为日期型数据,表头均为文字型数据。

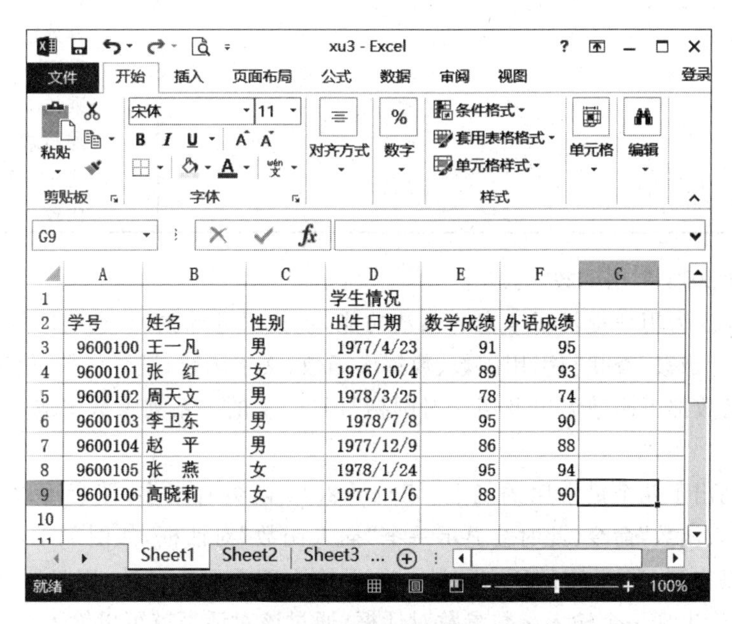

	A	B	C	D	E	F	G
1				学生情况			
2	学号	姓名	性别	出生日期	数学成绩	外语成绩	
3	9600100	王一凡	男	1977/4/23	91	95	
4	9600101	张　红	女	1976/10/4	89	93	
5	9600102	周天文	男	1978/3/25	78	74	
6	9600103	李卫东	男	1978/7/8	95	90	
7	9600104	赵　平	男	1977/12/9	86	88	
8	9600105	张　燕	女	1978/1/24	95	94	
9	9600106	高晓莉	女	1977/11/6	88	90	
10							

图 7.9　具有各种类型数据的工作表例

3. Excel 公式与函数

公式是电子表格的精髓与核心。在 Excel 2013 中,提供了创建复杂公式的功能,并提供了大量的函数来满足运算的要求,在表格中使用这些公式和函数,可以自动进行计算并显示出结果,从而使 Excel 工作表成为一个功能强大的计算器。

下面介绍 Excel 2013 公式中常用的各种运算符与常用函数以及公式的输入方法。

1) Excel 运算符

Excel 运算符分为四类,分别是算术运算符、比较运算符、字符串(包括汉字)连接运算符与引用运算符,如表 7.1 所示。

Excel 中各运算符的优先级如表 7.2 所示。

表 7.1　Excel 运算符

运算符种类	运算符符号
算术运算符	+　-　*　/　%　^
比较运算符	=　>　>=　<　<=　<>
连接运算符	&
引用运算符	:　,　空格

表 7.2　Excel 各运算符的优先级

优先顺序	运算符号	说　明
1	:	单元格范围
2	空格	单元格范围的交
3	,	单元格范围的并
4	-	负号
5	%	百分比
6	^	乘幂
7	*　/	乘与除
8	+　-	加与减
9	&	连接字符串
10	=　<>　>　>=　<　<=	比较

2）Excel 2013 常用函数

Excel 2013 为用户提供了丰富的函数功能，包括财务函数、日期与时间函数、数量与三角函数、统计函数、查找与引用函数、数据库函数、文字函数、逻辑函数、信息函数等。所有的 Excel 函数都由函数名以及用一对圆括号扩起来的一系列参数组成，各参数之间用逗号分隔。

表 7.3 列出了几个最常用的函数。Excel 2013 函数有很多，读者可以单击“公式”|“(函数库)插入函数”命令，此时会显示一个“插入函数”对话框，如图 7.10 所示。通过该对话框就可以查到 Excel 中的所有函数。如果输入所需要的函数，则只要选中它后单击“确定”按钮，将出现一个输入函数参数对话框，通过该对话框就可以输入该函数所要求的参数，最后单击“确定”按钮结束操作。

表 7.3　Excel 常用函数

函 数 名	格　式	功　能	说　明
求和函数	SUM(c1,c2,…)	计算各参数数值的和	参数个数最多为 30 个
平均值函数	AVERAGE(c1,c2,…)	求各参数数值的平均值	参数个数最多为 30 个
计数函数	COUNT(c1,c2,…)	计算参数组中的数值型数据的个数	参数个数最多为 30 个
最大值函数	MAX(c1,c2,…)	计算各参数数值中的最大值	参数个数最多为 30 个
最小值函数	MIN(c1,c2,…)	计算各参数数值中的最小值	参数个数最多为 30 个
取整函数	INT(c)	取给定参数的整数部分	参数为实数
绝对值函数	ABS(c)	取给定参数的绝对值	参数为实数
余数函数	MOD(c1,c2)	求 c1/c2 的余数	参数为整数

续表

函数名	格式	功能	说明
平方根函数	SQRT(c)	取给定参数的平方根值	参数应大于0
随机数函数	RAND()	产生0到1之间的一个随机数	本函数无参数

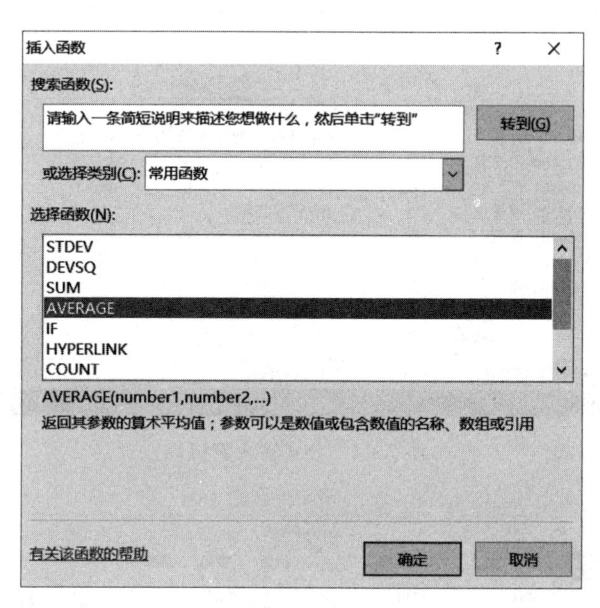

图 7.10　插入函数对话框

3）公式输入方法

在 Excel 工作表的单元格中可以输入一个公式，但输入结束后，表中显示的是计算结果。

在一个公式中，可以包括数、运算符、单元格引用地址、名字与函数等。但特别要指出的是，在输入公式时，是以"＝"开始的，否则系统认为是文字型数据。

例如，在图 7.9 所示的工作表中，后面增加一列"总分"（指每个学生两门课程的总分），下面增加一行"平均成绩"（指各门课程的平均成绩），并且要输入每个学生的总分和各门课程的平均成绩。现在如果选中单元格 E10，首先单击"公式"|"（函数库）插入函数"命令，然后在显示的"插入函数"对话框（如图 7.10 所示）中选中函数 AVERAGE 后单击"确定"按钮，再在显示的"函数参数"对话框中输入参数"E3:E9"后单击"确定"按钮。此时，在编辑栏中显示公式"＝AVERAGE(E3:E9)"，而在单元格中将显示该公式的计算结果"88.857 14"（所有学生数学课程的平均成绩），如图 7.11 所示。同样，如果选中单元格 G3 后，按同样的方法输入公式"＝SUM(E3:F3)"后，则在编辑栏中显示该公式，而在单元格中显示该公式的计算结果"186"（两门课程的总分），如图 7.12 所示。

7.3.2　单元格数据的编辑

1. 数据的移动与复制

在 Excel 中，移动或复制单元格或单元格区域中的数据，既可以在同一张工作表中进

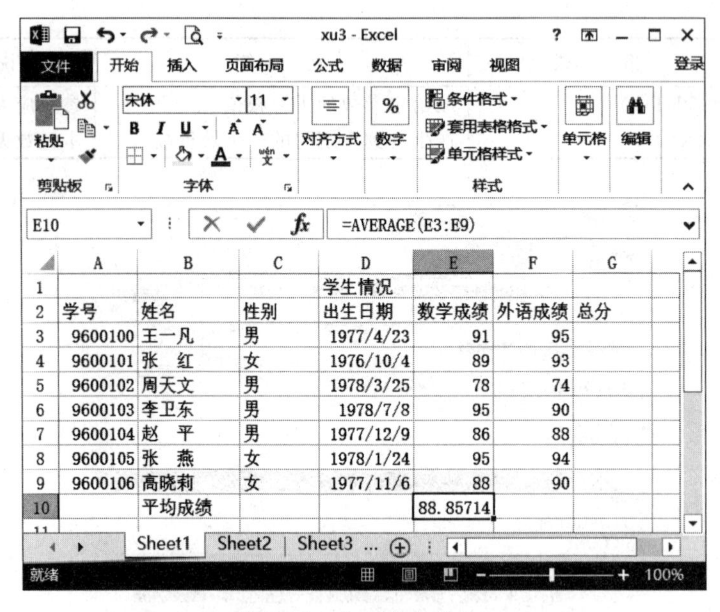

图 7.11　公式输入例(1)

图 7.12　公式输入例(2)

行，也可以在不同的工作表之间进行。

移动或复制单元格数据可以有两种方法。

1）利用剪贴板移动或复制单元格数据

首先选定包含需要移动（或复制）数据的单元格或单元格区域，利用“剪切”（或“复制”）操作，即单击“开始”|“（剪贴板）剪切”命令或“开始”|“（剪贴板）复制”命令，将数据移（或复制）到剪贴板中；然后选定需要粘贴数据的目的单元格或单元格区域左上角的第一

个单元格，利用“粘贴”操作，即单击“开始”|“(剪贴板)粘贴”命令，将剪贴板中的数据粘贴到目的单元格或单元格区域中。

2) 利用鼠标拖动移动或复制单元格数据

选定包含需要移动(或复制)数据的单元格或单元格区域，并将鼠标移动到单元格边框，当鼠标指针呈十字箭头状时，按住鼠标左键(或同时按住 Ctrl 键后)拖动到要粘贴的单元格后放开鼠标左键即可。

2. 单元格数据格式化

在 Excel 2013 中，可以对工作表中的单元格数据进行格式化操作，使工作表中的数据更加整齐、美观。

单击“开始”|“(字体)”命令组中右下角的“字体设置”启动按钮，或单击“开始”|“(对齐方式)”命令组中右下角的“对齐设置”启动按钮，或单击“开始”|“(数字)”命令组中右下角的“数字格式”启动按钮，或单击“开始”|“(单元格)格式”|“设置单元格格式”命令，或右击活动单元格，在显示的快捷菜单中选择“设置单元格格式”命令都将显示一个“设置单元格格式”对话框，如图 7.13 所示。在这个对话框中，共有 6 个标签，分别用于设置选定单元格数据的显示格式、字体、对齐方式、边框线、图案、数据保护等功能。

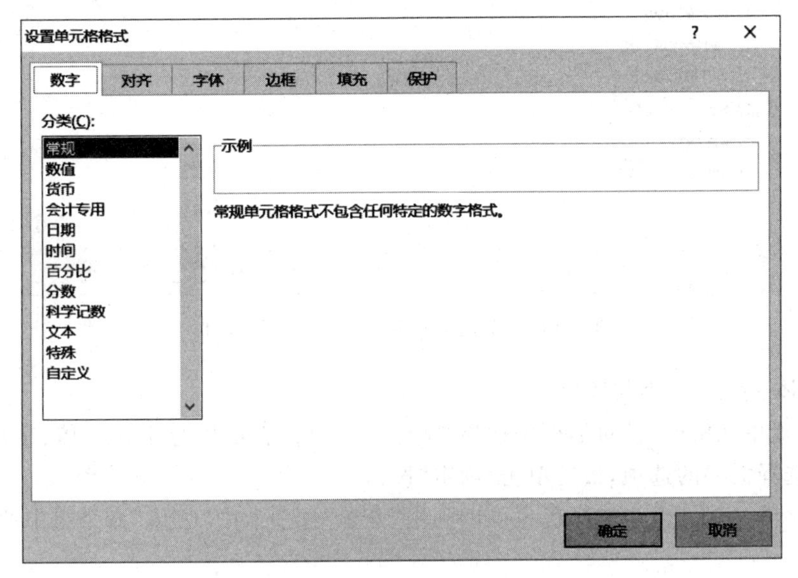

图 7.13 “设置单元格格式(数字)”对话框

1) 数据的显示格式

在 Excel 内部共设置了 11 种数据格式，分别是常规、数值、货币、会计专用、日期、时间、百分比、分数、科学记数、文本和特殊。如果需要，用户还可以自己定义数据格式。在“设置单元格格式”对话框中选择“数字”标签后，在对话框中将出现“分类”列表框，如图 7.13 所示。首先在“分类”列表框中选择数据的类别，此时在右边将列出该类数据的各种显示格式，然后在其中选择具体的显示格式，最后单击“确定”按钮。

2）文字与数值的对齐方式

在为单元格输入数据时，对于文字数据默认是左对齐，而对于数值数据默认是右对齐。有时为了使工作表更易阅读，可以重新设置对齐方式。

“设置单元格格式”对话框中选择“对齐”标签后，如图 7.14 所示，分别在水平对齐、垂直对齐、方向框中选择需要的选项，最后单击“确定”按钮。

设定单元格数据的对齐方式也可以利用“开始”选项卡“对齐方式”命令组中的“左对齐”“右对齐”“居中对齐”或“跨列置中”等命令或按钮。

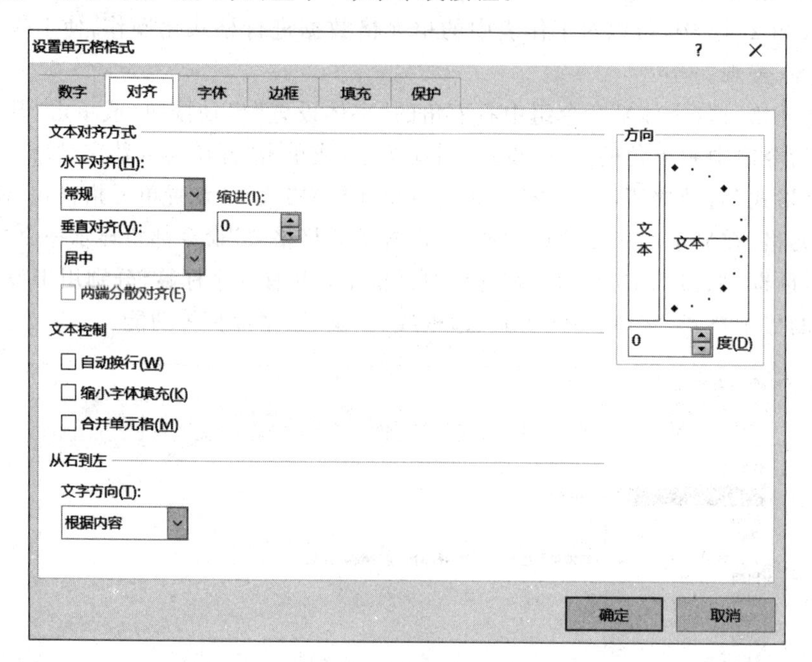

图 7.14 “设置单元格格式(对齐)”对话框

3）字体、字形、大小与颜色

在“设置单元格格式”对话框中选择“字体”标签后，就可以分别在字体、字形、大小等列表框中选择需要的选项，最后单击“确定”按钮。

设定字体、字形、大小与颜色也可以利用“开始”选项卡中“字体”命令组中的各命令或按钮。

4）边框线

边框线用于区分工作表中各种区域，以便突出某些重要数据。

在“设置单元格格式”对话框中选择“边框”标签后，就可以在“边框”列表框中选择边框线的种类，然后在“线条”列表框中选择线型与颜色，最后单击“确定”按钮。

5）图案与颜色

Excel 提供了多种图案和多种颜色，可以自由地搭配图案与颜色，使表格的背景更加鲜明。

在“设置单元格格式”对话框中选择“填充”标签后，就可以分别选择单元格底纹的颜色与图案，最后单击“确定”按钮。

3. 自动套用格式

在 Excel 中还提供了一些已经定义好的由各种格式组合成的表格格式，用户可以直接套用这些表格格式。

首先选定需要格式化的单元格区域，单击"开始"|"(样式)套用表格格式"命令，然后从列表中选择一种表格格式。

4. 名字的使用

在 Excel 中，可以用名字来代表单元格或单元格区域，也可以用名字来定义常量或公式。

1）单元格或单元格区域的命名与使用

对单元格或单元格区域命名有两种方法。

第 1 种方法是：首先选定需要命名的单元格或单元格区域；然后单击名称框，使该栏进入编辑状态；最后在该栏中输入名字再按回车键。

第 2 种方法是：单击"公式"|"(定义的名称)定义名称"命令，在"新建名称"对话框中的"名称"输入框中输入一个名字；在"范围"下拉列表中选择一个工作表；在"引用位置"输入框中确认或修改单元格地址，如图 7.15 所示。最后按"确定"按钮。

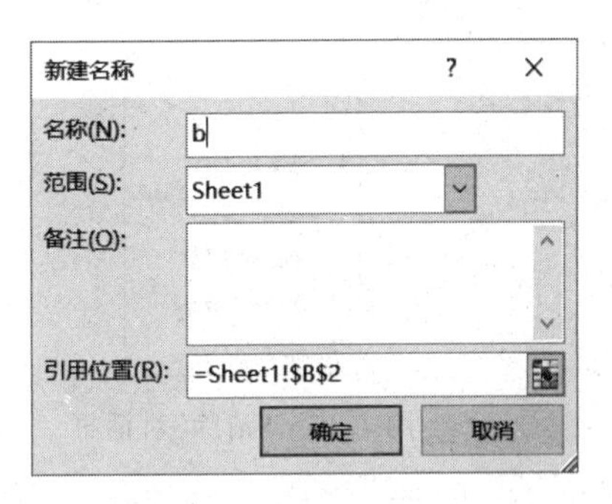

图 7.15 "新建名称"对话框

如果在同一工作簿的不同工作表中使用相同的名字，则必须在名字前加上工作表名。

当需要使用"名字"所代表的单元格或单元格区域中的数据时，可以将该"名字"中的数据粘贴到需要使用这些数据的单元格或单元格区域中。其方法如下：

从"名字框"的下拉式列表框中选择名字，单击"开始"|"(剪贴板)复制"命令，然后选中需要使用该"名字"中数据的单元格或单元格区域，最后单击"开始"|"(剪贴板)粘贴"命令。

2）常量与公式的命名与使用

常量与公式的命名与单元格命名的第 2 种方法基本相同，只是在图 7.15 所示的"新建名称"对话框的"引用位置"文本框中改为输入常量或公式即可。

5. 数据的清除与单元格的删除

1）清除单元格数据

所谓清除单元格数据是指将单元格中的内容、公式、格式等加以清除，也可以只清除其中的一部分。

首先选定包含需要清除数据的单元格或单元格区域；然后单击"开始"|"(编辑)清除"命令，此时会弹出一个对话框，如图 7.16 所示。在该对话框中，若选择"全部"，则清除选定单元格中的所有资料，使其成为空白单元格；若选择"格式"，则只清除选定单元格中的格式，如字体、颜色、边框线等；若选择"内容"，则只清除选定单元格中的公式或数据；若选择"附注"，则只清除选定单元格中的附注。

2）删除单元格

所谓删除单元格是指删除单元格的全部内容(包括单元格自身)。

首先选定要删除的单元格或单元格区域；然后单击“开始”|“(单元格)删除”命令，此时即将选定的单元格或单元格区域删除，并且按默认的方法将下方的单元格依次上移。如果单击的是“开始”|“(单元格)删除下拉菜单按钮”|“删除单元格”命令，则会弹出一个“删除”对话框，如图7.17所示。在“删除”对话框中，若选择“右侧单元格左移”，则在删除选定的单元格后，其右侧的所有单元格依次左移；若选择“下方单元格上移”，则在删除选定的单元格后，其下方的所有单元格依次上移；若选择“整行”，则删除选定单元格所在的整行；若选择“整列”，则删除选定单元格所在的整列。

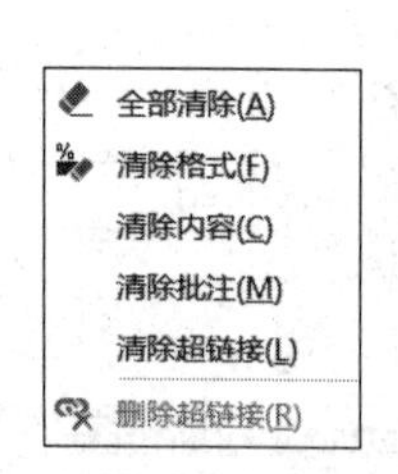

图7.16 “清除”对话框

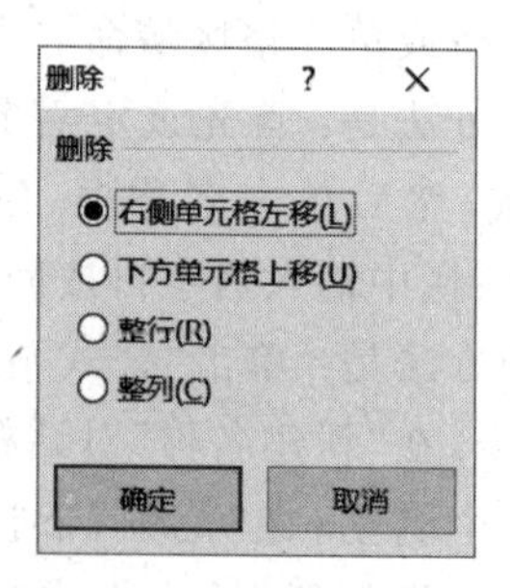

图7.17 “删除”对话框

7.3.3 数据的填充与序列数据的输入

1. 数据的填充

所谓数据的填充是指一次同时在相邻单元格中复制多份数据。数据的填充只能在所选单元格的上、下、左、右相邻的若干单元格中进行，即只能将选定单元格中的内容复制到上、下、左、右相邻的若干单元格中。

数据的填充有两种方法。

1）利用鼠标拖动

首先选定包含填充数据的源单元格，在此单元格的右下角有一个很小的实心方块，称为填充柄。然后将鼠标指针对准填充柄，指针变为实心的十字形状，此时可按住鼠标左键向上、下、左、右沿需要填充数据的相邻单元格拖动鼠标。当放开鼠标左键后，拖动时经过的单元格中均被填充了源单元格中的数据。

2）利用菜单操作

首先选定包含源单元格的单元格区域。然后在单击“开始”|“(编辑)填充”命令，此时出现一个“填充”子菜单，在该子菜单中选择“向下”“向右”“向上”“向左”(根据实际选定的单元格区域，这四项中只能有两项可以选择)，填充就完成了。在选中的单元格区域中，均被填充了源单元格中的数据。

2. 序列数据的输入

有时表格中同一行或同一列中相邻的若干单元格中的数据是有一定规则的，如等差级数、等比级数、连续的日期、编号等，一般称为序列数据。对序列数据不需要逐个输入，可以利用填充的方法快速输入。

输入序列数据有以下两种方法。

1）利用鼠标拖动

首先在起始的两个相邻单元格中分别输入第一个数据与第二个数据。然后选定这两个单元格，将鼠标指针对准区域右下角的填充柄，鼠标指针变为实心十字形状后按住鼠标左键拖动填充柄，此时系统将根据前两个数据自动在后续的各相邻单元格中填入相应的数据。

2）利用菜单操作

首先在填充区域的第一个单元格中输入第一个数据，并选定该填充区域。然后单击“开始”|“(编辑)填充”|“序列”命令，显示图 7.18 所示的“序列”对话框。在“序列”对话框中选择相应的选项并输入相应的参数后，单击“确定”按钮，系统就按要求在选定区域中填入相应的数据。

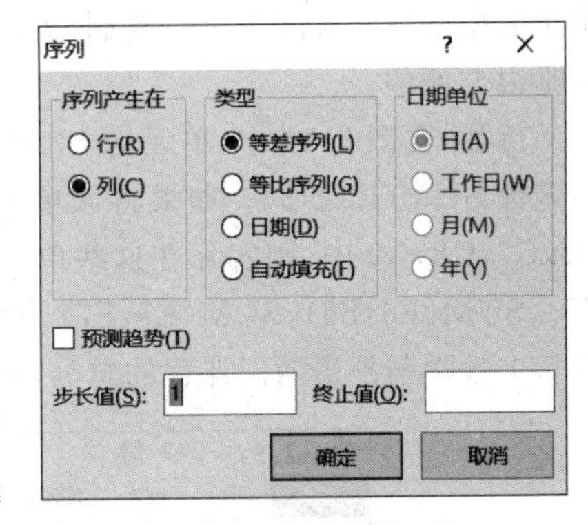

图 7.18 “序列”对话框

3. 单元格地址的引用方式

单元格是工作表的基本单位。在 Excel 公式与函数中都可以引用单元格地址，以代表对应单元格中的内容。

在公式和函数中引用单元格地址为运算带来了方便，也为修改单元格中的数据带来了很大的灵活性。例如，在图 7.12 所示的工作表中，单元格 G3 中的数据 186 是第 3 行中数学与外语两门课程的总分，但由于在该单元格中实际输入的是函数 SUM(E3:F3)，因此，如果改变了第 3 行中数学成绩或外语成绩，则单元格 G3 中的总分也将随之改变。

在 Excel 中，单元格地址有三种引用方式。

1）相对引用地址

单元格地址的相对引用反映了该地址与引用该地址的单元格之间的相对位置关系。将引用该地址的公式或函数复制到其他单元格时，这种相对位置关系也随之被复制。也就是说，在复制单元格的相对引用地址时，其实际地址将随着公式或函数所在的单元格位置的变化而改变。

单元格的相对地址用列标加行标表示。例如，E4、G12 等都是相对地址；E4:E10 是单元格区域的相对地址表示。也就是说，在此之前所涉及的单元格地址都是相对地址。

下面举例说明单元格地址的相对引用。

在图 7.12 所示的工作表中，单元格 E10 中被输入了一个函数 AVERAGE(E3:E9)，它表示对 E 列单元格 E3 到 E9 中的数学成绩求平均成绩，并且在该单元格中显示的是由该函数所计算得到的结果。现在如果将单元格 E10 中的内容复制到单元格 F10 中，由于单元格 E10 中实际是一个函数 AVERAGE(E3:E9)，因此复制到单元格 F10 中的也是一个函数。但又由于函数中的单元格区域地址(E3:E9)是相对引用，它表示与单元格 E10 在同一列中的 7 个单元格(即 E3,E4,E5,E6,E7,E8,E9)中数学成绩的平均值，因此，当将该函数复制到单元格 F10 中时，该函数中引用的单元格地址区域将表示与单元格 F10

在同一列中的 7 个单元格(即 F3,F4,F5,F6,F7,F8,F9)中外语成绩的平均值,即在复制后,单元格 F10 中显示的是外语的平均成绩,并且在单元格 F10 中的函数是 AVERAGE(F3:F9),如图 7.19 所示。

由此可以看出,单元格地址的相对引用对于在工作表中复制数据是很方便的。同样,由于数据的填充实际上也是复制,因此,单元格地址的相对引用对于在工作表中填充数据也是很方便的。

例如,在图 7.19 中,单元格 G3 中显示的总分是 186,而实际上在该单元格中输入的是函数 SUM(E3:F3)。如果将该单元格中的这个函数利用填充命令分别填入 G4,G5,G6,G7,G8,G9 中,则实际在这些单元格中填入的函数分别是 SUM(E4:F4),SUM(E5:F5),SUM(E6:F6),SUM(E7:F7),SUM(E8:F8),SUM(E9:F9),单元格中显示的是对应行上数学与外语两门课程的总分,如图 7.20 所示。

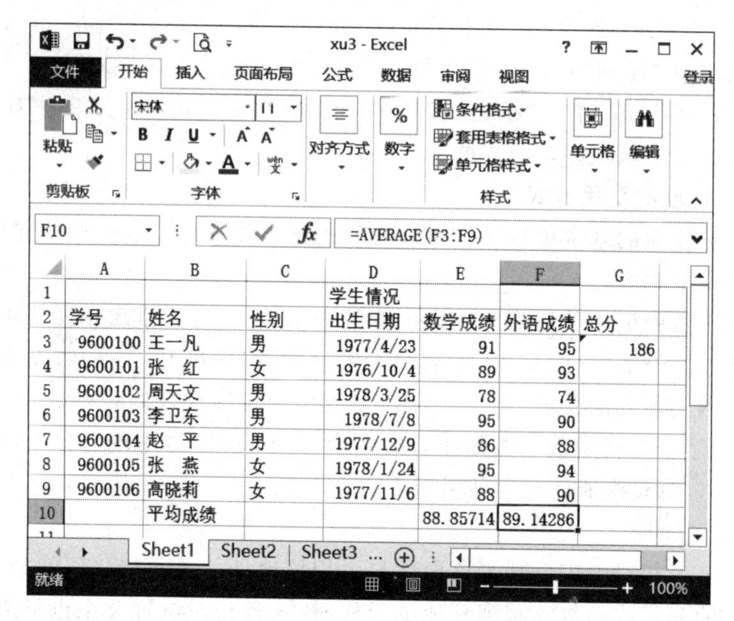

图 7.19 Excel 相对地址的复制

最后要指出的是,单元格地址的相对引用只是在复制操作中其相对位置关系才同时被复制。

2) 绝对引用地址

在一般的 Excel 公式或函数中,通常是引用单元格的相对地址,以便于数据的运算。在 Excel 公式或函数中,也可以引用单元格的绝对地址。所谓绝对地址是指将它复制到其他单元格时其地址是不变的。如果在相对地址的列标与行标前均加一个 $,则变成绝对地址。例如,相对地址 G6 表示成绝对地址是 G6。

3) 混合引用地址

所谓混合引用地址,是指在列标与行标中,一个使用绝对地址,而另一个使用相对地址。例如,G6 是相对地址,G6 是绝对地址,而 $G6 与 G$6 均是混合地址。

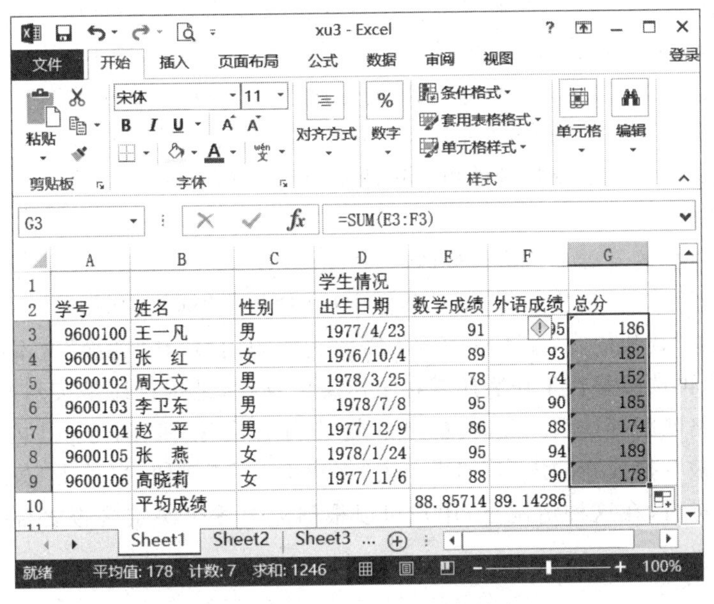

图 7.20　Excel 相对地址的填充

7.3.4　查找与替换

1. 查找数据

所谓查找是指从指定范围中查找指定的内容。

首先单击“开始”|“(编辑)查找和选择”|“查找或替换”命令，显示“查找和替换”对话框，选中“查找”标签，单击“选项”按钮，如图 7.21 所示。该对话框中各项目的意义如下：

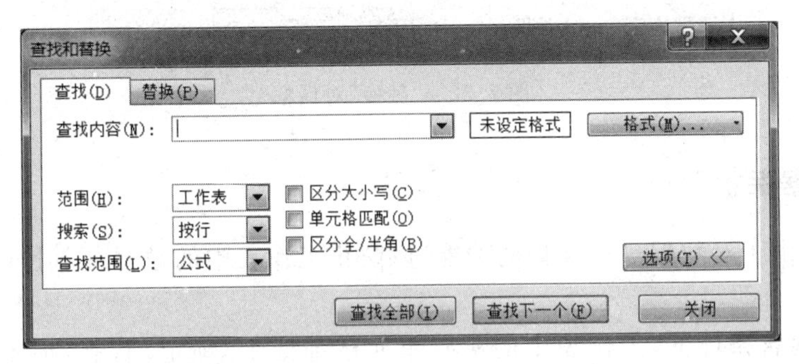

图 7.21　“查找”对话框

“查找内容”文本框：用以输入要查找的内容。

“范围”列表框：有两种方式，分别为在工作表或工作簿中查找。

“搜索”列表框：有两种方式，分别为按行或按列查找。

“查找范围”列表框：有三个选项。若选择“公式”，则可查找公式、数值与文字；若选择“值”，则只能查找数值与文字；若选择“批注”，则只能查找带有批注内容的单元格。

另外，若选择“区分大小写”复选框，则表示在查找过程中区分英文字母的大小写，否则大小写字母等价；若选择“单元格匹配”复选框，则表示查找内容必须与整个单元格内容完全相符时，查找才算完成，否则表示查找与查找内容部分匹配的单元格；若选择“区分全/半角”复选框，则表示在查找过程中区分全角与半角字符，否则不区分。

上述选项设置好后，单击“查找全部”或逐次单击“查找下一个”按钮，此时就开始查找。若找不到所要查找的内容，则系统会给出提示。如果系统没有给出提示，则表示已找到，应再单击“关闭”按钮，查找到的单元格即变为活动单元格。

2. 替换数据

替换是在查找的基础上再进行修改。

在图 7.21 所示的“查找和替换”对话框中选中“替换”标签，如图 7.22 所示。然后在“替换”对话框的“查找内容”文本框中输入需要查找的内容，在“替换”文本框中输入需要替换的新内容，再选择是在工作表还是在工作簿中查找，是按行还是按列搜索，是否区分大小写及单元格匹配等选项。此时，如果单击“全部替换”按钮，则与查找内容相符合的所有单元格中将被替换成新的内容；如果单击“查找下一个”按钮，再单击“替换”按钮，则查找与替换逐个进行，在这种情况下，用户可以根据需要逐个决定是否要替换。最后单击“关闭”按钮。

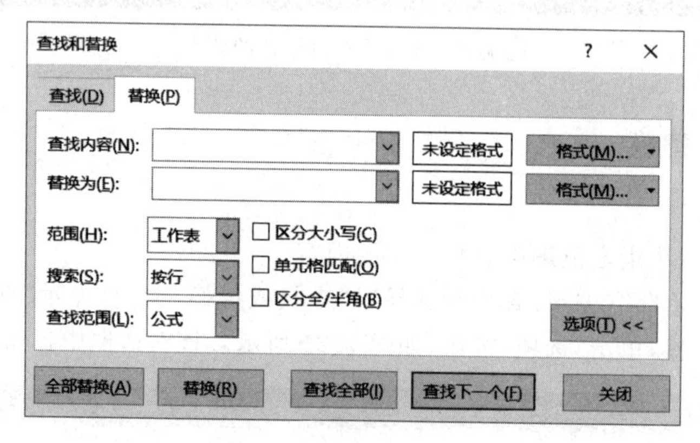

图 7.22 “替换”对话框

7.3.5 数据保护

Excel 提供了对数据进行保护的功能，以防止工作表中的数据被非授权存取或意外修改。

在系统隐含条件下，工作表中的所有单元格都处于“锁定”状态，但不起保护数据的作用，只有对处于“锁定”状态的单元格再执行“保护”命令后才能真正起到保护数据的作用。

单击“开始”|“（字体）”命令组中右下角的“字体设置”启动按钮；或单击“开始”|“（对齐方式）”命令组中右下角的“对齐”启动按钮；或单击“开始”|“（数字）”命令组中右下角的“数字格式”启动按钮；或单击“开始”|“（单元格）格式”|“设置单元格格式”命令；或右击活动单元格，在显示的快捷菜单中选择“设置单元格格式”命令都将显示“设置单元格格式”对话框。在“设置单元格格式”对话框中选中“保护”标签后，对话框如图 7.23 所示。

如果要取消当前选定的单元格或单元格区域的“锁定”状态，只需单击“锁定”复选框，

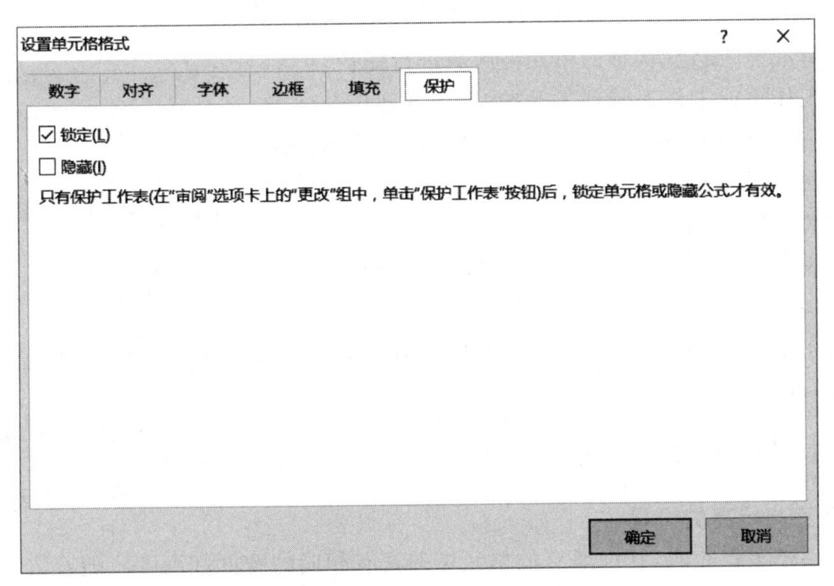

图 7.23 “设置单元格格式”对话框中选择“保护”标签

该框即变为空白。如果单击空白的“锁定”复选框，则出现符号“√”，表示当前选定的单元格或单元格区域又处于“锁定”状态。

在一般情况下，应使工作表中的所有单元格处于“锁定”状态，只有需要对工作表的部分单元格区域进行数据保护前，才对不需保护的单元格区域取消“锁定”状态。

数据保护分三种情况：保护工作簿，保护工作表，保护单元格区域。

1. 工作簿的保护

保护工作簿是为了防止改变工作簿的显示和排列格式。

单击“审阅”|“(更改)保护工作簿”命令，显示图 7.24 所示的“保护工作簿”对话框。在该对话框中，若选中“结构”复选框，则可防止对工作簿结构的修改，其中的工作表就不能被删除、移动、隐藏，也不能插入新工作表；若选中“窗口”复选框，则可防止移动与缩放工作簿窗口。在“密码”文本框中还允许用户设置口令(也可不设置)。最后单击“确定”按钮。

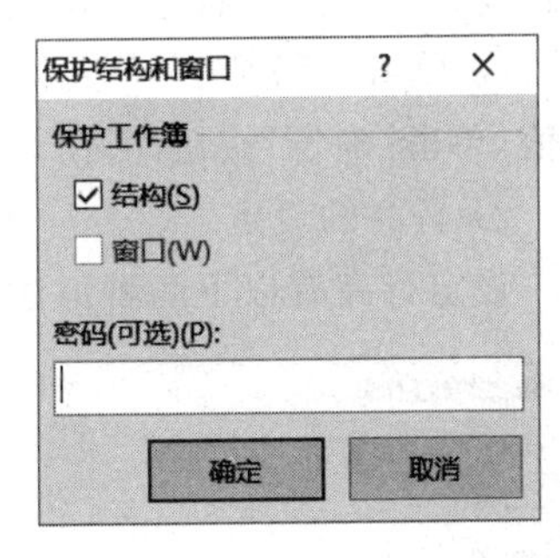

图 7.24 “保护工作簿”对话框

2. 工作表的保护

单击“审阅”|“(更改)保护工作表”命令，显示图 7.25 所示的“保护工作表”对话框。在该对话框中可以设置允许所有用户对该工作表进行的操作。在“密码”文本框中还允许用户设置口令(也可不设置)。最后单击“确定”按钮。

3. 单元格区域的保护

在大部分应用中，一般只需要保护工作表部分单元格区域中的数据，而不是整个工作表中的数据。在这种情况下，只要对不需保护的单元格区域取消“锁定”状态，然后对工作表执行“保护”命令，如图 7.25 所示，此时，实际上只对工作表中没有取消“锁定”状态的单元格区域进行保护。

如果工作簿或工作表受到了保护，则在“审阅”选项卡中控件“更改”组中的“保护工作簿”变成了“撤销工作簿保护”，或“保护工作表”变成了“撤销工作表保护”。在需要取消保护时，只需单击“审阅”|“(更改)撤销工作簿保护或撤销工作表保护”命令即可。必须注意，撤销对工作表的保护后，要将原先未被保护的区域恢复成系统隐含的“锁定”状态，实际上只要将工作表中的所有单元格设置成“锁定”状态即可。

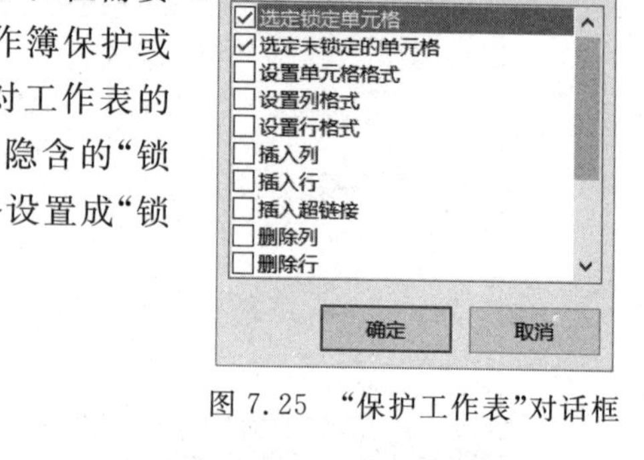

图 7.25 “保护工作表”对话框

7.3.6 对整个工作表的编辑

1. 列宽与行高的设置

新建一个工作表时，其中所有的单元格都具有相同的宽度和高度。随着数据的输入，各列中数据的长度可能是不一样的，有的很长，有的则很短，这就需要根据各列数据的长短情况来重新设定单元格的列宽。同样，也可以根据需要重新设定单元格的行高。

1）列宽的设定

设定列宽有以下三种方法。

① 将鼠标指针指向列头的右边界，此时指针呈“↔”状，然后双击，就将本列的单元格宽度调整为以本列中最长的数据为准。

② 将鼠标指针指向列头的右边界，此时指针呈“↔”状，然后按住鼠标左键向左或向右拖动代表单元格右边界位置的虚线，当移到合适位置后放开鼠标左键即可。

③ 单击“开始”|“(单元格)格式”|“列宽”命令，然后在“列宽”对话框中输入需要的列宽值，单击“确定”按钮即可。

2）行高的设定

设定行高有以下两种方法。

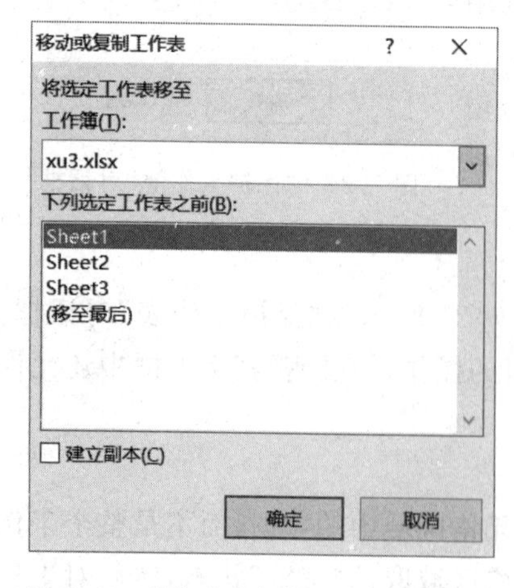

图 7.26 “移动或复制工作表”对话框

(1) 将鼠标指针指向行头的下边界，此时指针呈“↕”状，然后按住鼠标左键向上或向下拖动代表单元格下边界位置的虚线，当移到合适位置后放开鼠标左键即可。

(2) 单击“开始”|“(单元格)格式”|“行高”命令，然后在“行高”对话框中输入需要的行高值，单击“确定”按钮即可。

2. 移动与复制整个工作表

首先选定要移动或复制的工作表，然后单击“开始”|“(单元格)格式”|“移动或复制工作表”命令，屏幕显示“移动或复制工作表”对话框，如图 7.26 所示。在该对话框中输入或选定目的工作簿以及在其

中的位置(即哪一个工作表之前)。如果是复制,则应选中“建立副本”复选框。最后单击“确定”按钮。

3. 工作表的重新命名

打开一个工作簿后,默认的工作表名称为 Sheet1、Sheet2、…。为了从工作表名就能了解工作表的内容,需要给工作表重新命名。只要选定该工作表,单击“开始”|“(单元格)格式”|“重命名工作表”命令,此时选定的工作表名称处于可编辑状态,重新输入新的名称即可。

4. 工作表的插入与删除

单击“开始”|“(单元格)插入”|“插入工作表”命令即可插入一个工作表。利用同样的方法可以插入图表等。

单击“开始”|“(单元格)删除”|“删除工作表”命令,即可删除选定的工作表。

7.4 数据图表的设计

7.4.1 图表的建立

1. Excel 图表的基本概念

如果将工作表中的数据以图表的形式显示,则可以使数据分析更加清晰、直观。在 Excel 中,图表是以数据系列为基础而绘制的,生成的图表既可以直接嵌入到当前工作表中,也可以作为一张独立的新图表。

1) 数据系列与类

数据系列是指需要绘制成图表的数值集,即需要用图表形式显示的数据。例如,图 7.27 是一张平均成绩统计表,如果需要绘制反映平均成绩的图表,则数据系列就是该工作表中的平均成绩。

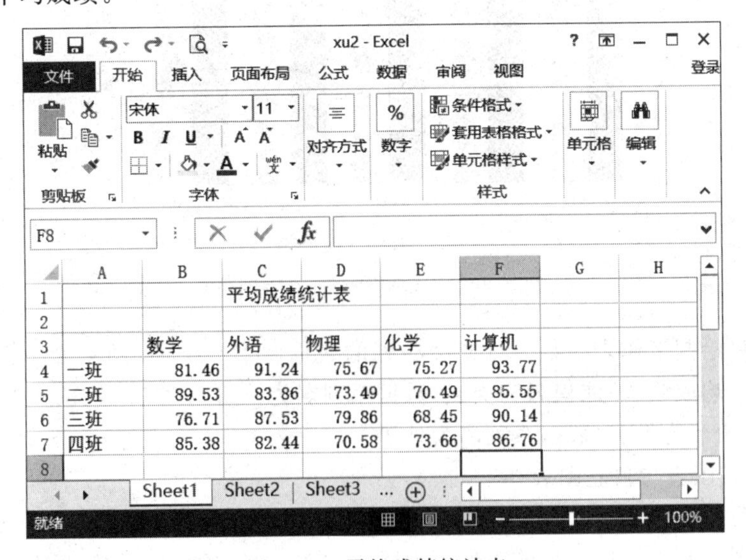

平均成绩统计表

	数学	外语	物理	化学	计算机
一班	81.46	91.24	75.67	75.27	93.77
二班	89.53	83.86	73.49	70.49	85.55
三班	76.71	87.53	79.86	68.45	90.14
四班	85.38	82.44	70.58	73.66	86.76

图 7.27 平均成绩统计表

类是用于组织数据系列的值。例如，在图 7.27 中，如果为了表示各班的平均成绩，则班就是类，类名就是班名，而数据系列名就是课程名（即选择“列”为系列数据）；如果为了表示各课程的平均成绩，则课程就是类，类名就是课程名，而数据系列名就是班名（即选择“行”为系列数据）。

由此可知，为了由工作表中的数据生成图表，必须要确定数据系列与类。如果生成的图表是直方图，则数据系列的值就是 Y 坐标，类名就是在 X 轴上的标题。例如，在图 7.27 所示的工作表中，如果以所有的平均成绩为数据系列，班名为类名，则数据系列名就是课程名（即选择“列”为系列数据），绘制成的直方图如图 7.28(a)所示；但如果以课程名为类名，则数据系列名就是班名（即选择“行”为系列数据），绘制成的直方图如图 7.28(b)所示。

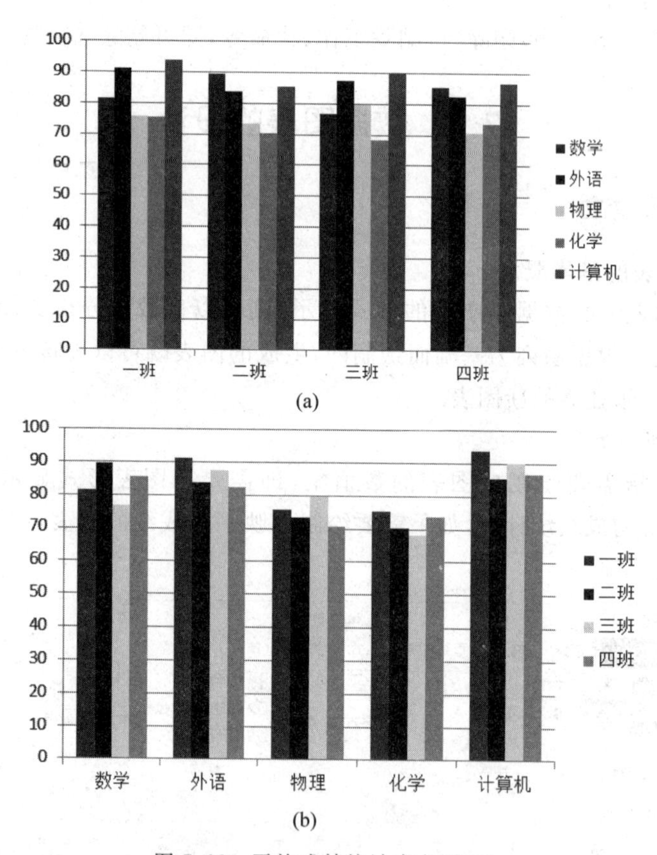

图 7.28　平均成绩统计直方图(1)

也可以只绘制工作表中某一行或某一列的数据图形。例如，图 7.29(a)反映了三班各门课程的平均成绩（即课程名为类名，数据系列名为三班）；图 7.29(b)反映了各班外语平均成绩（即班名为类名，数据系列名为外语）。

2）嵌入式图表与独立图表

(1）嵌入式图表

嵌入式图表是指直接在当前工作表中建立的图表。这种图表的数据取自工作表中的

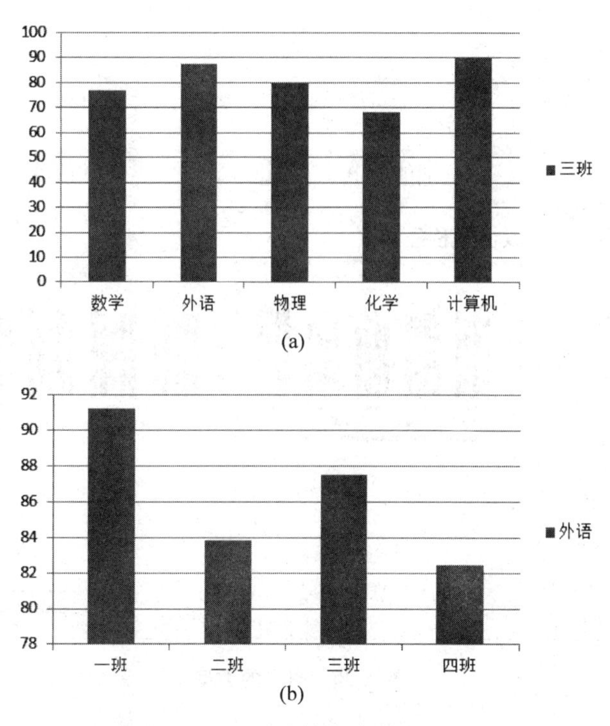

图 7.29　平均成绩统计直方图(2)

某个区域，并且当这个区域中的数据发生变化时，对应生成的图表也就随之变化。

嵌入式图表可以放在工作表的任何位置。

(2) 独立图表

所谓独立图表是指独立于工作表的图表。但独立图表的绘制依据仍然是当前工作表某区域中的数据。

独立图表建立后，被放置在专门放置图表的一个新的工作表 chart 中，并且 chart 被加入到工作表队列中。

2. Excel 图表的类型

在 Excel 2013 中，图表的标准类型中提供了 10 种图表类型，分别为柱形图、条形图、折线图、饼图、XY 散点图、面积图、雷达图、曲面图、股价图和组合图，如图 7.30 所示。下面简单介绍标准类型中常用的 10 种图表类型

1) 柱形图(直方图)

柱形图又称直方图。柱形图是用矩形的高低来表示数值的大小。例如，图 7.29(a)是图 7.27 所示工作表中三班各课程平均成绩的柱形图。在一张柱形图中也可以反映多个系列数据的变化情况。如图 7.28(b)是图 7.27 所示工作表中各班各课程平均成绩的柱形图。

2) 条形图

条形图是用矩形的长短来表示数值的大小。例如，图 7.31(a)是图 7.27 所示工作表

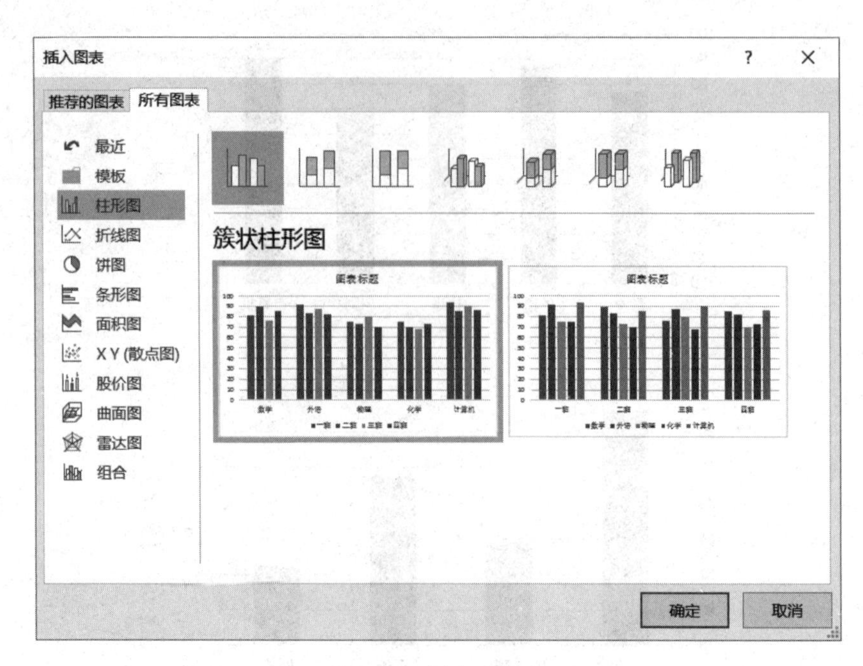

图 7.30　图表的类型

中三班各课程平均成绩的条形图。在一张条形图中也可以反映多个系列数据的变化情况。如图 7.31(b)是图 7.24 所示工作表中各班各课程平均成绩的条形图。

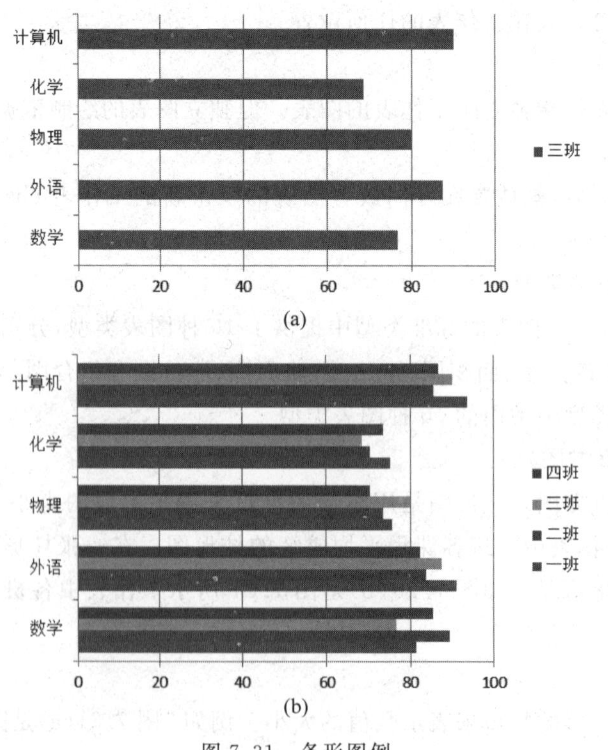

图 7.31　条形图例

3）折线图

折线图是将数据值用各直线段连接成一条折线。例如，图 7.32 是图 7.27 所示工作表中三班各课程平均成绩的折线图。如果绘制的是多个系列数据的折线图，则折线图中每一条折线表示一个系列数据，两条相邻折线之间的垂直距离表示数据点的值，并且不同的折线用不同的颜色绘制。

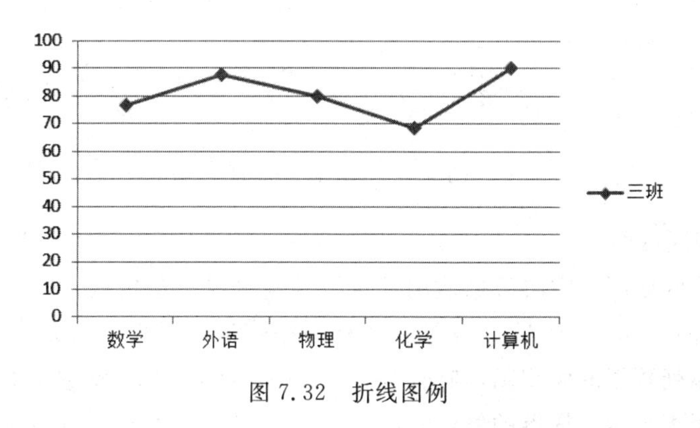

图 7.32　折线图例

4）饼图

饼图表示每个数据点值相对于整个系列数据总和的比例。一个饼图只能对应一个系列数据，系列数据中每个数据点对应饼图中的一个饼片。例如，图 7.33 是图 7.27 所示工作表中三班各课程平均成绩的饼图。

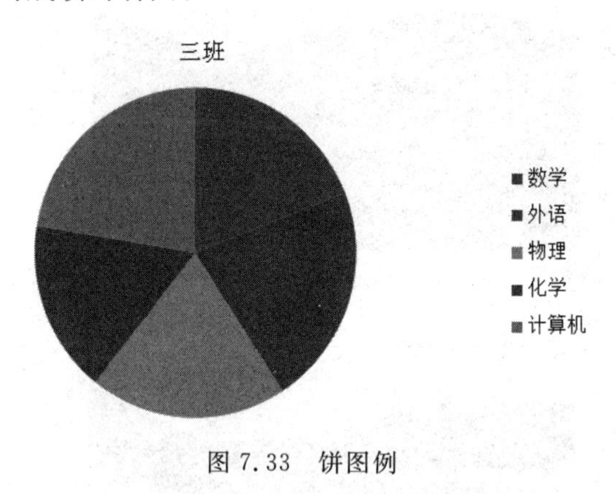

图 7.33　饼图例

5）XY 散点图

散点图用两个坐标表示一个点，其中 X 坐标取自一个系列数据，而 Y 坐标取自另一个系列数据。散点图通常用于表示两个系列数据之间的某种关系。例如，图 7.34 是图 7.27 所示工作表中三班各课程平均成绩的 XY 散点图，其中 X 坐标取自表示课程的文字系列数据，系统自动取它们的序号作为数值，Y 坐标为三班各课程的平均成绩。

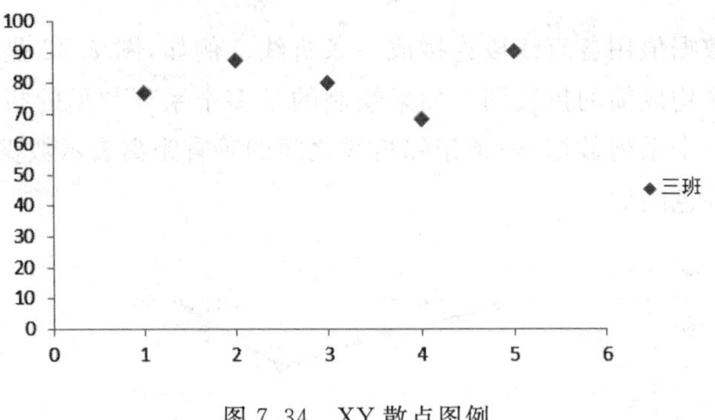

图 7.34　XY 散点图例

6）面积图(区域图)

面积图又称区域图。它将数据值用各直线段连接成一条折线,并将线下的区域用颜色填充。例如,图 7.35(a)是图 7.27 所示工作表中三班各课程平均成绩的面积图。如果绘制的是多个系列数据的面积图,则面积图中每一条折线表示一个系列数据,两条相邻折线之间的垂直距离表示数据点的值,并且,不同折线之间用不同的颜色填充,相同的颜色表示同一个系列数据。例如,图 7.35(b)是图 7.27 所示工作表中各班各课程平均成绩的面积图。

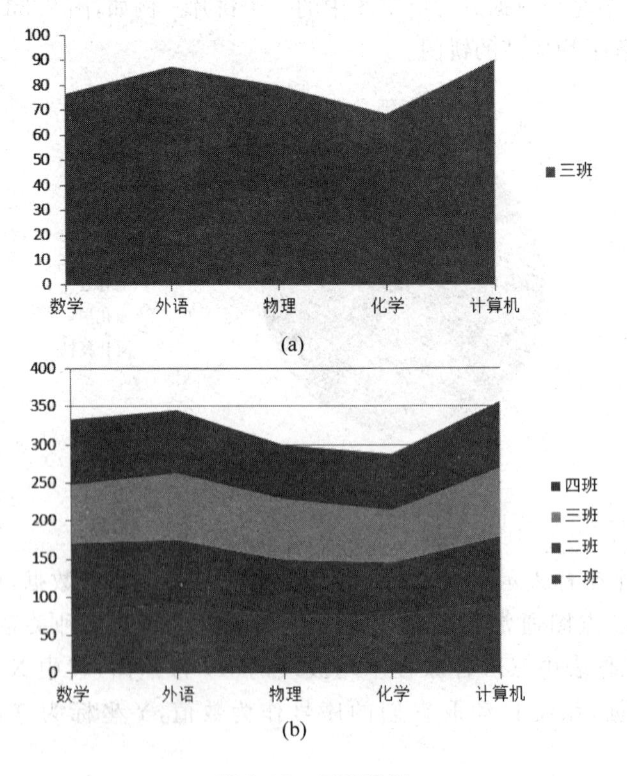

图 7.35　面积图例

7）雷达图

在雷达图中，每个数据点值由距离中心点的半径长度来表示。例如，图 7.36 是图 7.27 所示工作表中三班各课程平均成绩的雷达图。

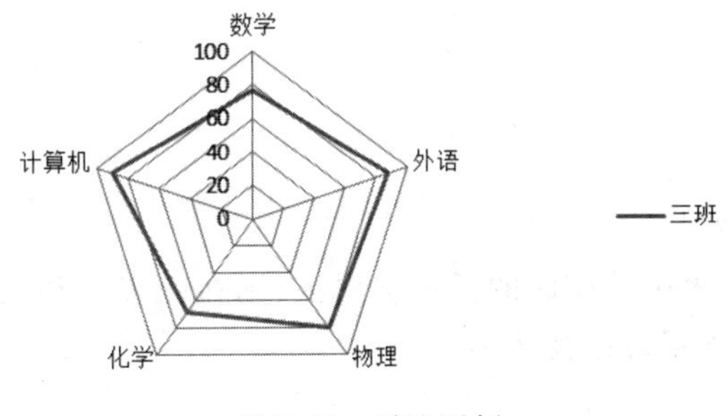

图 7.36　雷达图例

8）曲面图

在曲面图中，用不同系列数据的折线绘制在不同的平面上，并且用不同颜色的网格来连接各折线。例如，图 7.37 是图 7.27 所示工作表中各班各课程平均成绩的曲面图。

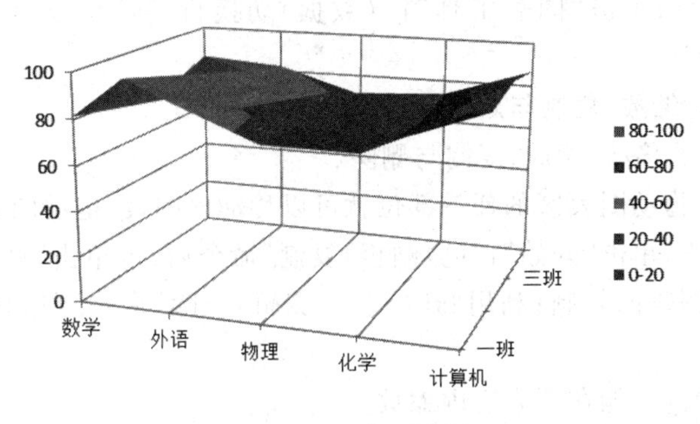

图 7.37　曲面图例

3. Excel 图表的建立过程

建立 Excel 图表的方法如下。

1）选定用于制图的数据区域

在制图之前首先要选定用于制图的数据区域，该选定的区域将作为制图的依据。

选取的制图数据区域可以是连续的，也可以是不连续的。但在选取区域时最好要包括那些表明图中数据系列名和类名的标题。

2）生成嵌入式图表或独立图表

如果要生成嵌入式图表，则单击"插入"|"(图表)"命令组右下角的"查看所有图表"启动按钮，此时屏幕显示图 7.30 所示的"插入图表"对话框。然后在该对话框中选择一种图表类型，再在右边的"子图表类型"列表框中选择一个合适的子图表类型，最后单击"确定"按钮。

如果要生成独立图表，则直接按 F11 键，系统将生成一个默认的图表(如直方图)，

并在功能区显示“图表工具”选项卡，单击“图表工具(格式)”|“(类型)更改图表类型”命令，将显示与图7.30相同的“更改图表类型”对话框。在该对话框中选择一种图表类型，再在右边的“子图表类型”列表框中选择一个合适的子图表类型，最后单击“确定”按钮。

7.4.2 图表的编辑

1. 图表的选中

1）嵌入式图表的选中

如果单击嵌入式图表中绘图区的任意空白区，则在图表区和绘图区的边框都分别产生8个小方块，这表明该图表已被选中。

2）独立图表的选中

由于独立图表需要独立占有一个窗口，因此，只要在工作表队列中选中chart，则该独立图表就被选中。

不管是独立图表还是嵌入式图表，一旦图表被选中，功能区都将显示“图表工具”选项卡，可以进行常规的操作。例如，单击“图表工具”|“(类型)更改图表类型”命令，可以更改图表的类型；单击“图表工具”|“(数据)切换行/列”命令，可以更改数据系列名；等等。

2. 图表的移动、缩放、复制与删除

1）嵌入式图表的移动、缩放、复制与删除

在选中状态下，拖动图表区的任一部位就可以移动该图表；拖动图表区边框上的小方块就可以缩放该图表；单击“开始”|“(剪贴板)复制”命令后，再单击“开始”|“(剪贴板)粘贴”命令，可以实现图表的复制；利用“开始”|“(编辑)清除”命令可以从工作表中清除该图表。

必须注意，绘图区只能在图表区内缩放。

2）独立图表的复制与删除

由于独立图表是在工作表队列中，因此，复制和删除与工作表相同。

3. 编辑修改图表对象

图表对象是指构成图表的各部件，包括图表标题、坐标轴及标题、数据标签、数据表、误差线、网格线、图例等。

为了修改图表对象，首先选中图表，然后单击“图表工具”|“(图表布局)添加图表元素”命令，此时将显示下拉菜单如图7.38所示。单击菜单中的每一个子命令，又将弹出一个子菜单，这些子菜单命令用于设置对应图表对象的格式。例如，单击“图表标题”子命令，即显示如图7.39所示的子菜单，由此可以设定在图表中是否显示标题，标题在图表上方，标题居中覆盖，以及其他一些标题选项。

4. 组合图表

在实际应用中，如果图表中有两组数据值相差很大，则数值小的数据组在图表中就显示得不明显，甚至显示不出来。例如，图7.40是一张水电数据表，将数据表中的门牌号、水上月字数、水本月字数、用水量生成柱形图，如图7.41所示。从图7.41可以看出，由于

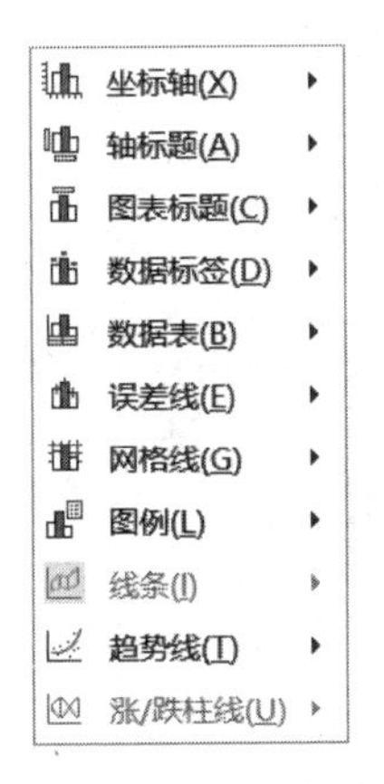

图 7.38 “添加图表元素”菜单

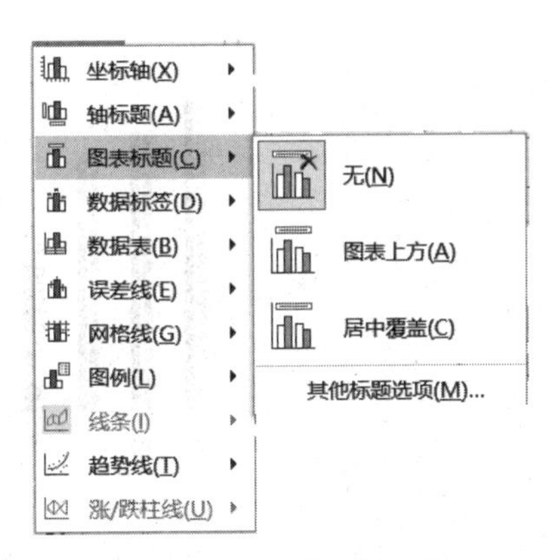

图 7.39 “图表标题”子菜单

xu4 - Excel

文件 开始 插入 页面布局 公式 数据 审阅 视图 登录

A6

	A	B	C	D	E	F	G	H	I	J
1					水电收费标准					
2				水费(元/吨)		电费(元/吨)				
3				1.3		0.37				
4										
5				牡丹花园6号楼4单元水电费						
6		水上月	水本月	用水量	本月水费	电上月	电本月	用电量	本月电费	本月水电费
7	门牌号	字数	字数	(吨)	(元)	字数	字数	(度)	(元)	合计(元)
8	101	956	980	24		8985	9099	114		
9	102	873	885	12		7893	7958	65		
10	201	789	801	12		6898	6956	58		
11	202	567	578	11		5945	5999	54		
12	301	675	689	14		6521	6589	68		
13	302	834	850	16		9112	9224	112		
14	401	589	606	17		6067	6113	46		
15	402	367	375	8		5023	5098	75		
16	501	479	491	12		5889	5934	45		
17	502	612	628	16		6981	7056	75		
18	合计									

Sheet1 Sheet2 Sheet3

就绪 平均值: 419.525 计数: 47 求和: 16781 100%

图 7.40 水电数据表

水上月字数、水本月字数两组数据的数值比用水量数值大很多,因此,在图表中用水量的数据显示得很不明显。

在这种情况下,可以在一个图表中使用两个坐标,并使用两种图表类型,使图表中数值相差很大的两组数据都能清楚地显示出来,并能加以区别。这种图表称为组合图表。

在上例中,为了使用水量的数据在图表中也能清楚地显示出来,可以为用水量数据系列设置一个次坐标轴(在右侧),图表类型使用折线图。具体做法如下:

首先选中图表区域。单击“图表工具”|“(类型)更改图表类型”命令,然后在显示的“更改图表类型”对话框中选择“组合”图表,在“更改图表类型”对话框的“为您的数据系列

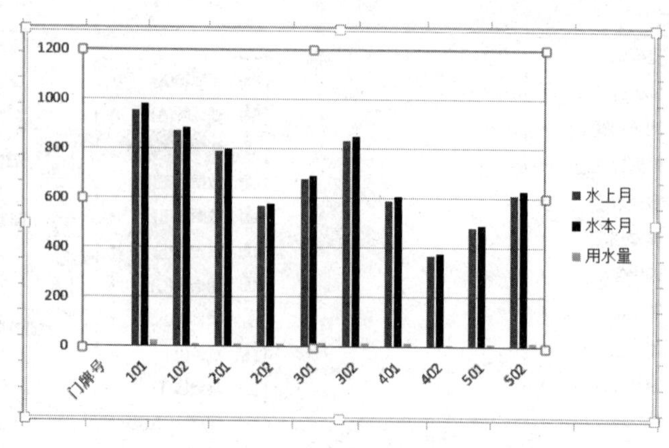

图 7.41　有一数据组显示不明显的图表

选择图表类型和轴”的输入框中,“水上月”和“水本月”的图表类型不变(即仍为柱形图),将“用水量”的图表类型更改为“折线图”且为次坐标轴(单击右边的小方框,使其显示√),如图 7.42 所示。最后单击“确定”按钮。

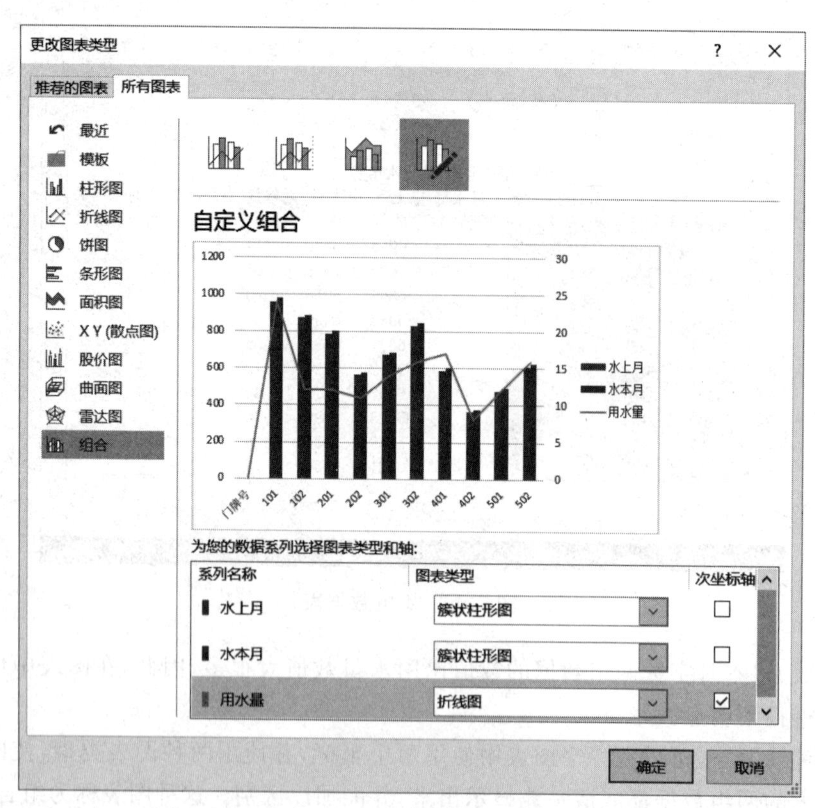

图 7.42　“设置数据系列格式”对话框

经过以上操作后,生成的组合图表如图 7.43 所示。

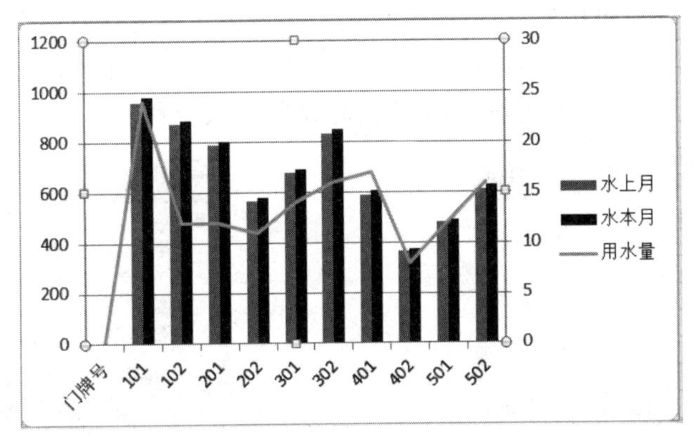

图 7.43　组合图表

7.5　数据管理

Excel 对工作表中数据的处理是以数据库管理的方式进行的,即一张工作表就是一个关系数据库。因此,Excel 具有数据库的排序、检索、数据筛选、分类汇总等功能。

7.5.1　数据清单的编辑

如果把工作表当作一个数据库,则工作表中的每一列就是一个字段,每一列中第一个单元格的列名称为字段名,字段名不能相同。如图 7.20 所示工作表中的学号、姓名、性别、出生日期、数学成绩、外语成绩、总分等都是段名;工作表中的列表示字段的数据,每一行是一个记录,其中存放着相关的一组数据。如图 7.20 所示的工作表中共有 8 个记录,其中第 2 行存放的是字段名,第 3 行为第一个记录。由多条记录组成的工作表区域称为数据清单。

需要注意的是,在一个工作表中最好只创建一个数据清单,这是因为在对数据清单管理时,一种操作只能对一个数据清单使用。如果存在有两个数据清单的数据在同一行或同一列,就会发生管理上的错误。如果在一张工作表中有多种数据,则在数据清单与其他数据之间要用若干行与若干列隔开,保证数据清单与其他数据不在同行与同列上。

在 Excel 中,对数据清单中的个别数据进行修改,插入或删除一个记录,插入或删除一个字段都是很方便的。

1. 修改某单元格中的数据

双击该单元格使其进入编辑状态,然后进行修改。修改完后按回车键。如果在修改过程中发现修改错了,则可以用“还原”按钮来取消修改。

2. 插入或删除一个记录

如果需要在某个记录前插入一个新记录,则右击该记录中的任意一个单元格,在显示的快捷菜单中单击“插入”命令,然后在“插入”对话框中选中“整行”,如图 7.44 所示。最后单击“确定”按钮,在数据清单中即插入了一个空记录,下面的记录将依次下移。此时就可以在这个空记录中输入数据。

如果需要在数据清单中删除一个记录，则右击该记录中的任意一个单元格，在显示的快捷菜单中单击“删除”命令，然后在“删除”对话框中选中“整行”，如图 7.45 所示。最后单击“确定”按钮，该记录就被删除了，下面的记录将依次上移。

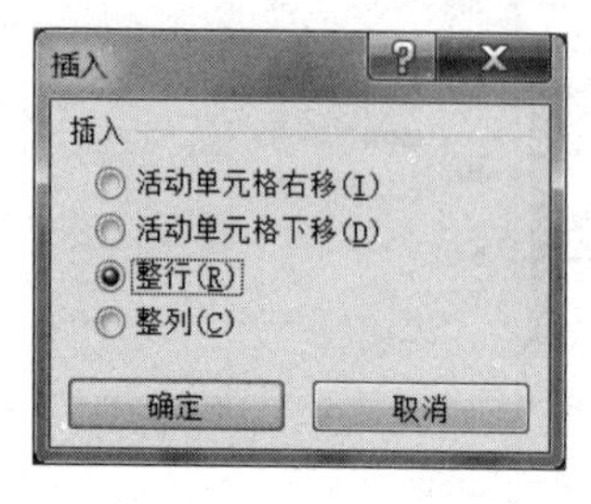

图 7.44 “插入”对话框

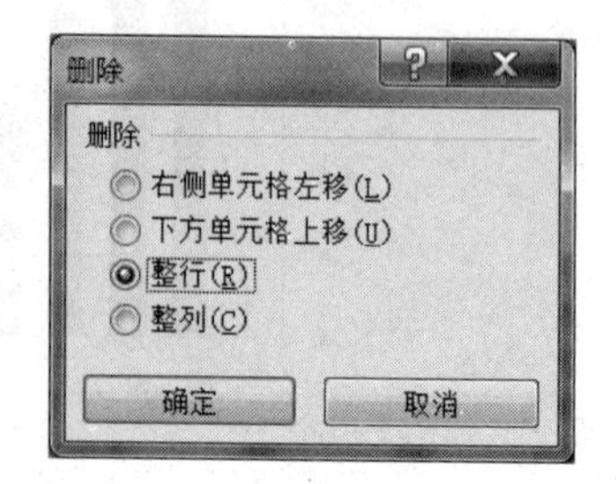

图 7.45 “删除”对话框

3. 插入或删除一个字段

如果需要在某个字段前插入一个新字段，则右击该字段中的任意一个单元格，在显示的快捷菜单中单击“插入”命令，然后在图 7.44 所示的“插入”对话框中选中“整列”。最后单击“确定”按钮，在数据清单中即插入了一个空字段，右边的字段将依次右移。此时就可以在这个空字段中输入字段名以及该字段下的数据。

如果需要在数据清单中删除一个字段(包括字段名以及该字段下的数据)，则右击该字段中的任意一个单元格，在显示的快捷菜单中单击“删除”命令，然后在图 7.45 所示的“删除”对话框中选中“整列”。最后单击“确定”按钮，该字段就被删除了，右边的字段将依次左移。

7.5.2 数据排序

在 Excel 2013 中，对数据清单中的数据进行排序的方法如下：

首先选中工作表中需要排序的区域，然后单击“数据”|“(排序和筛选)排序”命令，屏幕显示“排序”对话框，如图 7.46 所示。在“列主要关键字”的下拉列表框中选取相应的字段名(例如数学成绩)，在“排序依据”下拉列表框中选取相应的数据类型(例如数值)，在“次序”下拉列表框中选取“升序”或“降序”，最后单击“确定”按钮。

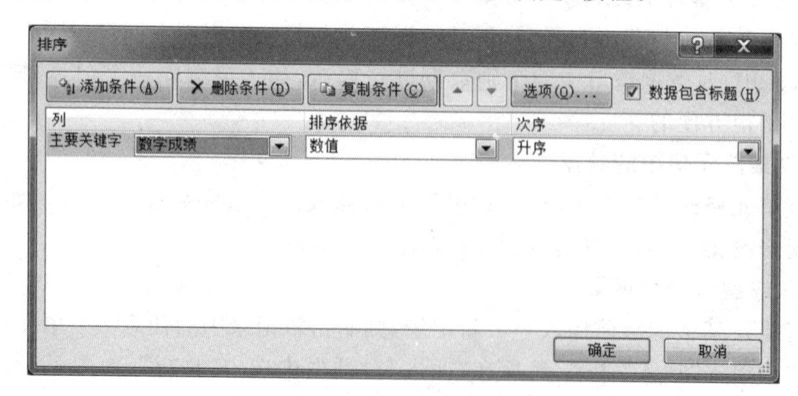

图 7.46 “排序”对话框

在“排序”对话框中选定“数据包含标题”,可使字段名不参加排序;如果不选定“数据包含标题”,则使字段名也参加排序,会使数据杂乱无章。

如果在“排序”对话框中单击“添加或复制条件”按钮,则在“主要关键字”下面再增加一行“次要关键字”,再单击一次,就再增加一行“次要关键字”,依次类推,从而可增加排序的层次。如果单击“删除条件”按钮一次,则删除最后一个添加或复制的条件,再单击一次,就再删除一个,依次类推。

7.5.3 数据筛选

筛选的作用是将满足条件的数据集中显示在工作表上,而将不满足条件的数据暂时隐藏。在 Excel 2013 中,筛选数据有两种方法:一是自动筛选,二是高级筛选。

1. 自动筛选

自动筛选是按照简单的比较条件快速对工作表中的数据进行筛选,将不满足条件的数据暂时隐藏起来,而只将满足条件的数据显示在工作表上。

自动筛选的步骤如下:

(1) 首先在工作表中任选一个单元格,然后单击“数据”|“(排序和筛选)筛选”命令,此时在工作表中每一个字段名旁边出现下拉式列表按钮。

(2) 选取需要设置条件的字段名旁边的下拉式列表按钮,在其列表框中设置条件。例如,为“性别”设置条件,在下拉式列表框中取消选择“男”,如图 7.47 所示。单击“确定”按钮后,在工作表中就不显示性别为男的数据行,如图 7.48 所示。

图 7.47 选择自动筛选后的工作表

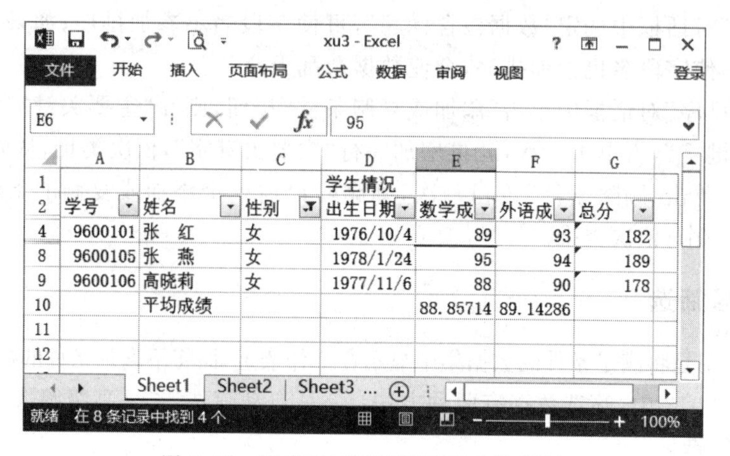

图 7.48 取消显示“性别”为男的数据行

接着还可以为其他的字段设置条件。

如果单击字段名旁边的下拉式列表按钮，在其列表框中选择“全选”，则该列取消筛选。

当执行自动筛选后，如果再次单击“数据”|“(排序和筛选)筛选”命令，则工作表将恢复。

2. 自定义自动筛选方式

自定义自动筛选方式与上面的自动筛选方法相似，只不过设置条件的过程稍微复杂一些。

自定义自动筛选的步骤如下：

(1) 首先在工作表中任选一个单元格，然后单击“数据”|“(排序和筛选)筛选”命令，此时在工作表中每一个字段名旁边出现下拉式列表按钮。

(2) 单击需要设置条件的字段名旁边的下拉式列表按钮(例如“数学成绩”)，在下拉菜单中单击“数字筛选”|“自定义筛选”命令(如果是其他字段，如“姓名”字段，则是“文本筛选”|“自定义筛选”命令)，即显示“自定义筛选”对话框，如图 7.49 所示。然后在该对话框中建立“与”或“或”的筛选条件。例如，在图 7.49 中设置的条件是“数学成绩大于或等

图 7.49 “自定义自动筛选方式”对话框

于 90,或者小于 70”。最后单击“确定”按钮后，在工作表中就只显示满足条件的数据行，如图 7.50 所示。在该对话框中有四个下拉列表框按钮,其条件值也可以从相应的列表框中选择。其中上下行中的条件可以为“与”的关系,也可以选择为“或”的关系。

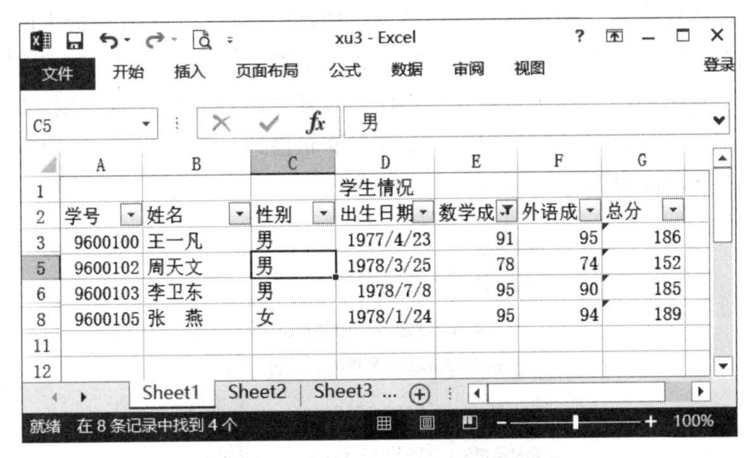

	A	B	C	D	E	F	G
1				学生情况			
2	学号	姓名	性别	出生日期	数学成	外语成	总分
3	9600100	王一凡	男	1977/4/23	91	95	186
5	9600102	周天文	男	1978/3/25	78	74	152
6	9600103	李卫东	男	1978/7/8	95	90	185
8	9600105	张　燕	女	1978/1/24	95	94	189
11							
12							

图 7.50　自定义自动筛选后的工作表

3. 高级筛选

高级筛选是指根据复合条件或计算条件来筛选数据,并允许把满足条件的记录复制到工作表的另一区域中,而原数据区域不变。

为了进行高级筛选,首先要在工作表的任意空白处建立一个条件区,该区的第一行应输入条件字段名,它应该与工作表的字段名完全一样,其后各行输入相应的条件。同一条件行中不同单元格的条件是互为“与”的关系,而不同条件行中的条件是互为“或”的关系。条件区中的空白单元格表示无条件。例如,在图 7.51 中,工作表下方的一个区域 A12:G14 是建立的条件区,第一行为条件字段名(与工作表的字段名完全一样),第二、三行是条件行。

	A	B	C	D	E	F	G
1				学生情况			
2	学号	姓名	性别	出生日期	数学成绩	外语成绩	总分
3	9600100	王一凡	男	1977/4/23	91	95	186
4	9600101	张　红	女	1976/10/4	89	93	182
5	9600102	周天文	男	1978/3/25	78	74	152
6	9600103	李卫东	男	1978/7/8	95	90	185
7	9600104	赵　平	男	1977/12/9	86	88	174
8	9600105	张　燕	女	1978/1/24	95	94	189
9	9600106	高晓莉	女	1977/11/6	88	90	178
10		平均成绩			88.85714	89.14286	
11							
12	学号	姓名	性别	出生日期	数学成绩	外语成绩	总分
13			男		>=95		
14			女		>=89		
15							

图 7.51　建立了条件区的工作表

然后选中数据区中的任意一个单元格，单击“数据”|“(排序与筛选)高级”命令，屏幕显示“高级筛选”对话框，如图 7.52 所示。在该对话框的“方式”框中，若选择“在原有区域显示筛选结果”，则筛选后的部分数据显示在原工作表位置处，而原工作表就不再显示；若选择“将筛选结果复制到其他位置”，则筛选后的部分数据显示在另外指定的区域，与原工作表并存。在“数据区域”文本框中输入参加筛选的数据区域；在“条件区域”文本框中输入条件区域；如果在“方式”框中选择了“将筛选结果复制到其他位置”，则还要在“复制到”文本框中输入用于放置筛选结果区域的第一个单元格地址。最后单击“确定”按钮就开始筛选。图 7.53 是经高级筛选后结果。

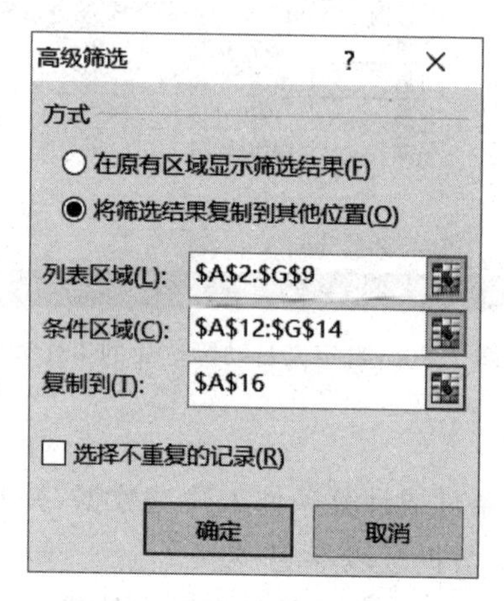

图 7.52 “高级筛选”对话框

	A	B	C	D	E	F	G
1				学生情况			
2	学号	姓名	性别	出生日期	数学成绩	外语成绩	总分
3	9600100	王一凡	男	1977/4/23	91	95	186
4	9600101	张　红	女	1976/10/4	89	93	182
5	9600102	周天文	男	1978/3/25	78	74	152
6	9600103	李卫东	男	1978/7/8	95	90	185
7	9600104	赵　平	男	1977/12/9	86	88	174
8	9600105	张　燕	女	1978/1/24	95	94	189
9	9600106	高晓莉	女	1977/11/6	88	90	178
10		平均成绩			88.85714	89.14286	
11							
12	学号	姓名	性别	出生日期	数学成绩	外语成绩	总分
13			男		>=95		
14			女		>=89		
15							
16	学号	姓名	性别	出生日期	数学成绩	外语成绩	总分
17	9600101	张　红	女	1976/10/4	89	93	182
18	9600103	李卫东	男	1978/7/8	95	90	185
19	9600105	张　燕	女	1978/1/24	95	94	189

图 7.53 经高级筛选后的工作表

7.5.4 数据统计

1. 数据的分类汇总

分类汇总是 Excel 提供的一项统计计算功能，它可以将相同类别的数据进行统计汇总，如求和、计数、求平均值、求最大值、求最小值、求标准偏差等。必须注意，分类汇总一般要求作为分类汇总的关键字段的数据已分组排列。例如，在图 7.54 中，如果需要以“性别”作为关键字段，将性别相同的一组记录中的某些数值字段（如数学成绩、或外语成绩、或总分）汇总（如求和、计数、求平均值、求最大值、求最小值、求标准偏差等）在一起，则在进行汇总前要先将“性别”字段进行排序，使“男”与“女”的记录分组排列，这样的汇总才有意义。如果“男”与“女”的记录分散在工作表中，汇总一般就失去了意义。

图 7.54 是一个以“性别”作为关键字经过排序后的工作表，已经将性别进行了分组。下面介绍对该工作表进行分类汇总的过程。

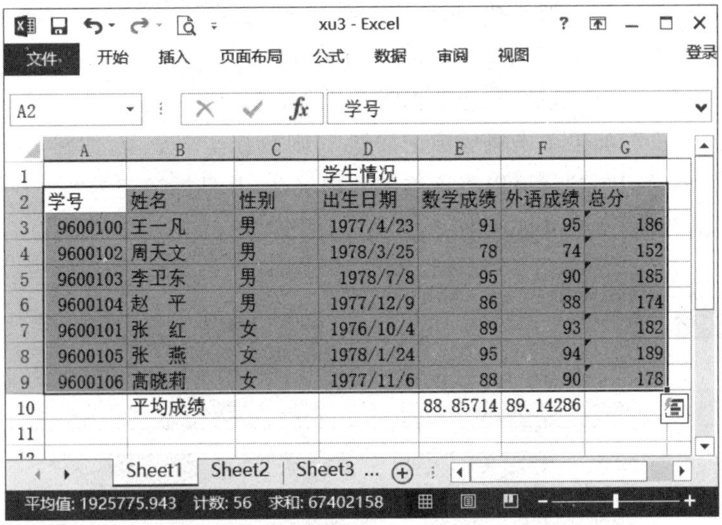

	A	B	C	D	E	F	G
1				学生情况			
2	学号	姓名	性别	出生日期	数学成绩	外语成绩	总分
3	9600100	王一凡	男	1977/4/23	91	95	186
4	9600102	周天文	男	1978/3/25	78	74	152
5	9600103	李卫东	男	1978/7/8	95	90	185
6	9600104	赵　平	男	1977/12/9	86	88	174
7	9600101	张　红	女	1976/10/4	89	93	182
8	9600105	张　燕	女	1978/1/24	95	94	189
9	9600106	高晓莉	女	1977/11/6	88	90	178
10		平均成绩			88.85714	89.14286	

平均值: 1925775.943　计数: 56　求和: 67402158

图 7.54　排序后的工作表

首先选定需要分类汇总的数据区，如图 7.54 所示。然后单击“数据”|“（分级显示）分类汇总”命令，屏幕显示“分类汇总”对话框，如图 7.55 所示。该对话框中各选项参数的意义如下：

“分类字段”下拉式列表框中列出了当前工作表中的各字段名，从中可以选择一个字段作为分类汇总的关键字段。在图 7.55 中选择“性别”作为关键字段，在分类汇总时将性别相同的记录中的某些数值字段汇总在一起。

“汇总方式”下拉式列表框中列出了 Excel 提供的各种汇总方式。在图 7.55 中选择“标准偏差”。

“选定汇总项”列表框中列出了当前工作表中的各字段名，从中可以选择进行汇总的数值字段。在图 7.55 中选择“总分”作为汇总的数值字段。

另外，在图 7.55 中还选中了“替换当前分类汇总”与“汇总结果显示在数据下方”两个选项。

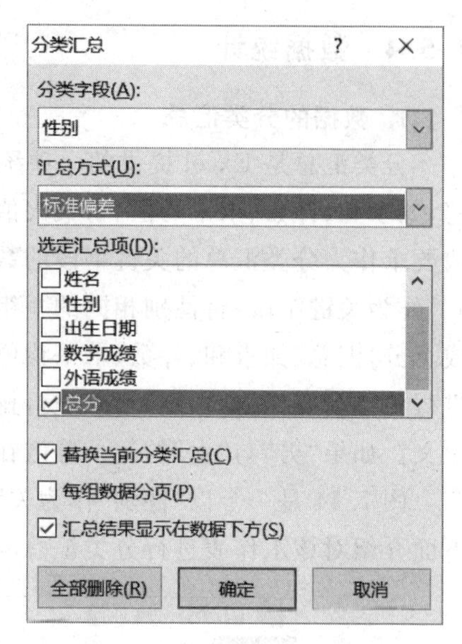

图 7.55 “分类汇总”对话框

完成了对话框中各选项的设置后，单击“确定”按钮，就可显示分类汇总表，如图 7.56 所示（图中分类汇总结果不包括“平均成绩”这一行）。

如果要恢复工作表，则再次单击“数据”|“（分级显示）分类汇总”命令，然后在“分类汇总”对话框中单击“全部删除”按钮即可。

由图 7.56 可以看出，在分类汇总表的左上角有三个小按钮，称为概要标记按钮，每个按钮的下方有对应的概要标记。

如果单击概要标记按钮 1，则只显示一个全部数据的汇总结果，其他数据被屏蔽，并且概要标记变为“+”；如果单击概要标记按钮 2，则只显示分类汇总结果与全部数据的汇总结果，其他数据被屏蔽，并且概要标记变为“+”；如果单击概要标记按钮 3，则数据全部显示，如图 7.56 所示。实际上，只要单击概要标记“－”就可以将该层的数据屏蔽，并且标记变为“+”；单击标记“+”，可以恢复该层的数据，标记又变为“－”。

xu3 - Excel

	A	B	C	D	E	F	G
1				学生情况			
2	学号	姓名	性别	出生日期	数学成绩	外语成绩	总分
3	9600100	王一凡	男	1977/4/23	91	95	186
4	9600102	周天文	男	1978/3/25	78	74	152
5	9600103	李卫东	男	1978/7/8	95	90	185
6	9600104	赵　平	男	1977/12/9	86	88	174
7			男 标准偏差				15.79821
8	9600101	张　红	女	1976/10/4	89	93	182
9	9600105	张　燕	女	1978/1/24	95	94	189
10	9600106	高晓莉	女	1977/11/6	88	90	178
11			女 标准偏差				5.567764
12			总计标准偏差				12.52996
13		平均成绩			88.85714	89.14286	
14							

平均值: 1773741.892　计数: 62　求和: 67402191.9

图 7.56 分类汇总后的工作表

2. 数据的合并

数据合并是指将多个工作表的数据按位置和类别进行合并。其中提供合并数据的工作表称为支持工作表,接受合并数据的工作表称为主工作表。支持工作表可以和主工作表在同一工作簿,也可以在不同的工作簿。在进行合并计算时,主工作表所在的工作簿必须是打开的,而支持工作表所在的工作簿可以是关闭的。如果将主工作表与支持工作表链接,则可以把支持工作表的后续改动同步反映到合并工作表中。

数据合并可以分为相同位置数据的合并和同类数据的合并。

1) 相同位置数据的合并计算

相同位置的数据合并要求支持工作表与主工作表对于需要合并的数据列具有完全相同的数据布局。下面举例说明数据合并计算的操作过程。

图 7.57 是一张原始的职工工资表,存于文件 41.xlsx 中。图 7.58 是一张职工加薪表,存于文件 42.xlsx 中。现要创建一张新的加薪后的职工工资表。

首先建立一张主工作表,它就是需要创建的新的加薪后的职工工资表。主工作表可以利用复制的方法得到,即将原始的职工工资表直接复制过来,再将“工资”字段的数据清除(实际上不清除也没有关系)。

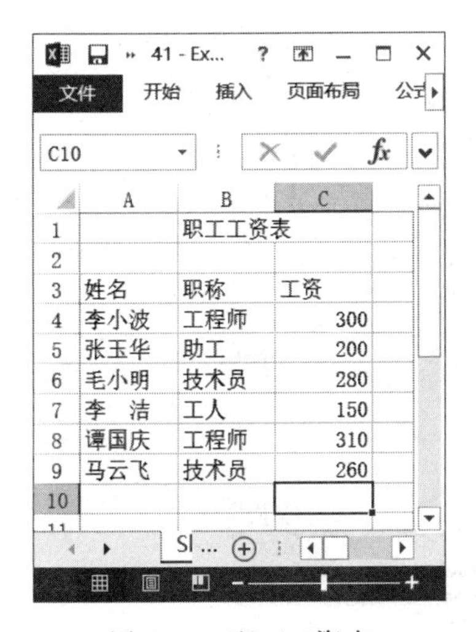

图 7.57　职工工资表

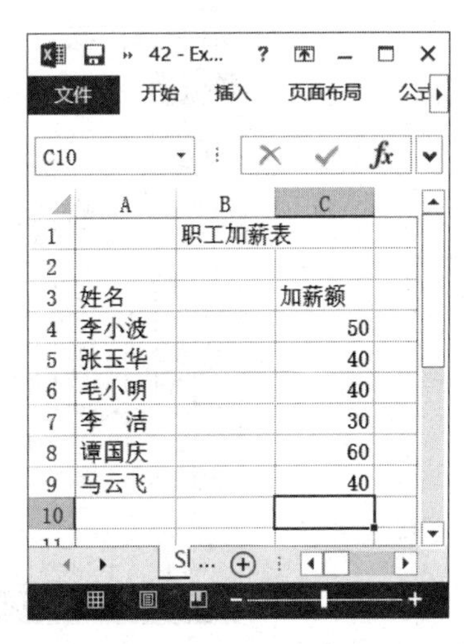

图 7.58　职工加薪表

然后在主工作表中选中“工资”字段区域,作为接受合并数据的目的区域。单击“数据”|“(数据工具)合并计算”命令,将显示“合并计算”对话框,如图 7.59 所示。

在“合并计算”对话框的“函数”下拉列表框中选择“求和”;在“引用位置”文本框中输入支持工作表中参加合并计算的数据区域后单击“添加”按钮,此时,该引用位置将显示在“所有引用位置”框中,然后用同样的方法输入第二个引用位置,直到所有的引用位置输入完毕。在图 7.58 中共输入了两个引用位置,一个是工作簿文件 41.xlsx 中原始职工工资表中“工资”字段中的数据(区域为 \$C\$4:\$C\$9);另一个是工作簿文件 42.xlsx 中职工加薪表中“加薪额”字段中的数据(区域为 \$C\$4:\$C\$9)。特别要注意,在输入引用位置时,如果参加合并计算的数据区域不在当前盘的当前工作簿中,则应使用盘符、路径、工作簿、工作表、数据区域的完整表示。所有引用位置输入完后,单击“确定”按钮,合并计算完成,此时在主工作表中将显示加薪后的职工工资,如图 7.60 所示。

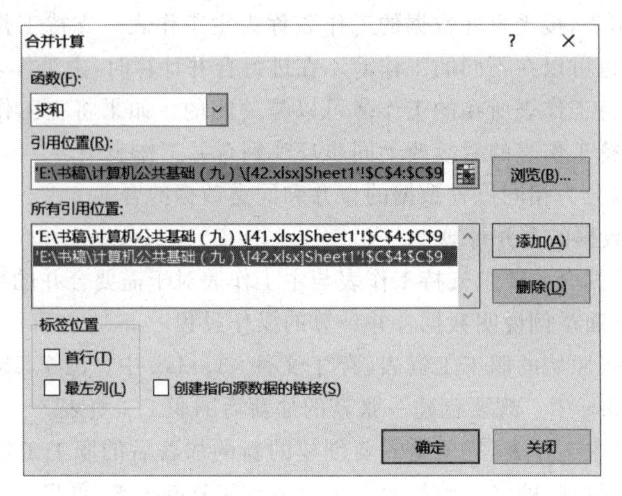

图 7.59 “合并计算”对话框

43 - Excel

文件 开始 插入 页面布局 公式 数据 审阅 视图

C4 350

	A	B	C	D	E	F
1		职工工资表				
2						
3	姓名	职称	工资			
4	李小波	工程师	350			
5	张玉华	助工	240			
6	毛小明	技术员	320			
7	李　洁	工人	180			
8	谭国庆	工程师	370			
9	马云飞	技术员	300			
10						
11						

Sheet1 Sheet ...

平均值: 293.3333333 计数: 6 求和: 1760

图 7.60 加薪后的职工工资表

2）同类数据的合并计算

同类数据的合并计算是根据数据的类别进行合并，因此，在主工作表中的目的区域与支持工作表中的引用区域都必须包含说明合并数据类型的列。但同类数据的合并计算不要求支持工作表与主工作表具有相同的数据布局。下面举例说明这种合并计算的过程。

根据图 7.57 所示的职工工资表以及图 7.58 所示的职工加薪表，利用同类数据合并计算的方法创建一张新的加薪后的职工工资表。

首先建立一张空的主工作表，并将活动单元格定位在准备合并输入姓名列的第一个单元格，如 A4。然后单击“数据”|“(数据工具)合并计算”命令，将显示“合并计算”对话框，如图 7.61 所示。

在“合并计算”对话框的“函数”下拉列表框中选择“求和”；在“引用位置”文本框中输入支持工作表中参加合并计算的数据区域后单击“添加”按钮，此时，该引用位置将显示在

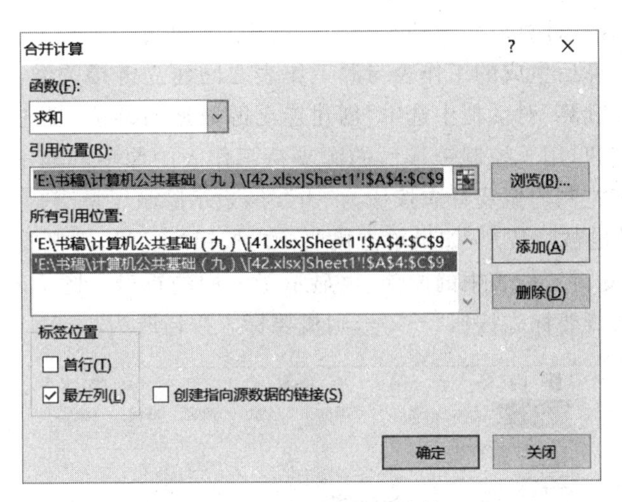

图 7.61 “合并计算”对话框

“所有引用位置”框中，然后用同样的方法输入第二个引用位置，直到所有的引用位置输入完毕。在图 7.61 中共输入了两个引用位置，一个是工作簿文件 41.xlsx 中原始职工工资表中的数据区域＄A＄4：＄C＄9；另一个是工作簿文件 42.xlsx 中职工加薪表中的数据区域＄A＄4：＄C＄9。特别要注意，在输入引用位置时，如果参加合并计算的数据区域不在当前盘的当前工作簿中，则应使用盘符、路径、工作簿、工作表、数据区域的完整表示。所有引用位置输入完后，再选中“标签位置”中的“最左列”后单击“确定”按钮，合并计算完成，此时在主工作表中将显示加薪后的职工工资，如图 7.62 所示。

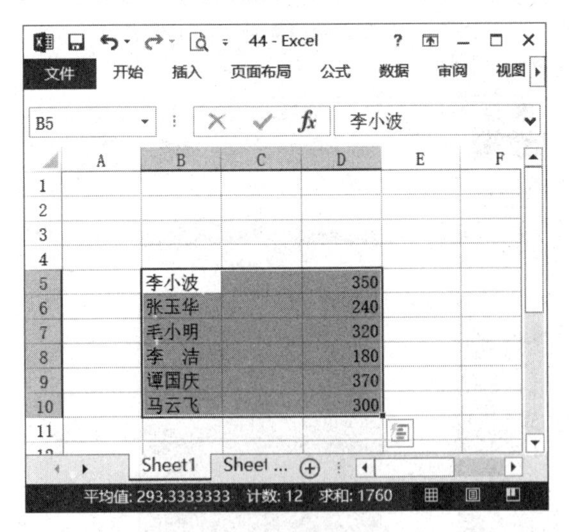

图 7.62 进行同类数据合并后的职工工资

经同类数据合并计算后得到的数据清单记录顺序是以“所有引用位置”框中的第一个引用位置为准的。

3）建立链接

如果合并计算后生成的工作表与源工作表之间建立了链接关系，则当源工作表中的相关数据改动后，合并计算后生成的工作表中的相应数据也将随之自动更新。

为了使合并计算后生成的工作表与源工作表之间建立链接关系，只需要在合并计算的过程中，在“合并计算”对话框中选中“创建连至源数据的链接”复选框，此时，表的左侧将显示概要标志按钮，用于控制链接后的源支持工作表中原项的显示和隐蔽，如图 7.63 所示。如果单击表左侧的概要标志按钮为“+”号，表示隐蔽了源支持工作表中的原项(注意：工作表的行号也被隐蔽)。如果单击概要标志按钮“+”号，则概要标志按钮改为“-”号，且显示出了源支持工作表中的原项，也显示了它们的行号。图 7.64 表示前三项显示了原项。如果单击概要标志按钮“-”号，则概要标志按钮改为“+”号，又隐蔽了源支持工

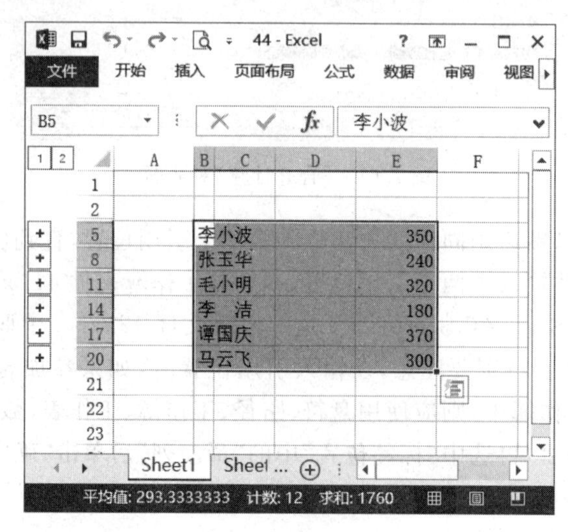

图 7.63　合并后建立链接的工作表(1)

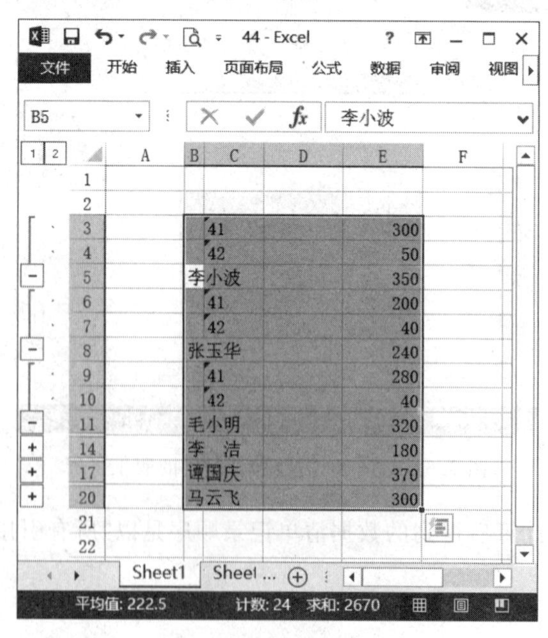

图 7.64　合并后建立链接的工作表(2)

作表中的原项。

3. 使用数据库统计函数

在 Excel 中，除了在前面介绍的一般统计函数外，还有一些面向数据清单的条件函数和 D 函数，它们可用于对数据清单中的数据进行各种统计分析。

1）简单条件统计函数的使用

在简单条件统计函数中，可以将数据表中的区域和条件直接作为函数的参数，便于对指定区域中的数据进行统计。下面介绍两个最常用的条件函数。

（1）COUNTIF(区域，条件)

该函数用于计算满足特定条件的单元格的数目。其中"区域"是指需要进行计数的区域，一般用字段名表示某列；"条件"一般用一个字符串表示，其内容应包含在指定的区域范围内。例如，=COUNTIF(职称，"工程师")表示统计数据表中"职称"这一列中数据为"工程师"的个数。

（2）SUMIF(区域，条件，求和区域)

该函数用于根据指定条件对求和区域中的数据求和。其中"区域"是指条件所在的区域，一般用字段名表示某列；"条件"一般是用一个字符串表达的条件内容；"求和区域"是指需要求和的数据区域。例如，=SUMIF(职称，"工程师"，工资)表示对数据表中"职称"为"工程师"的"工资"进行求和。

简单条件函数比较灵活，便于使用，但它们只能使用简单的全等条件。

2）D 函数的使用

使用 D 函数的一般格式为：

=D 函数名(数据区域，列标志，条件区域)

其中："数据区域"是指包含字段名行在内的数据清单的区域；"列标志"是指需要统计汇总的列标志，可用字段名或该字段在表中的序号来表示；"条件区域"是指条件所在的区域，同一行中的几个条件为"与"的关系，不同行中的条件为"或"的关系。例如，=DAVERAGE(A3:G13，"年薪"，I3:J5)表示数据区域 A3:G13 中"年薪"满足条件区域 I3:J5 中所列条件的平均值。

在指定单元格中除了直接输入 D 函数外，还可以用以下方法：

选中需要插入 D 函数的单元格，单击"公式"|"(函数库)插入函数"命令，此时显示"插入函数"对话框。在该对话框的"或选择类别"列表框中选中"数据库"后，在下边的"选择函数"列表框中列出了所有的 D 函数名，选中某个函数后按"确定"按钮。最后可在输入 D 函数参数对话框中输入各个参数后按"确定"按钮。

7.6 数据打印

在 Excel 中，数据打印包括工作表与图表的打印。其打印操作与 Word 文档的打印基本相同。读者可参看 6.8 节的内容。

在此需要指出的是，由于在工作表中可能嵌入图表，因此，在正式打印之前，对图表的编辑尤为重要，主要是图表的大小和位置。工作表与图表既不能互相重叠，又不能超出页面，也不能浪费页面空间。因此，需要通过打印预览不断调整。

图 7.65 是一张嵌入图表的工作表，图 7.66 是该图表的打印预览。

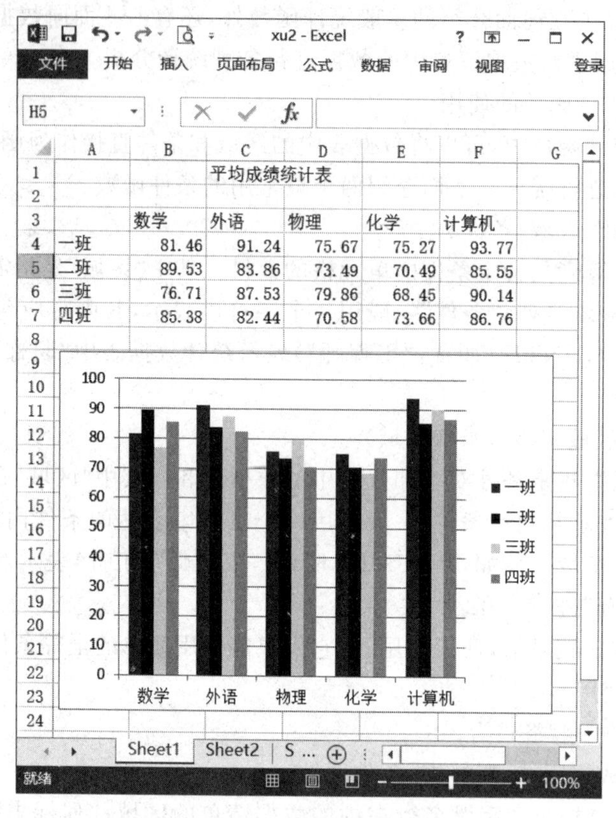

图 7.65　包含图表的工作表

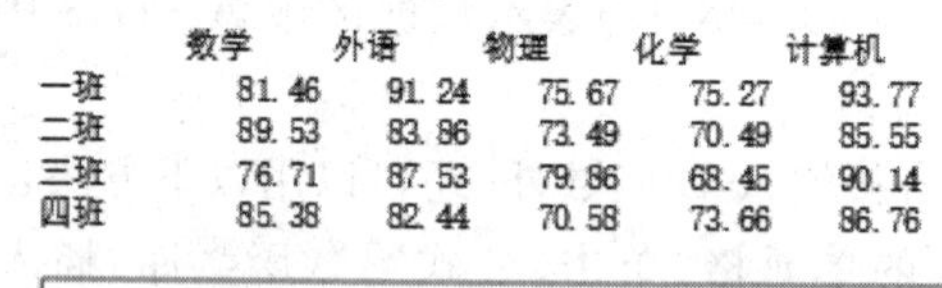

平均成绩统计表

	数学	外语	物理	化学	计算机
一班	81.46	91.24	75.67	75.27	93.77
二班	89.53	83.86	73.49	70.49	85.55
三班	76.71	87.53	79.86	68.45	90.14
四班	85.38	82.44	70.58	73.66	86.76

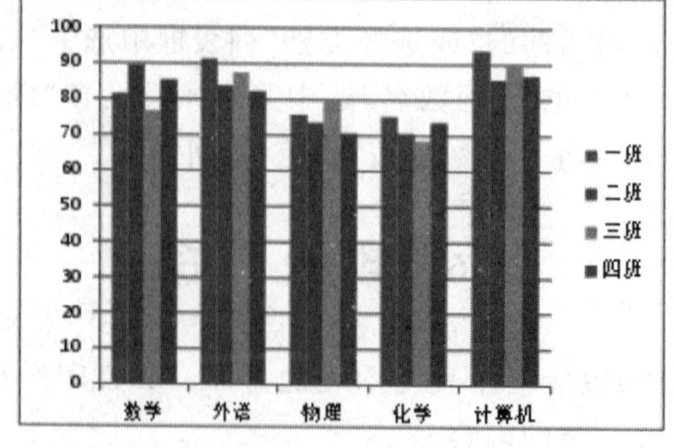

图 7.66　嵌入图表的工作表打印预览

习 题 7

一、选择题

1. 在 Excel 工作表中,活动单元格只能是(　　)。

A) 1 个　　B) 选中的一行　　C) 选中的一列　　D) 选中的整个区域

2. 在 Excel 中,给活动单元格输入数值型数据时默认为(　　)。

A) 居中　　B) 左对齐　　C) 右对齐　　D) 随机

3. 在 Excel 中,给活动单元格输入文字型数据时默认为(　　)。

A) 居中　　B) 左对齐　　C) 右对齐　　D) 随机

4. 在某 Excel 工作表中,设单元格 A2 的值为 7,单元格 B2 的值为 6.3,选中单元格区域 A2:B2,并将鼠标指针指向该区域右下角的填充柄后拖动至单元格 E2,则单元格 E2 的值为(　　)。

A) 7　　B) 6.3　　C) 3.5　　D) 4.2

5. 在 Excel 工作表中,属于正确的 Excel 公式的是(　　)。

A) =SUM(A1,A6)　　B) =SUM(A1:A6)

C) =SUM(A1;A6)　　D) =SUM(A1&A6)

6. 在 Excel 工作表中,单元格 D7 中有公式"= $A4+B8",删除第 5 行后,D6 单元格中的公式为(　　)。

A) = $A3+B8　　B) = $A3+B7

C) = $A4+B8　　D) = $A4+B7

7. 在 Excel 工作表中,对数据表进行"高级筛选"时,在多个条件的逻辑关系为"与"的情况下,这多个条件(　　)。

A) 必须出现在同一行　　B) 必须出现在同一列

C) 不能出现在同一行　　D) 无任何限制

8. 在 Excel 工作表中,为了查询条件如"年龄＜20 或年龄＜10"的记录,应使用(　　)。

A) 排序　　B) 筛选　　C) 分类汇总　　D) 智能填充

9. 在图 7.67 所示的 Excel 工作表中,将 A5 单元格中的公式"=AVERAGE(A1:A4)"复制到 B5 单元格中,则 B5 单元格中的值为(　　)。

A) 4　　B) 6　　C) 8　　D) 10

	A	B	C
1	2	3	
2	4	5	
3	9	9	
4	5	11	
5			

图 7.67　选择题 9 的工作表

10. 在 Excel 工作簿中,当前处于工作状态的工作表数为(　　)。

A) 1　　　　B) 3　　　　C) 255　　　　D) 任意多个

11. 在 Excel 工作表中,错误的单元格地址是(　　)。

A) C＄66　　　　B) ＄C66　　　　C) C6＄6　　　　D) ＄C＄66

12. 在 Excel 工作表中进行智能填充时,鼠标的形状为(　　)。

A) 空心粗十字　　　　B) 向左上方箭头

C) 实心细十字　　　　D) 向右上方箭头

13. 在 Excel 工作簿中,有关移动和复制工作表的说法正确的是(　　)。

A) 工作表只能在所在工作簿内移动但不能复制

B) 工作表只能在所在工作簿内复制但不能移动

C) 工作表可以移动到其他工作簿,但不能复制到其他工作簿

D) 工作表可以移动到其他工作簿,也可以复制到其他工作簿

14. 在 Excel 工作表中,单元格地址 AA6 所表示的单元格是(　　)。

A) 第 6 行第 AA 列　　　　B) 第 A 行第 A6 列

C) 第 A6 行第 A 列　　　　D) 第 AA 行第 6 列

15. 在 Excel 工作表中,单击某单元格后鼠标为向左上方空心箭头时,拖动鼠标(　　)。

A) 可复制该单元格的内容　　　　B) 可进行单元格的智能填充

C) 可移动该单元格的内容　　　　D) 可进行单元格的连续选定

16. 在 Excel 工作表的某单元格的编辑区输入"＝8/3/2005",单元格的格式默认为(　　)。

A) 字符串　　　　B) 日期型　　　　C) 数字字符串　　　　D) 数值型

17. 如果要在 Excel 工作表的某单元格内输入数字字符串"654",应在该单元格编辑区内输入(　　)。

A) 654　　　　B) 654'　　　　C) '654　　　　D) '654'

二、填空题

1. Excel 2013 工作簿文件的扩展名为________。

2. 启动 Excel 2013 后,默认的工作簿文件名为__(1)__、页名为__(2)__。

3. 在 Excel 中,单元格地址的引用有__(1)__、__(2)__、__(3)__三种。

4. 在 Excel 工作表的单元格 E6 中有公式"＝A1＋＄D＄4",将 E6 单元格中的公式复制到 F8 单元格,则 F8 单元格中的公式为________。

5. 在 Excel 工作表的单元格 B5 中有公式"＝E3＋＄C＄2",删除第 D 列后,则 B5 单元格中的公式为________。

6. 在 Excel 工作表的单元格 D5 中有公式"＝＄B＄2＋D4",在第 1 行后插入一行后,则 D6 单元格中的公式为________。

三、操作题

1. 建立一个图 7.68 所示的工作表。

依次操作如下:

(1) 在区域 A2:D6 中输入五个学生的有关成绩(以百分制)。

(2) 按照平时成绩占 40%、笔试成绩与实验成绩各占 30%的需求,在区域 E2:E6 中

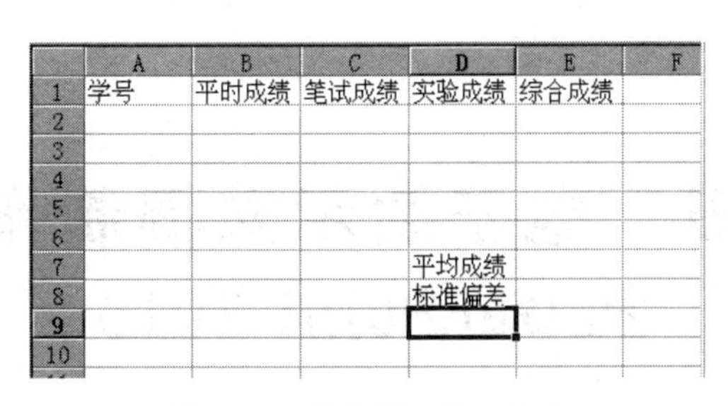

	A	B	C	D	E	F
1	学号	平时成绩	笔试成绩	实验成绩	综合成绩	
2						
3						
4						
5						
6						
7				平均成绩		
8				标准偏差		
9						
10						

图 7.68　操作题 1 的工作表

分别计算每个学生的综合成绩(要求取整)。

(3) 在单元格 E7 与 E8 中分别计算五个综合成绩的平均成绩以及标准偏差。

(4) 按综合成绩由高到低进行排序。

(5) 根据表中的数据,建立一个合适的图表并打印输出。

2. 完善对图 7.69 所示的水电数据表的下列操作。

(1) 利用公式与填充输入“本月水费”一列中的数据。

(2) 利用公式与填充输入“本月电费”一列中的数据。

(3) 利用公式与填充输入“本月水电费合计”一列中的数据。

(4) 创建“门牌号”“电上月字数”“电本月字数”和“用电量”四列数据的组合图表。

(5) 利用公式输入“用水量合计”“本月水费合计”“用电量合计”“本月电费合计”以及“本月水电费合计的合计”。

	A	B	C	D	E	F	G	H	I	J	K
1					水电收费标准						
2				水费(元/吨)		电费(元/吨)					
3				1.3		0.37					
4											
5				牡丹花园6号楼4单元水电费							
6		水上月	水本月	用水量	本月水费	电上月	电本月	用电量	本月电费	本月水电费	
7	门牌号	字数	字数	(吨)	(元)	字数	字数	(度)	(元)	合计(元)	
8	101	956	980	24		8985	9099	114			
9	102	873	885	12		7893	7958	65			
10	201	789	801	12		6898	6956	58			
11	202	567	578	11		5945	5999	54			
12	301	675	689	14		6521	6589	68			
13	302	834	850	16		9112	9224	112			
14	401	589	606	17		6067	6113	46			
15	402	367	375	8		5023	5098	75			
16	501	479	491	12		5889	5934	45			
17	502	612	628	16		6981	7056	75			
18	合计										
19											
20											
21											
22											
23											

图 7.69　操作题 2 的工作表

第8章 电子演示文稿制作软件 PowerPoint 2013

8.1 PowerPoint 概述

Microsoft PowerPoint 是办公自动化软件 Office 家族中的一员，是一个功能很强的演示文稿制作工具。PowerPoint 主要用于幻灯片的制作和演示，使人们利用计算机可以方便地进行学术交流、产品演示、工作汇报和情况介绍。利用 PowerPoint 不仅可以制作出包含文字、图形、声音和各种视频图像的多媒体演示文稿，还可以创建高度交互式的演示文稿，并可以通过计算机网络进行演示。本章结合 PowerPoint 2013 进行介绍。

8.1.1 PowerPoint 2013 的启动与退出

1. PowerPoint 2013 的启动

PowerPoint 2013 是应用程序，因此，启动 PowerPoint 2013 与启动 Word 2013 的方法完全相同。主要有以下三种方式。

(1) 如果在“开始”菜单中有 Microsoft Office PowerPoint 2013 图标，则单击该图标。

(2) 如果在“任务栏”中有 Microsoft Office PowerPoint 2013 图标，则单击该图标。

(3) 单击“开始”|“所有程序”|“Microsoft Office”|“Microsoft PowerPoint 2013”命令。

用以上方法打开的 PowerPoint 2013 窗口如图 8.1 所示。

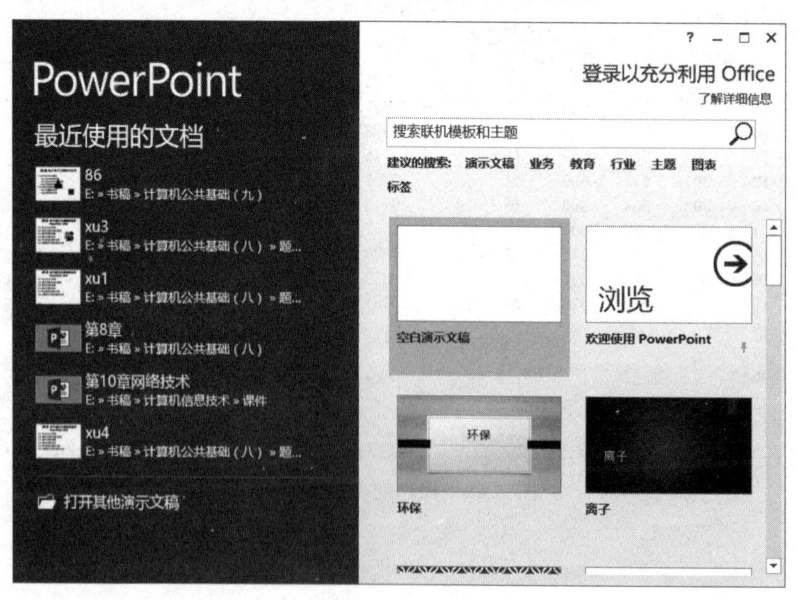

图 8.1 PowerPoint 2013 启动窗口

由图 8.1 可以看出，刚启动的 PowerPoint 2013 启动窗口中没有任何演示文稿的内容，也没有用于编辑演示文稿的工具，但可以通过单击该窗口左侧“PowerPoint 最近使用的文档”中的某个演示文稿名，将该演示文稿内容调入窗口进行修改或编辑，也可以通过单击窗口右侧的某个图标新建一个具有特定模板的演示文稿。在 8.2 节中将具体介绍新建与打开现有演示文稿的方法。

2. 退出 PowerPoint 2013

只要单击 PowerPoint 2013 窗口右上角的“关闭✕”按钮，就可退出 PowerPoint 2013。

8.1.2 PowerPoint 2013 窗口的布局

如果在图 8.1 所示的 PowerPoint 2013 启动窗口中单击右侧中的空白演示文稿图标，即显示 PowerPoint 的演示文稿编辑窗口，如图 8.2 所示。

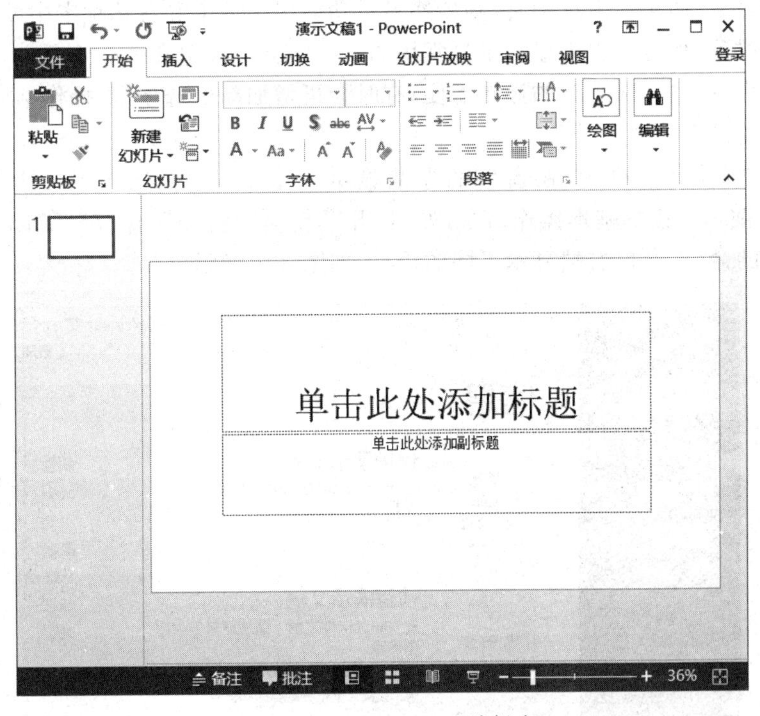

图 8.2　PowerPoint 2013 编辑窗口

由图 8.2 可以看出，PowerPoint 2013 窗口从上到下依次包括标题栏、功能区、工作区以及状态栏。下面分别简单介绍这四部分。

1. 标题栏

标题栏的中间显示当前正在编辑的演示文稿名。标题栏的最左边是控制按钮以及“快速访问工具栏”。其中“快速访问工具栏”中的操作按钮可以自行设置，其方法是：单击“快速访问工具栏”右边的倒三角按钮，将显示一个下拉菜单，在该菜单中可以选择在“快速访问工具栏”中需要显示的操作按钮，例如新建、保存、撤销、恢复、打印预览、打印等按钮。

标题栏的最右边分别是帮助、功能区显示选项、最小化、最大化(还原)和关闭按钮。

2. 功能区

功能区是 PowerPoint 2013 最重要的组成部分。为了便于浏览,功能区按特定方案或对象进行分组,每一组组成一个选项卡。一般情况下,一个选项卡中包含多个命令组,每一个命令组下可能有多个命令(或按钮),每一个命令下又可能有多个子命令菜单,以此类推。例如,由图 8.2 可以看到,"开始"选项卡中包含了"剪贴板""幻灯片""字体""段落""绘图""编辑"等命令组,它们包含了编辑演示文稿所常用的操作按钮和命令;而在"剪贴板"命令组中又包含"粘贴""剪切""复制"等命令(或按钮)。

单击功能区选项按钮,将显示三个关于功能区状态的命令,分别是:自动隐藏功能区,如果单击选中它,则隐藏功能区,当单击窗口顶部时才显示这个功能区;显示选项卡,如果单击选中它,仅显示功能区选项卡,当单击选项卡时才显示该选项卡中的命令;显示选项卡和命令,如果单击选中它,则始终显示功能区选项卡和各选项卡中的命令。

一般情况下,功能区固定显示了最常用的 1 个"文件"菜单和 8 个选项卡,如图 8.2 所示。但在操作过程中,随着新的操作需要,有时会再增加新的选项卡,操作结束后,该选项卡也就从功能区中消失了。

当单击"文件"菜单后,在窗口的左侧显示一个下拉式命令菜单,其中包含了对 PowerPoint 演示文稿的基本操作命令,如"打开""新建""打印""保存""关闭"等命令,并且对于不同的命令,窗口右端显示不同的信息,如图 8.3 所示。

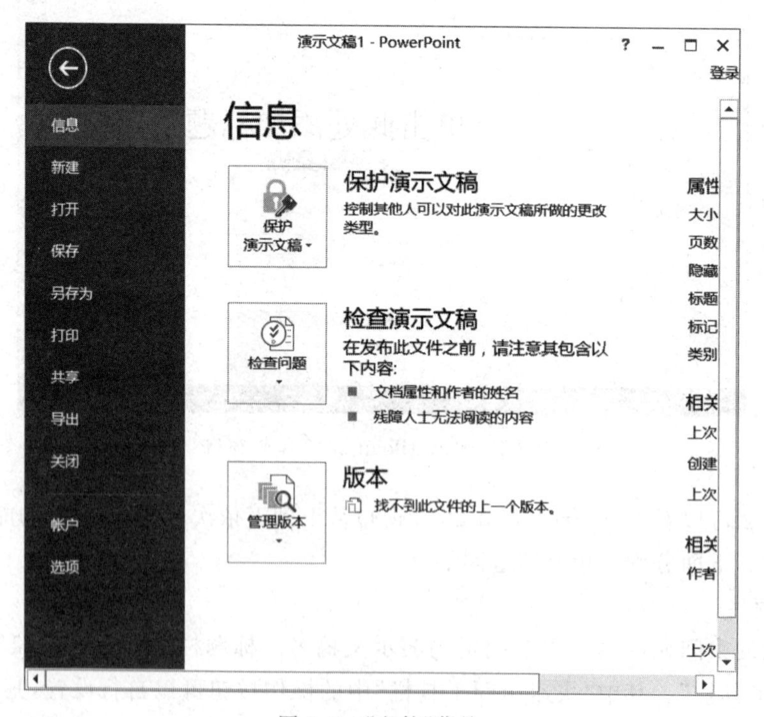

图 8.3 "文件"菜单

下面列出几个主要选项卡的命令组。其中:

"开始"选项卡主要包含"剪贴板""幻灯片""字体""段落""绘图""编辑"等命令组。

"插入"选项卡主要包含"幻灯片""表格""图像""插图""应用程序""链接""批注""文本""符号""媒体"等命令组。

"设计"选项卡主要包含"主题""变体""自定义"等命令组。

"切换"选项卡主要包含"预览""切换到此幻灯片""计时"等命令组。

"动画"选项卡主要包含"预览""高级动画""计时"等命令组。

"幻灯片放映"选项卡主要包含"开始放映幻灯片""设置""监视器"等命令组。

"审阅"选项卡主要包含"校对""语言""中文简繁转换""批注""比较"等命令组。

"视图"选项卡主要包含"演示文稿视图""母版视图""显示""显示比例""颜色/灰度""窗口""宏"等命令组。

3. PowerPoint 工作区

PowerPoint 窗口的工作区可以有普通视图、大纲视图、幻灯片浏览视图、备注页视图和阅读视图。图 8.2 中 PowerPoint 窗口的工作区为普通视图,分两个窗口:左窗口和右窗口。左右窗口之间的分隔线可以向左右移动。

编辑输入幻灯片中的文本与插入各种对象等操作,一般在普通视图或大纲视图模式下进行。特别在普通视图模式下,左右窗口将同步显示幻灯片画面中的内容。

4. 状态显示栏

状态显示栏位于窗口的最下方,用于显示当前状态的相关信息以及一些简单的按钮操作。

8.2 演示文稿的创建

8.2.1 演示文稿的 5 种主要视图

PowerPoint 2013 提供了 5 种主要视图模式,它们可以通过单击"视图"|"(演示文稿视图)"命令组中的相应命令来选择,也可以直接通过 PowerPoint 2013 主窗口左下方状态栏中的 5 个按钮进行互相切换。每一种视图模式在演示文稿的制作和显示中各有自己的特点,用户可以根据实际的需要和个人的习惯灵活运用。下面简要介绍这 5 种主要视图模式。

1. 普通视图

单击"视图"|"(演示文稿视图)普通"命令,即进入普通视图模式,如图 8.4 所示。在普通视图中,左窗口为幻灯片浏览视图;右窗口的上面是当前幻灯片主画面,下面是显示备注页的部分信息。

在普通视图模式下,可以在幻灯片主画面中输入、组织和编辑幻灯片中的文本,也可以阅读备注页中的内容。但不能编辑备注页中的内容。

2. 大纲视图

单击"视图"|"(演示文稿视图)大纲视图"命令,即进入大纲视图模式,如图 8.5 所示。在大纲视图中,左窗口为大纲视图;右窗口的上面是当前幻灯片主画面,下面是显示备注

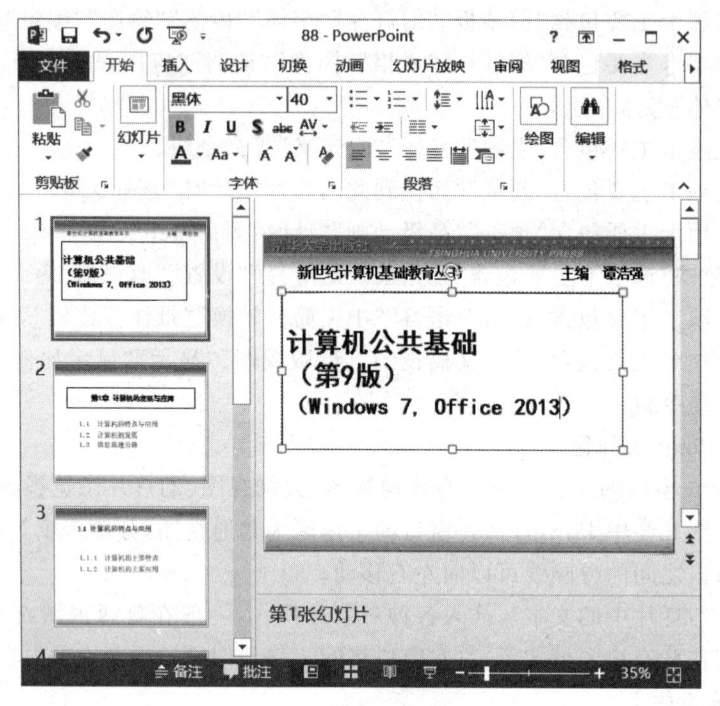

图 8.4 普通视图模式

页的部分信息。

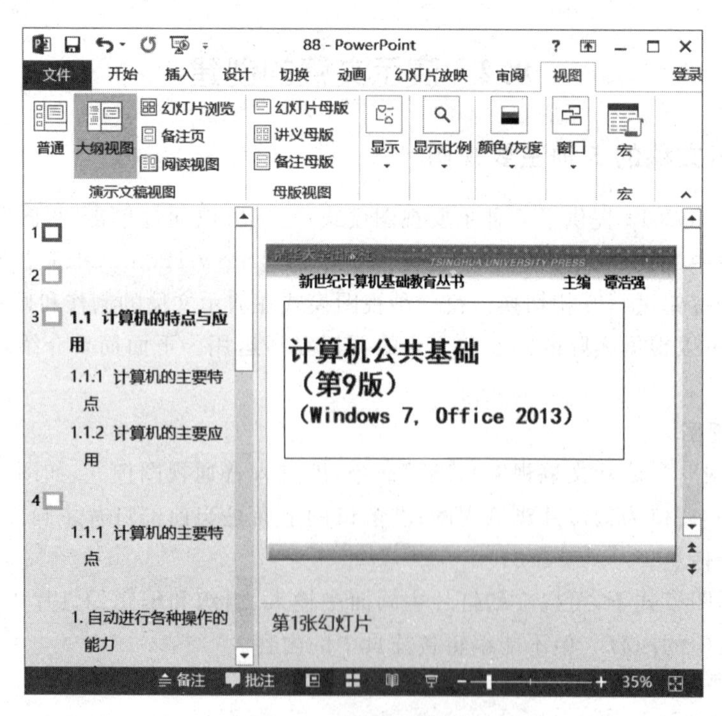

图 8.5 大纲视图模式

在大纲视图中，只显示演示文稿的文本部分，即在大纲视图中只包括文字内容，这种视图方式便于组织材料、编写大纲。当然，在大纲视图的主画面中也可以进行输入和编辑。

在普通视图和大纲视图中，左右窗口的大小可以调整。且左右窗口中文字内容是同步显示的。

3. 备注页视图

在备注页中，可以对该幻灯片进行说明或注释，便于日后维护。在必要时也可以阅读或打印这些信息。备注页中的全部文字信息只出现在备注页视图中，在文稿播放时不出现备注页中的信息信息。

单击“视图”|“(演示文稿视图)备注页”命令，即进入备注页视图模式，如图 8.6 所示。在备注页视图中，窗口的上面是当前幻灯片主画面，下面是备注页的编辑区。

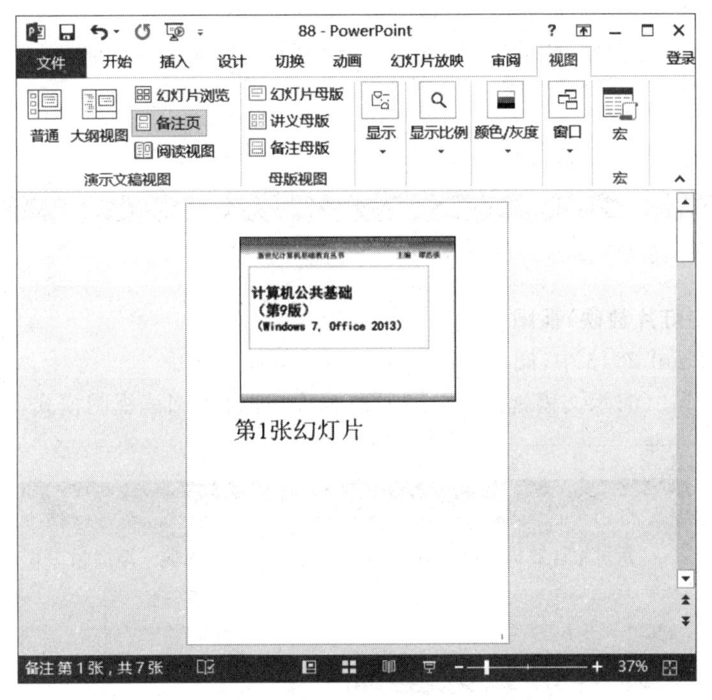

图 8.6　备注页视图模式

4. 幻灯片浏览视图

单击“视图”|“(演示文稿视图)幻灯片浏览”命令，即进入幻灯片浏览视图模式，如图 8.7 所示。

在幻灯片浏览视图模式下，可以显示演示文稿中所有幻灯片的缩图，在每一张幻灯片的缩图中，完整地显示了所有文本和图片。因此，在幻灯片浏览视图模式下，可以方便地为幻灯片重新排列顺序，也可以为幻灯片设置放映方式、换页方式以及切换声音和幻灯片播放时的动画效果等。

移动幻灯片的方法很简单，只要单击所需移动的幻灯片缩图，按住鼠标左键，将该幻灯片缩图拖动到指定的位置后松开鼠标按键即可。

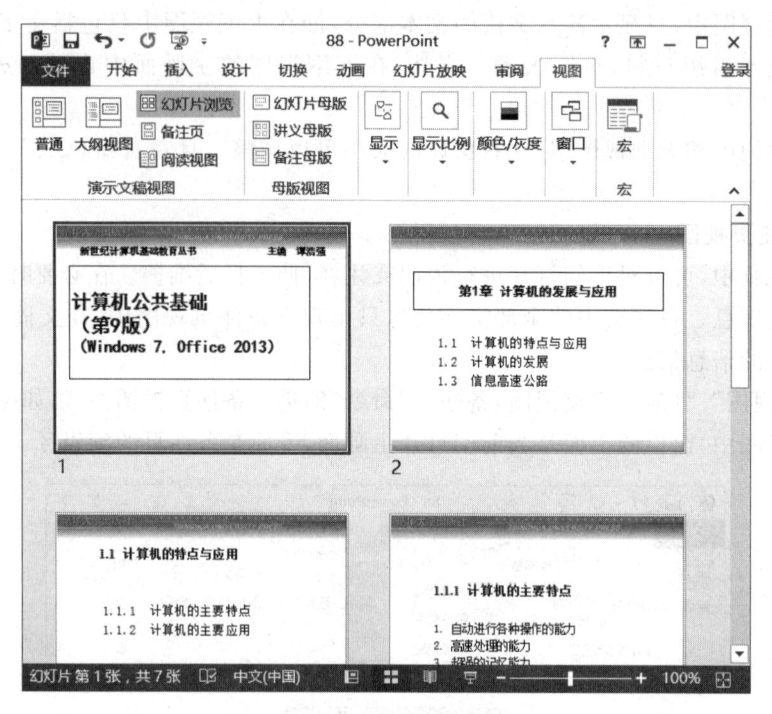

图 8.7　幻灯片浏览视图模式

5. 阅读(幻灯片放映)视图

在 PowerPoint 2013 中，阅读视图就是幻灯片放映视图。

单击“视图”|“(演示文稿视图)阅读视图”命令，即进入阅读视图模式，如图 8.8 所示。

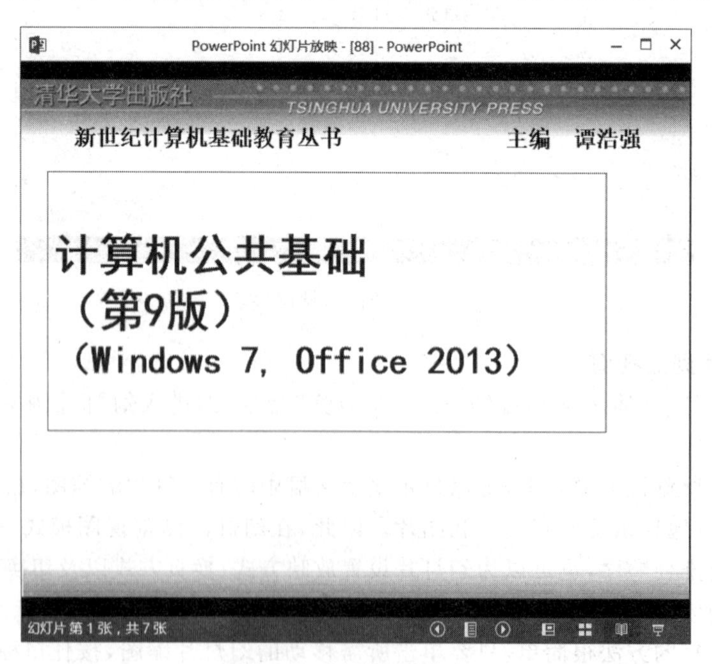

图 8.8　阅读视图模式

在这种模式下，每单击一次，即依次放映下一张幻灯片，按 Esc 键将退出放映状态。如果单击下方状态栏中的“菜单”按钮，将显示播放菜单，用播放菜单中的命令可以控制播放过程。

8.2.2 创建新演示文稿

如果需要建立一个新的 PowerPoint 文件，可以单击“文件”|“新建”命令。此时 PowerPoint 窗口显示“新建”演示文稿对话框，如图 8.9 所示。在该对话框中给出了新建演示文稿时各种可用的模板图标和主题。单击某个主题，即可显示属于这种主题的各种模板供选择。

图 8.9 “新建”演示文稿对话框

如果在“新建演示文稿”对话框中选择(单击)“空白演示文稿”图标，则创建的新演示文稿是一个空白演示文稿，即以这种方式创建的文稿背景是白色的，如图 8.2 所示。

不管是创建的新空白演示文稿还是根据特定模板创建的新文稿，都需要建立新幻灯片。而对于文稿中的每一张幻灯片，都需要设计幻灯片的版式。一个演示文稿往往由许多张幻灯片组成，这些幻灯片的版式可以相同，也可以互不相同。

所谓幻灯片版式，是指幻灯片中的各对象在幻灯片的布局。幻灯片版式的设计是幻灯片制作中最重要的环节。对于不同的演示文稿内容，合理地安排幻灯片中各种对象(如标题、图表等)的位置，就能得到良好的演示效果。

设置当前幻灯片(当前画面中显示的幻灯片)版式的操作如下：

首先选中需要设置版式的幻灯片(即为当前幻灯片)。然后单击“开始”|“(幻灯片)版式”命令，将在下拉列表框中列出与当前所选“Office 主题”模板(图中是默认的“空白演示

文稿”模板)所对应的各种幻灯片版式,如图 8.10 所示。选中某一版式(图中为“标题幻灯片”版式)后,将显示该种版式的幻灯片画面。例如,图 8.2 中的幻灯片画面为“标题幻灯片”版式。

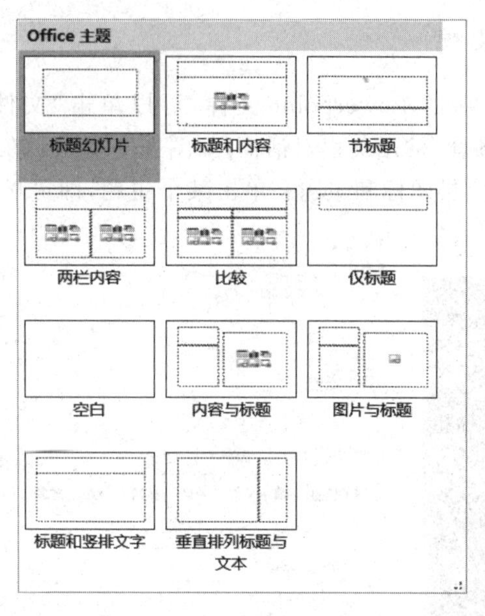

图 8.10 “幻灯片版式”列表框

如果选中“标题和内容”版式,即显示“标题和内容”版式的幻灯片画面,如图 8.11 所示。在“标题和内容”幻灯片中有两个编辑区:标题和内容。

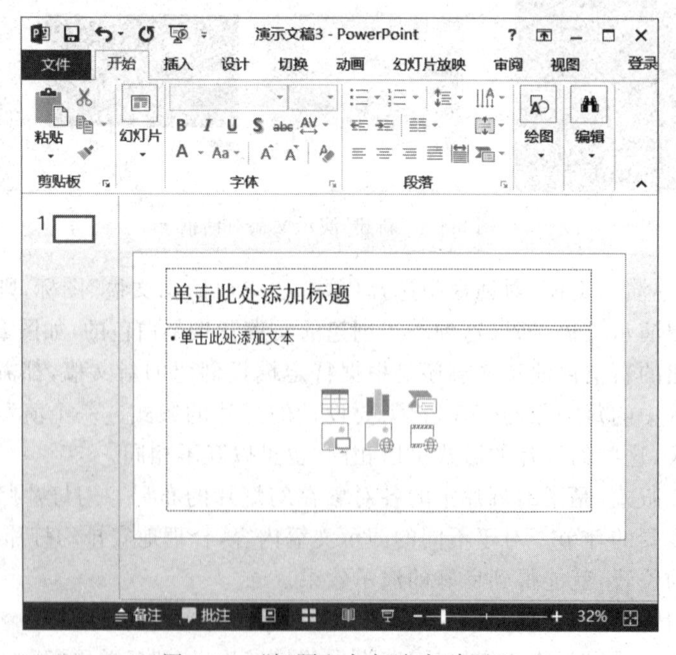

图 8.11 “标题和内容”幻灯片画面

下面以“标题和内容”幻灯片为例，在大纲视图模式下，介绍幻灯片中文本的输入方法。

在右窗口的幻灯片主画面中输入以下文本：

第 8 章　电子演示文稿制作软件
8.1 PowerPoint 概述
8.1.1 PowerPoint 的启动
8.1.2 PowerPoint 的窗口组成
8.1.3 退出 PowerPoint
8.2 演示文稿的制作与播放
8.2.1 创建演示文稿
8.2.2 保存演示文稿

首先在“单击此处添加标题”标题框中输入标题“第 8 章 电子演示文稿制作软件”，然后在“单击此处添加文本”正文项目框中输入以下文本内容：

8.1 PowerPoint 概述

8.1.1 PowerPoint 的启动

8.1.2 PowerPoint 的窗口组成

8.1.3 退出 PowerPoint

8.2 演示文稿的制作与播放

8.2.1 创建演示文稿

8.2.2 保存演示文稿

输入上述标题和文本内容后，“标题和内容”幻灯片如图 8.12 所示。

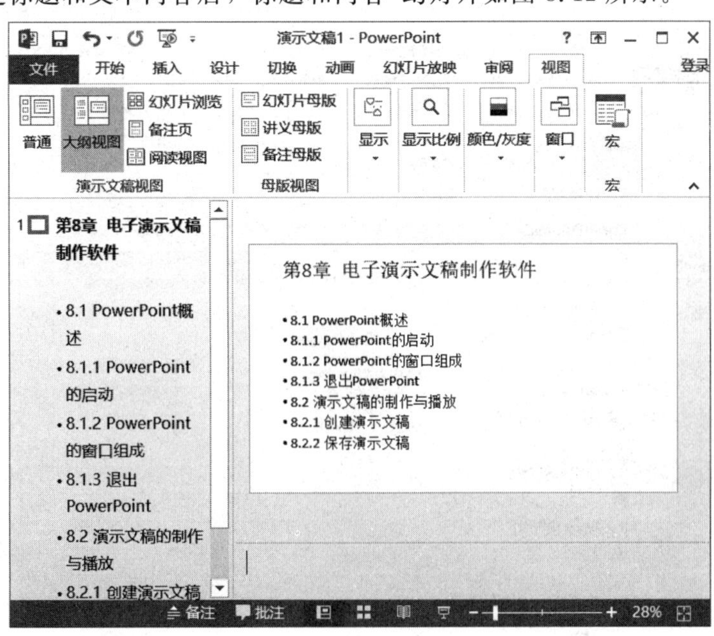

图 8.12　输入标题与文本后的“标题和内容”幻灯片

我们知道，在 Word 中，文档中的文本是分段的，每一种段落的样式可以是不一样的，章、节、目标题与正文段落的样式是不同的。在 PowerPoint 中，文本内容是分行的，一行一个项目，每个项目前有一个项目符号(也可以设置成没有项目符号)，并且项目是分级的(分成一级、二级、三级，依次类推)，同级的样式相同，不同级的样式(行缩进与字符大小)也不同。

从图 8.12 中的文本内容可以看出，这是一个目录结构，文本内容中各项目(一个项目为一行)的级别明显是不同的，为了层次清楚，应该用不同的行缩进与字符的大小来区分它们。PowerPoint 能自动做到这一点。

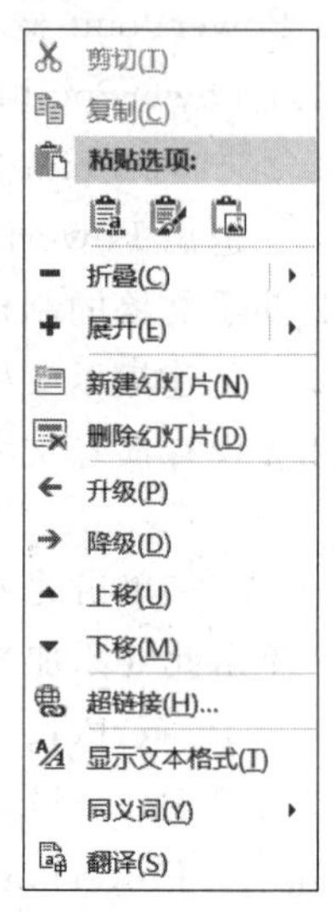

图 8.13 右击项目后显示的快捷菜单

由于在大纲视图模式下，左右窗口的文本内容的显示是同步的，因此在右窗口的主画面中输入的文本内容在左窗口中能立即显示，反之，在左窗口(注意在普通视图下无法在左窗口中输入文本内容，只能显示文本内容)中输入的文本内容在右窗口的幻灯片主画面中也能立即显示。根据这一点，在大纲视图下，不管是在左窗口还是在右窗口的幻灯片主画面中输入文本，在输入过程中，当输入回车进入下一项目后，在左窗口中右击该项目，即显示快捷菜单，如图 8.13 所示。在该快捷菜单中单击"← 升级"或"→ 降级"命令，该项目就自动"升级"或"降级"(改变行缩进字符大小)。也可以在所有项目都输入完成后，在左窗口中右击一项目后，在显示的快捷菜单中单击"← 升级"或"→ 降级"命令，从而使该项目自动"升级"或"降级"。

经过项目的"升级"或"降级"处理后，图 8.12 中的"标题和内容"幻灯片变成如图 8.14 所示。

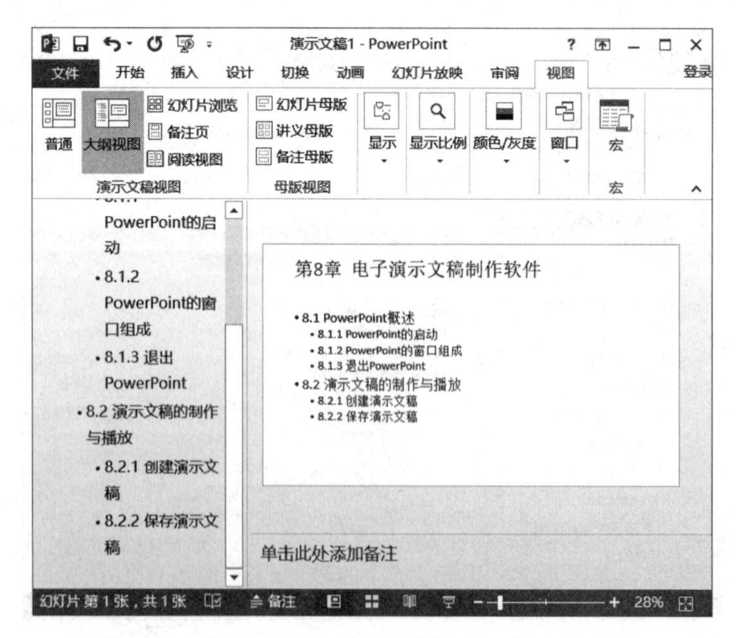

图 8.14 项目经升降级处理后的"标题和内容"幻灯片

8.2.3 打开已有演示文稿

单击“文件”|“打开”命令，显示“打开”对话框，如图 8.15 所示。根据已有演示文稿文件所在的存储位置，PowerPoint 2013 可以打开以下三种存储的已有 PowerPoint 演示文稿文件。

(1) 如果需要打开的是最近使用过的演示文稿文件，则选择(单击)“最近使用的演示文稿”，此时就可以直接在右侧“最近使用的演示文稿”列表中单击需要打开的演示文稿文件，如图 8.15(a)所示。

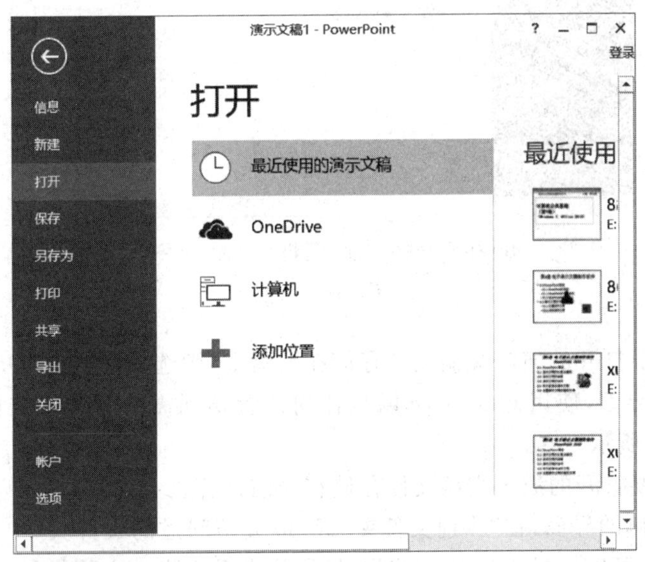

(a) 打开“最近使用的演示文稿”

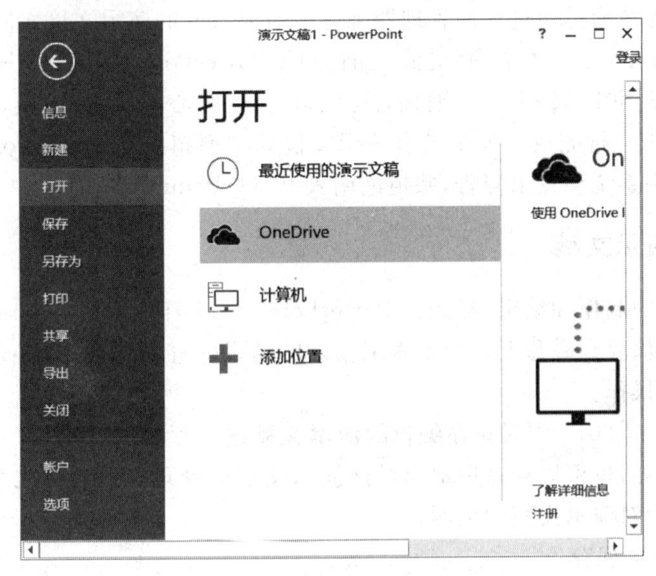

(b) 打开存储在云盘上的演示文稿文件

图 8.15 打开已有演示文稿文件

(c) 打开存储在当前计算机上的演示文稿文件

图 8.15 （续）

(2) 如果需要打开的演示文稿文件存储在云盘上，则选择(单击)“OneDrive”，此时就可以通过右侧的界面，使用 OneDrive 以从任何位置访问需要打开的文件并与任何人共享，如图 8.15(b)所示。

(3) 如果需要打开的演示文稿文件存储在当前计算机上，则选择(单击)“计算机”，此时就可以通过右侧的界面，在“当前文件夹”或“最近访问过的文件夹”中寻找需要打开的演示文稿文件，还可以通过浏览的方式寻找需要打开的演示文稿文件，如图 8.15(c)所示。实际上，这种情形是通过资源管理器来寻找需要打开的演示文稿文件。

值得一提的是，当已有演示文稿是旧版的 PowerPoint 文件时，只要其类型属于 PowerPoint 2013 可以转换的范围内，就可以不必操心它们的转换，而放心地交给 PowerPoint 2013 自行完成。如果已有演示文稿的类型超出了 PowerPoint 2013 所能处理类型的范围，则系统会发出警告，并拒绝调入 PowerPoint 2013 环境中。

8.2.4 保存演示文稿

对演示文稿的制作和编辑，都是在 PowerPoint 2013 环境下的处理，并没有真正将编辑好的演示文稿保存到磁盘上。为了将编辑好的结果保存到磁盘上，必须对编辑好的演示文稿进行存盘操作。

在 PowerPoint 2013 中对正在编辑的演示文稿进行存盘时，可以只存盘而不退出对该演示文稿的处理，也可以存盘后退出对该演示文稿的处理。前者称之为对演示文稿的保存，后者称之为对演示文稿的关闭。

1. 演示文稿的保存

在编辑演示文稿的过程中，应该养成随时保存演示文稿的好习惯，以避免因突然掉电、机器故障、死机或者误操作而引起的数据丢失。对演示文稿的保存只将演示文稿存盘,而并不需要退出对演示文稿的编辑。

对 PowerPoint 2013 演示文稿的保存是很简单的,单击“文件”|“保存”命令,或者单击 PowerPoint 2013 窗口左上角“快速访问工具栏”中的“保存”按钮(),即可对当前的演示文稿进行存盘操作,同时又保持该演示文稿的编辑环境,不退出对该演示文稿的处理。为了方便演示文稿的保存,应事先将“保存”按钮()设置到“快速访问工具栏”中。

如果单击“文件”|“另存为”命令,屏幕显示与“打开”对话框类似的“另存为”对话框,在“计算机”列表中单击“浏览”按钮,此时在“另存为”对话框中选定存放该文件的文件夹,在“保存类型”下拉列表框中选择合适的演示文稿类型,并输入需要保存演示文稿的文件名,最后单击“保存”按钮。

PowerPoint 2013 演示文稿的文件名后缀为 pptx。

2. 演示文稿的关闭

所谓关闭演示文稿,即对当前演示文稿存盘并退出对当前演示文稿的处理,但不退出 PowerPoint 2013 窗口。实现演示文稿的关闭很简单,只要单击“文件”|“关闭”命令;或者单击 PowerPoint 2013 窗口左上角“快速访问工具栏”中的“控制”按钮(),在下拉的“控制”菜单中单击“关闭”命令。

如果关闭演示文稿之前尚未保存演示文稿,则系统会给出提示,如图 8.16 所示,询问是否保存对该演示文稿的修改。

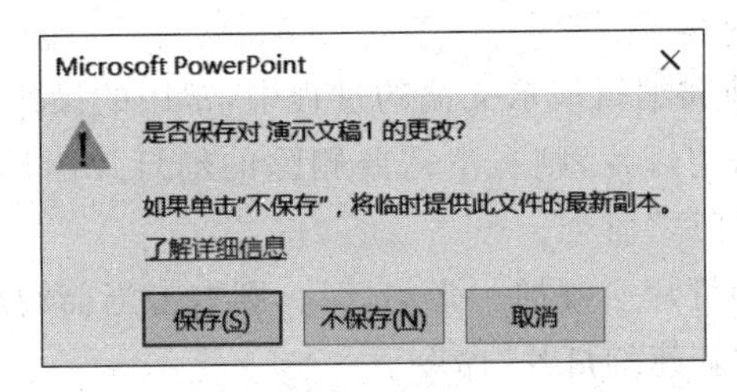

图 8.16　系统提示

8.2.5　用大纲视图组织演示文稿

在大纲视图中,演示文稿在左窗口中是以大纲形式显示的,每张幻灯片中的标题和正文文本组成了大纲的内容。在大纲视图中,每张幻灯片的标题都出现在幻灯片编号和幻灯片图标的右边,正文在每个标题的下面,利用视图工具栏中的“升级”和“降级”按钮使正文中的各条目按层次排列。因此,利用大纲视图,可以很方便地对幻灯片中的标题和正文文本进行重新排列和对整张幻灯片的移动等操作。图 8.17 是不带项目符号的典型样式。

特别要指出的是,在大纲视图中,只能显示标题框和正文项目框中的文字字符,而不能显示由用户另外添加的文本框和其他对象。

1. 利用大纲视图创建演示文稿

利用大纲视图创建演示文稿,首先单击“文件”|“新建”命令,在右边的列表框中选择“空白演示文稿”,单击“创建”按钮;然后单击“开始”|“(幻灯片)版式”命令,在显示的列表框中选择要创建的演示文稿的版式;最后将视图模式切换到大纲视图模式。此时,就可以

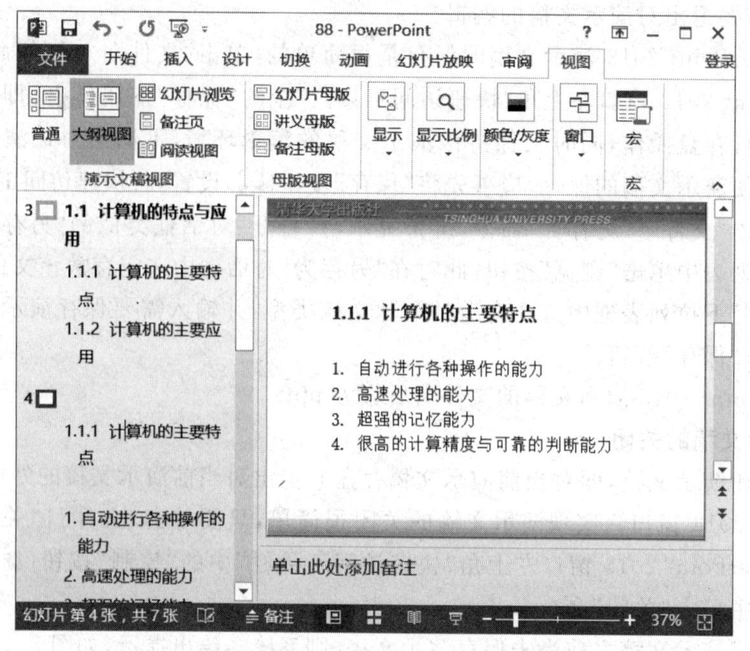

图 8.17　不带项目符号的大纲视图

输入演示文稿中的文字内容了。

在利用大纲视图创建和编辑演示文稿的过程中，常用的操作有以下几个：

(1) 如果要删除某张幻灯片，则右击需要删除的幻灯片图标，在显示的快捷菜单(如图 8.13)中单击“删除幻灯片”命令。

(2) 如果要在当前幻灯片后添加一张幻灯片，则右击当前幻灯片图标，在显示的快捷菜单(见图 8.13)中单击“新建幻灯片”命令。

2. 利用大纲视图下的快捷菜单编排演示文稿

右击大纲视图的任意位置，显示图 8.13 所示的快捷菜单。利用该菜单中的各命令可以对演示文稿中的标题或正文进行升级、降级、移动、折叠、展开等编排处理。下面简单说明快捷菜单中的各主要命令。

- 升级：将选定的文本行上升一级。
- 降级：将选定的文本行降至下一级。
- 上移：将选定的文本行(包括其中折叠的所有文本)上移至上一行文本的前面。
- 下移：将选定的文本行(包括其中折叠的所有文本)下移至下一行文本的后面。
- 折叠：仅显示当前选定的幻灯片的标题，其余各级正文文本全部隐藏。
- 展开：将当前选定的幻灯片的标题以及所有各级正文文本全部展开显示。
- 新建幻灯片：在选定幻灯片后创建 1 张版式相同的空白幻灯片。
- 删除幻灯片：删除选定的幻灯片。

8.3 演示文稿的编辑与播放

8.3.1 幻灯片的编辑

普通视图是编辑演示文稿最直观的视图模式，也是最常用的一种模式。在普通视图的右窗口中，某一幻灯片中的任何文字、图片信息等都和最后幻灯片放映时的效果类似，只是在幻灯片的大小上与最终的播放效果有所差别。

PowerPoint 演示文稿虽然有各种版式，但与文本有关的主要有以下三种格式。

(1) 标题框：每张幻灯片的顶部预设有一个矩形框，用于输入幻灯片的标题和副标题。

(2) 正文项目框：该区域内一般用于输入幻灯片所要表达的正文信息，在每一条文本信息的前面都有一个项目符号。

(3) 文本框：这是在幻灯片上另外添加的文本区域。通常在需要输入除标题和正文以外的文本信息时，由用户另外添加。

当新建一张幻灯片时，一般首先要在"幻灯片版式"列表框中选择一种幻灯片版式模型。选择好幻灯片的某一版式后，PowerPoint 将为该幻灯片中的各对象区域给出一个虚框，这些虚框称为"占位符"。例如，在"标题幻灯片"版式中，给出两个占位符，分别用于输入"标题文本"和"副标题文本"。再如，在"标题和内容"版式中，给出两个占位符，分别用于输入"标题"和文本内容，等等。

1. 文本信息的输入

向占位符输入文本信息的方法如下：

首先单击需要输入文本信息的文本对象占位符；然后就可以输入具体的文本信息；文本信息输入完后，单击占位符虚框外的任何位置，即退出对该对象的编辑。

2. 使用或取消项目符号

如果在正文项目框中输入文本信息，则在输入一条文本信息并键入回车后，PowerPoint 将自动在下一行再生成一个项目符号。即在幻灯片的正文项目框中每条文字信息前面通常带有项目符号，并且对于每条文本信息，可以在"大纲"视图中右击该条文本信息后显示的快捷菜单(图 8.13)中选择"➔ 降级"命令，将该条项目降级为下一级文本；或者选择"← 升级"命令，将该条项目升级为上一级文本。

PowerPoint 允许重新指定项目符号，也可以取消项目符号。即使对于标题框和新添加的文本框中的每一条文本信息，也可以指定是否带有项目符号。

重新指定项目符号的方法如下：

右击准备重新指定项目符号的对象，在显示的快捷菜单中单击"项目符号"命令，然后在显示的项目符号表中选择一种需要的符号种类。如果选择"无"，则取消项目符号。

如果在显示的项目符号表中找不到理想的项日符号，则可以单击项目符号表下方的"项目符号和编号"命令，在显示的"项目符号和编号"对话框中选中"项目符号"标签(如图 8.18 所示)，单击"自定义"按钮，则可以在显示的"符号"列表框中寻找一个中意的符号作为项目符号；如果单击“图片”按钮，则可以选择图片作为项目符号。在“项目符号和编号”对话框中不仅可以选择所需要的项目符号种类，还可设置项目符号的颜色和大小。

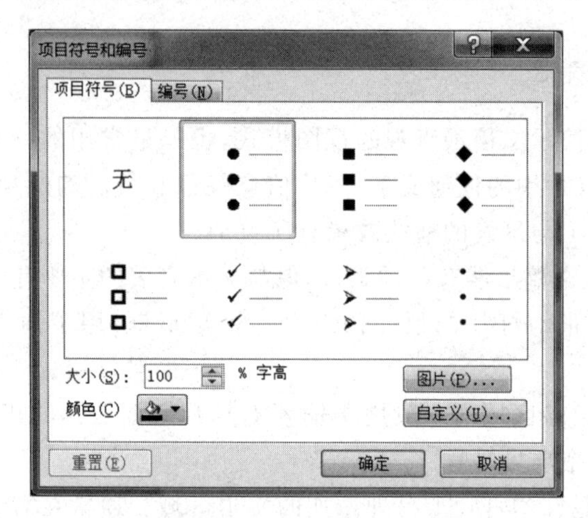

图 8.18 “项目符号和编号”对话框

利用同样的方法，也可以在项目前加编号，其方法如下：

右击准备指定项目编号的对象，在显示的快捷菜单中单击“编号”命令，然后在显示的项目编号表中选择一种需要的编号种类。如果选择“无”，则取消项目编号。在“项目符号和编号”对话框中选中“编号”标签，可以设置编号的颜色和大小以及编号的起始值。

特别需要说明的是，项目符号或编号在输入项目文本之前已自动生成，同级的项目符号相同，编号连续。因此，一般总是在输入第一个项目文本时就指定项目符号或编号，其后与之同级的项目符号或编号也就随之确定了。

3. 段落间距的调整

调整文本框中文字段落间距的方法如下：

首先选中需要调整段落间距的文本框，或文本框中的某一段落(仅需要调整该段与前一段的间距)；然后单击“开始”|“(段落)”命令组右下角的段落对话框启动按钮，在显示的“段落”对话框中利用“行距”“段前”和“段后”栏中的微调小按钮来改变数值，或者直接在这些栏中输入数值。

4. 文字的其他格式调整

PowerPoint 关于文字的字体、字号、颜色、加粗、倾斜、阴影以及对齐方式等有关文字格式的调整方法，与前面调整行距的方法类似。首先选中需要调整格式的文字；然后单击“开始”|“(字体)”中的相应按钮进行调整。

8.3.2 插入与删除幻灯片

插入与删除幻灯片均可以在大纲视图下的左窗口中进行。

1. 复制幻灯片

首先选中(单击)需要复制的幻灯片，单击“开始”|“(剪贴板)复制”命令。然后找到需要粘贴的位置并选中它，单击“开始”|“(剪贴板)粘贴”命令。此时在该位置后插入了一张

版式与内容均相同的幻灯片。

2. 插入一张新的幻灯片

当需要向已有的演示文稿中添加新的幻灯片时，应进行幻灯片的插入操作。根据不同的需要，插入一张新幻灯片有以下两种方法。

(1) 如果插入新幻灯片的版式与当前幻灯片不同，则插入的步骤如下：

首先，滑动垂直滚动条，找到准备插入新幻灯片的位置，并选中它。然后，单击“开始”|“(幻灯片)新建幻灯片”下拉菜单命令，在下拉的幻灯片版式对话框(见图 8.10)中单击准备插入幻灯片的版式图标，此时，一张新的空白幻灯片便插入到当前幻灯片的后面。最后，在插入的新幻灯片中输入文字内容即可。

(2) 如果插入新幻灯片的版式与当前幻灯片相同，则只要在当前幻灯片的后面按当前幻灯片的版式复制一张新的幻灯片，其方法如下：

在大纲视图下右击当前幻灯片，在显示的快捷菜单(见图 8.13)中单击“新建幻灯片”命令，此时，一张新的空白幻灯片便插入到当前幻灯片的后面。最后，在插入的新幻灯片中输入文字内容即可。

当然，在这种情况下，同样可以采用(1)中的方法；也可以采用复制幻灯片的方法，最后将插入幻灯片中的文字内容修改成所需要的内容。

3. 删除幻灯片

在大纲视图下右击需要删除的幻灯片，在显示的快捷菜单(图 8.13)中单击“删除幻灯片”命令。

8.3.3 播放演示文稿

要播放一个演示文稿，首先应打开该演示文稿文件。

播放一个已经打开的演示文稿，通常有以下两种方法。

(1) 单击“幻灯片放映”|“(开始放映幻灯片)从头开始”命令，PowerPoint 将整屏幕从演示文稿中的第一张幻灯片开始放映。

(2) 单击“幻灯片放映”|“(开始放映幻灯片)从当前幻灯片开始”命令，PowerPoint 将整屏幕从演示文稿中的当前幻灯片开始放映。

当屏幕正在处于幻灯片的播放状态时，单击，将切换到播放下一张幻灯片。在幻灯片正在播放时，右击屏幕的任何地方，则会显示图 8.19 所示的播放菜单。利用播放菜单就可以控制幻灯片播放的过程。

图 8.19 播放菜单

8.3.4 打印演示文稿

当一份演示文稿制作完成后，有时需要将演示文稿打印出来。PowerPoint 允许用户选择以彩色或黑白方式来打印演示文稿的幻灯片、讲义、大纲或备注页。

打印演示文稿的具体操作步骤如下。

(1) 单击“文件”|“打印”命令，此时将显示“打印”对话框，如图 8.20 所示。

(2) 在“打印机”框下拉菜单中选择准备使用的打印机。

(3) 单击“打印机属性”，在“属性”对话框中进行页面设置等。

(4) 利用“设置”下的 4 个下拉按钮可以分别选择打印范围、每页幻灯片数等各种参数。打印范围可以选择“全部”，也可以选择只打印“当前幻灯片”，也可以选择演示文稿中的某几张幻灯片进行打印。例如，如果只需要打印第 2 张、第 4 张和第 6～9 张幻灯片，则可以在“幻灯片”输入框中输入“2,4,6－9”。

打印内容可以选择在一页打印纸上打印单张幻灯片，也可以选择在一页打印纸上打印 2 张、3 张或 6 张幻灯片。在打印讲义时，一张 A4 纸通常打印 2 张或 3 张较为合适；打印胶片时通常选择每页打印一张幻灯片；备注页和大纲视图一般用于了解文稿中的备注信息或大致了解演示文稿内容时采用。

如果在一页打印纸上打印 2 张以上的幻灯片，建议选择“幻灯片加框”，这样，在每张幻灯片的外围增加了一个黑色的边框，以增强视觉效果。

以上所有选项选择正确后，单击“打印”按钮，即开始按要求打印当前的演示文稿。

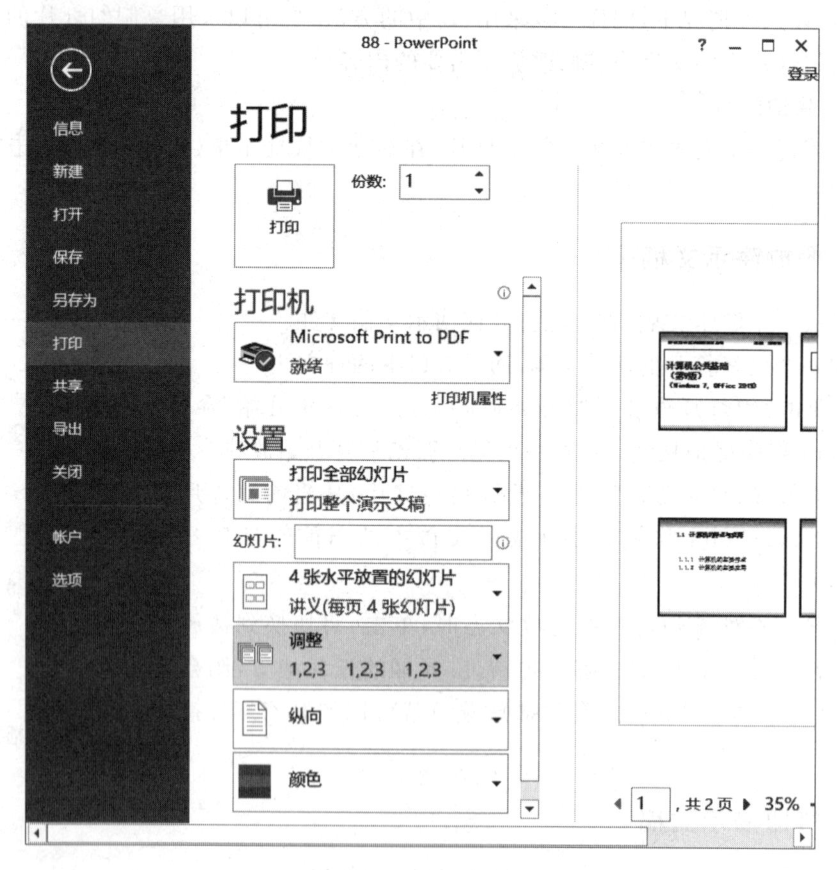

图 8.20 打印对话框

8.4 演示文稿的修饰

为了使演示文稿在播放时更能吸引观众，针对不同的演示内容、不同的观众对象，使用不同风格的幻灯片外观，是十分重要的。PowerPoint 提供了三种可以控制演示文稿外观的途径：母版、配色方案和应用设计模板。

8.4.1 设置页眉/页脚

1. 母版的概念

母版是指一张具有特殊用途的幻灯片，在其中已经设置了幻灯片的标题和文本的格式与位置，其作用是统一所要创建的幻灯片的版式。因此，对母版的修改会影响到所有基于该母版的幻灯片，同时，如果需要在演示文稿的每一张幻灯片中显示固定的图片、文本和特殊的格式，就应向该母版中添加相应的内容。

在 PowerPoint 中，共有以下四种类型的母版。

1）幻灯片母版

幻灯片母版可以控制除标题幻灯片外的所有基于该母版的幻灯片中标题与文本的格式和类型。在幻灯片母版中修改的字体或添加的图片（如某单位的徽标等）会作用到每张基于该母版的非标题版式的幻灯片上。

2）标题母版

标题母版可以控制标题版式幻灯片的格式和位置。对标题母版所做的修改不会影响到所有非标题版式的幻灯片。

3）讲义母版

讲义母版用于控制所打印的讲义外观。在讲义母版中可以添加或修改讲义的页眉或页脚信息。对讲义母版的修改只能在打印的讲义中得到体现。

4）备注母版

备注母版可以控制备注页的版式和文字的格式。

下面以页眉/页脚的设置为例来说明幻灯片母版的操作，其他类型母版的操作与此类似。

2. 页眉/页脚的设置

在 PowerPoint 中，设置页眉/页脚有以下两种途径。

(1) 用“插入”|“(文本)页眉和页脚”命令设置幻灯片中的所有页眉/页脚内容，用幻灯片母版设置页眉/页脚的外观。

① 用“插入”|“(文本)页眉和页脚”命令设置幻灯片中的所有页眉/页脚内容

首先单击“插入”|“(文本)页眉和页脚”命令，将显示“页眉和页脚”对话框，在该对话框中选择“幻灯片”选项卡，如图 8.21 所示。

然后在“页眉和页脚”对话框中设置“幻灯片包含内容”复选框。如果需要在幻灯片中显示日期和时间，则选中“日期和时间”，使前面的小方框中显示“√”，并选择“固定”或“自动更新”，选定后在相应的输入框中输入具体的日期和时间。如果需要为幻灯片加编号，

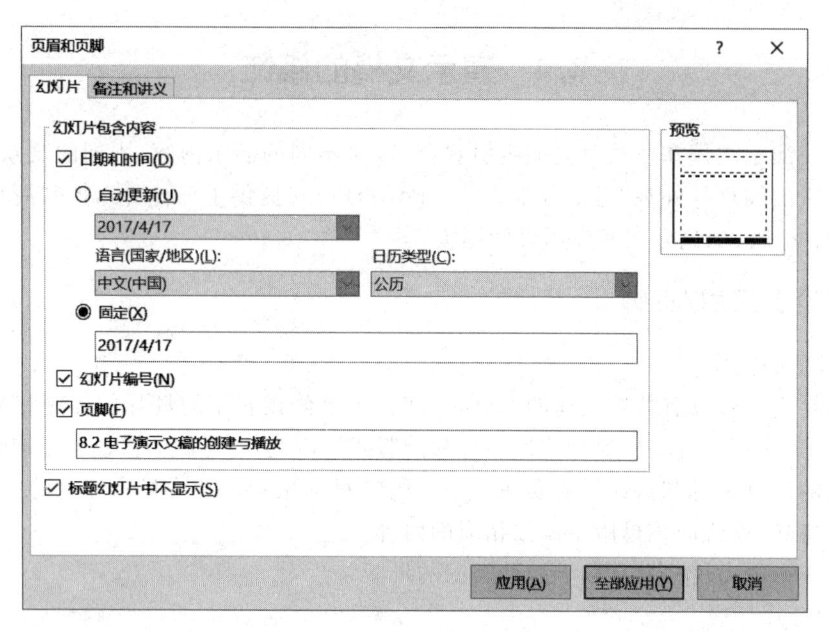

图 8.21 “页眉和页脚”对话框

则选中“幻灯片编号”,使前面的小方框中显示“√”,此时,每张幻灯片将依次用自然数进行编号。如果需要在幻灯片中插入页脚,则选中“页脚”,使前面的小方框中显示“√”,并在“页脚”输入框中输入具体的内容。

再在“页眉和页脚”对话框中单击“标题幻灯片中不显示”,使前面的小方框中显示“√”,以便使标题版式的幻灯片中不带有任何页眉/页脚信息。一般来说,对于标题幻灯片需要单独设置。

最后,如果本设置仅作用于当前选定的幻灯片,则单击“应用”按钮;如果要求本设置作用到整个演示文稿的所有幻灯片上,则单击“全部应用”按钮。

经以上设置后,在幻灯片中就会显示日期、页脚和幻灯片编号,并初始默认为在幻灯片的下方,但可以用幻灯片母版改变它们的大小、位置和颜色等外观参数。

② 用幻灯片母版设置页眉/页脚的外观

首先单击“视图”|“(母版视图)幻灯片母版”命令,此时,幻灯片变为如图 8.22 所示,并且在功能区新显示了一个“幻灯片母版”选项卡,用于“编辑母版”,设置“母版版式”,“编辑主题”,设置幻灯片的“背景”,设置幻灯片的“大小”(图中设置为最大化幻灯片)等。在幻灯片母版中,共有五个区域:自动版式的标题区、自动版式的对象区、日期区、页脚区、数字区。其中“数字区”一般用于显示幻灯片的编号。

然后,将鼠标移到某一个区域,当鼠标指针呈可移动的双向十字箭头时,就可以将该区域拖动到指定的位置。在图 8.22 中,日期区已经被拖动到了幻灯片的左下角,数字区被拖动到了幻灯片的右下角,页脚区被拖动到了幻灯片的左上角(即变成了页眉)。

最后单击“幻灯片母版”|“关闭”命令,恢复到大纲视图或普通视图,则在显示的幻灯片中就可以看到所设置的页眉/页脚信息,如图 8.23 所示。

(2) 直接在幻灯片母版中的“日期区”输入固定的日期,以及在“页脚区”输入具体

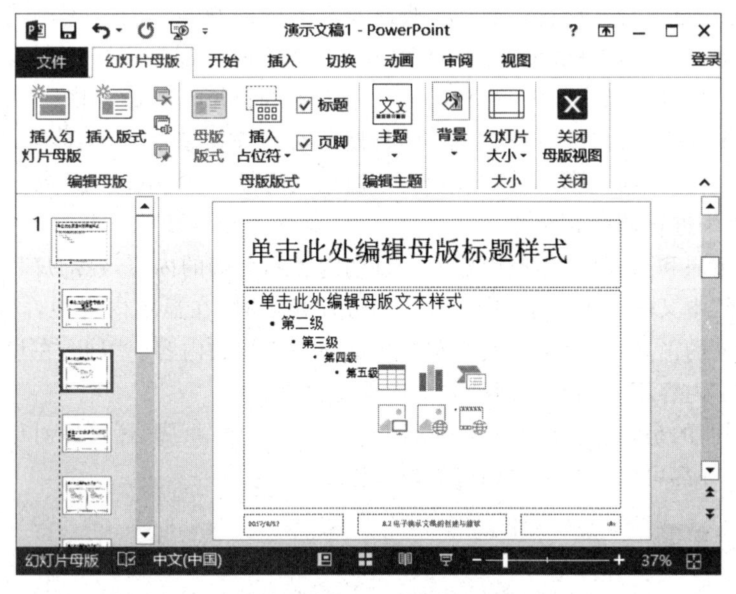

图 8.22　幻灯片母版画面

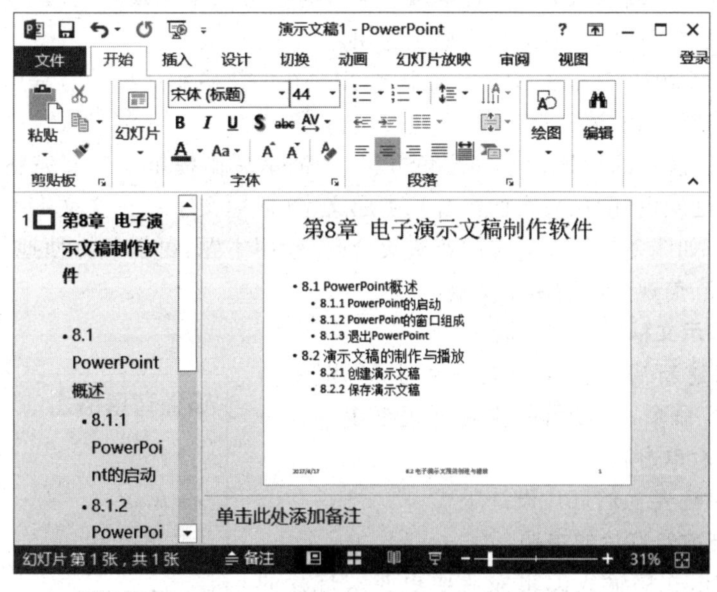

图 8.23　设置页眉/页脚后的幻灯片

内容。

在幻灯片母版画面中(见图 8.22)，不仅可以通过拖动来改变“日期区”“页脚区”和“数字区”三个编辑区在幻灯片中的位置，以及调整它们的大小和编辑它们的格式，以便能容纳其中的文字内容以及和改变文字内容的格式；还可以直接在这些编辑区中输入具体的固定文字内容，并对这些文字内容进行编辑。在编辑区中输入文字内容以及对它们进行编辑的方法是：单击编辑区，使编辑区处于可编辑状态，即可以在该编辑区中输入文字内容以及对该编辑区中的内容进行修改和编辑。

利用幻灯片母版直接设置页眉和页脚以及它们的外观，在这种状态下输入的文字内容是固定的，即在基于该母版的所有幻灯片中，其文字内容都是相同的。因此，利用幻灯片母版一般只设置所有幻灯片中都相同的文字内容，而对于在"数字区"中设置的幻灯片编号以及"日期区"中设置的"自动更新"的日期与时间等文字信息，不能在幻灯片母版中输入，而只能在"页眉和页脚"对话框中输入，但它们的外观(大小、位置、文字格式等)可以在幻灯片母版中进行调整和修改。

如果在"页眉和页脚"对话框中输入了日期内容和页脚的内容，在幻灯片母版的"日期区"和"页脚区"中又输入了文字内容，则在幻灯片显示时，在显示内容中，既包括在"页眉和页脚"中输入的内容，又包括直接在幻灯片母版中添加的内容。因此，在设置页眉/页脚时，其中的文字内容不要同时在两种方法中重复输入。

最后要说明的是，利用母版不仅可以调整和设置页眉/页脚，还可以对母版中的标题、正文以及图片等都可以进行格式调整或内容修改。

8.4.2 应用主题

一般来说，在创建一个新的演示文稿时，应先为文稿选择一种模板；而在演示文稿建立后，再为该演示文稿重新更换设计模板。但有时也可以根据现有的演示文稿创建一个新的模板，以便在以后的其他演示文稿中使用。

PowerPoint 2013 自带了多种预设主题，用户在创建演示文稿的过程中，可以直接使用这些主题创建演示文稿。

主题是一套统一的设计元素和配色方案，为演示文稿提供了一套完整的格式集合。其中包括了主题颜色(配色方案的集合)、主题文字(标题文字和正文文字的格式集合)和相关主题效果(如线条或填充效果的格式集合)。利用主题，可以很方便地创建具有专业水准、设计精美、美观时尚的演示文稿。

1. 新建演示文稿时应用主题

如果在创建新演示文稿时要应用主题，则单击"文件"|"新建"命令，在显示的主题列表框中选择一种满意的样式后单击它。

当然，最后还要为幻灯片设计版式。

2. 更改当前幻灯片的主题

如果在演示文稿输入编辑完后要更改幻灯片的主题，则可"设计"|"(主题)"命令组列表框中选择一种满意的主题样式。

8.4.3 调整幻灯片背景颜色和填充效果

单击"设计"|"(自定义)"|"设置背景格式"命令，显示"设置背景格式"对话框，如图 8.24 所示。

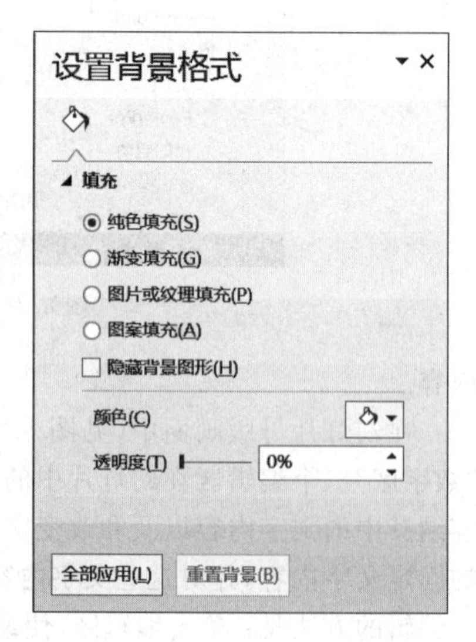

图 8.24 "设置背景格式"对话框

在"设置背景格式"对话框中分别通过"纯色""渐变""图片或纹理""图案"等方法来选择所需要填充的

色彩效果，然后选择是否“隐藏背景图形”，最后单击“全部应用”按钮。

8.5 制作多媒体演示文稿

8.5.1 插入剪贴画

剪贴画是 Microsoft 剪辑库中包含的图片，其种类很多，并且对不同类别的剪贴画设置了关键字，用户可以根据关键字寻找相应类别的剪贴画。

在幻灯片中插入剪贴画的操作如下。

(1) 在普通视图模式下，选择需要插入剪贴画的幻灯片。

(2) 单击“插入”|“(图像)联机图片”命令，显示“插入图片”对话框。在该对话框的“搜索文字”输入框中输入剪贴画类别的关键字“科技”，搜索到后，在对话框的中间列表框中列出了该类别的所有剪贴画，如图 8.25 所示。然后再根据“尺寸”“类型”“颜色”等条件进行选择。选中一个或多个剪贴画图像后，单击“插入”按钮，该剪贴画就插入到了当前幻灯片中，如图 8.26 所示。

图 8.25 插入剪贴画对话框

(3) 对剪贴画对象在幻灯片中的大小和位置作必要的调整。

8.5.2 插入图片

1. 在幻灯片中插入图形

在幻灯片中插入图片的操作如下：

首先选中需要插入图片的幻灯片。然后单击“插入”|“(图像)图片”命令，显示“插入图片”对话框。通过这个对话框就可以从系统的图库中查找选择需要插入的图片，也可以直接在对话框下方的“文件名”输入框中输入需要插入图片的文件名。最后单击“插入”

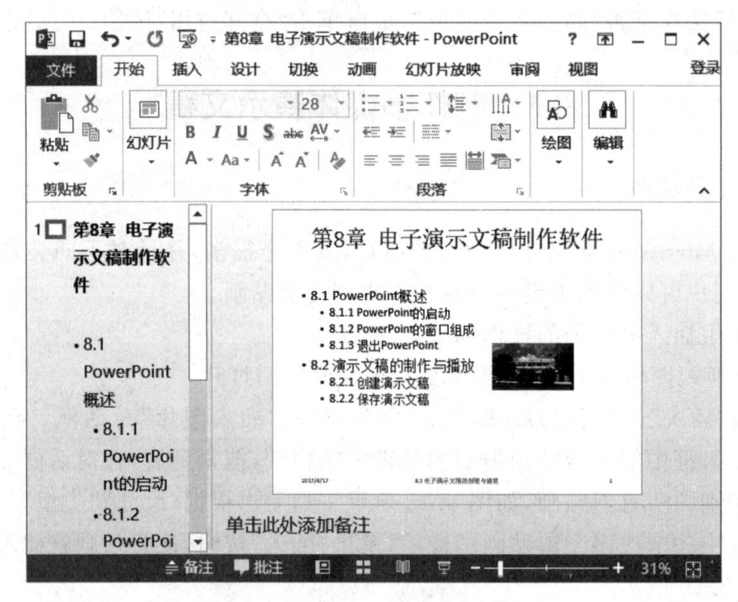

图 8.26 插入剪贴画对象后的幻灯片

按钮。

在幻灯片中对插入图片的大小、位置等进行必要的调整。

2. 图片的编辑修改

首先选中图片，功能区将增加一个“图片工具格式”选项卡，然后利用该选项卡中的命令对图片进行编辑修改。

8.5.3 插入艺术字对象与组织结构图

1. 插入艺术字对象

在幻灯片中插入艺术字的操作过程如下。

(1) 选中需要插入艺术字的幻灯片。

(2) 单击“插入”|“(文本)艺术字”命令，显示艺术字列表框，如图 8.27 所示。在列表框中选择需要的样式，即显示图 8.28 所示的艺术字编辑框。删掉编辑框中原来的文本字样，在其中输入需要的文字，如输入“插入艺术字”。输入文本后的艺术字编辑框如图 8.29 所示。

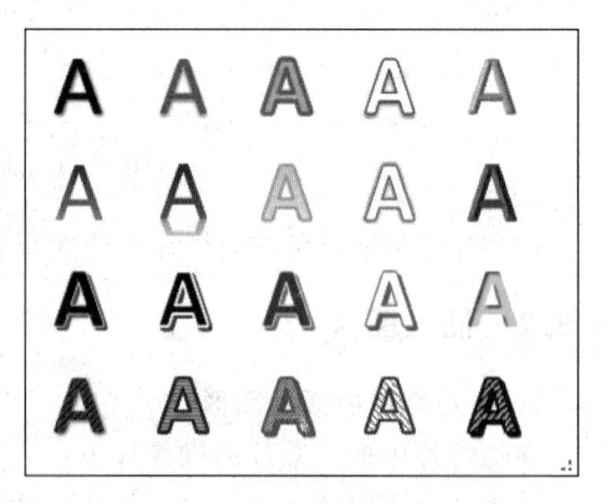

图 8.27 艺术字列表框

(3) 选中编辑框，功能区显示“绘图工具”选项卡，单击该选项卡。单击“绘图工具”|“(艺术字样式)文本效果”|“转换”命令，在下拉的样式列表框中选择一个弯曲(正 V 形)的样式。

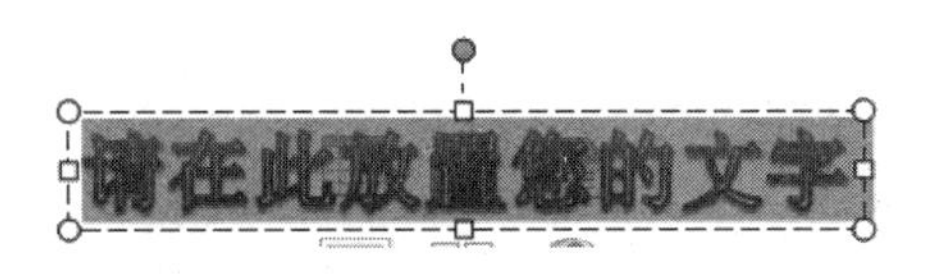

图 8.28　艺术字编辑框

图 8.29　输入文本后的艺术字编辑框

(4) 单击“绘图工具”|“(艺术字样式)文本填充”|“深绿色”。

(5) 单击“绘图工具”|“(形状样式)形状轮廓”|“粗细”命令，在下拉列表框中选择最粗的线。再次单击“绘图工具”|“(形状样式)形状轮廓”|“深红色”。

最后的艺术字编辑框如图 8.30 所示。

有关艺术字的编辑操作都可以利用“绘图工具”选项卡中的命令来实现。读者可自行做这方面的练习。

图 8.30　设置形状轮廓后的艺术字编辑框

2. 插入组织结构图

组织结构图是由一组具有层次关系的图框组成的，它是 SmartArt 图形的一种，广泛应用于企业内部机构组织的描述、学科分支情况描述等。

在当前幻灯片中插入组织结构图的操作如下：

单击“插入”|“(插图)SmartArt”命令，显示“选择 SmartArt 图形”对话框。在该对话框中单击“层次结构”选项，在列表框中列出了反映各种层次关系的结构元素，如图 8.31 所示。利用这些结构元素就可以编辑构建一个适合需要的组织结构图。

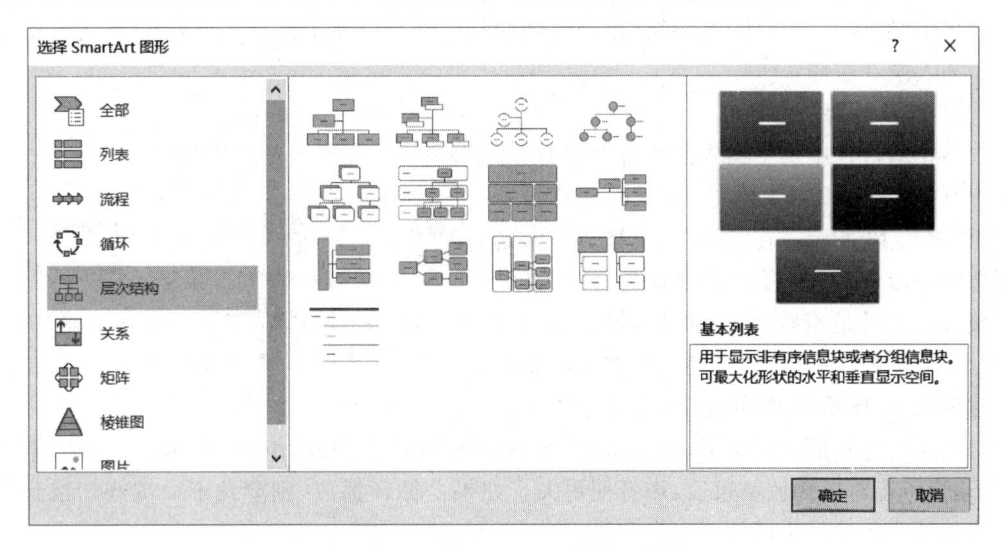

图 8.31　“选择 SmartArt 图形”对话框

8.5.4 插入声音和影片对象

1. 在幻灯片中插入声音

在幻灯片中插入声音的操作如下：

首先选中需要插入声音的幻灯片。然后单击“插入”|“(媒体)音频”|“PC 上的音频”命令，在“插入音频”对话框中选择要插入的声音文件。最后单击“插入”按钮，如图 8.32 所示。

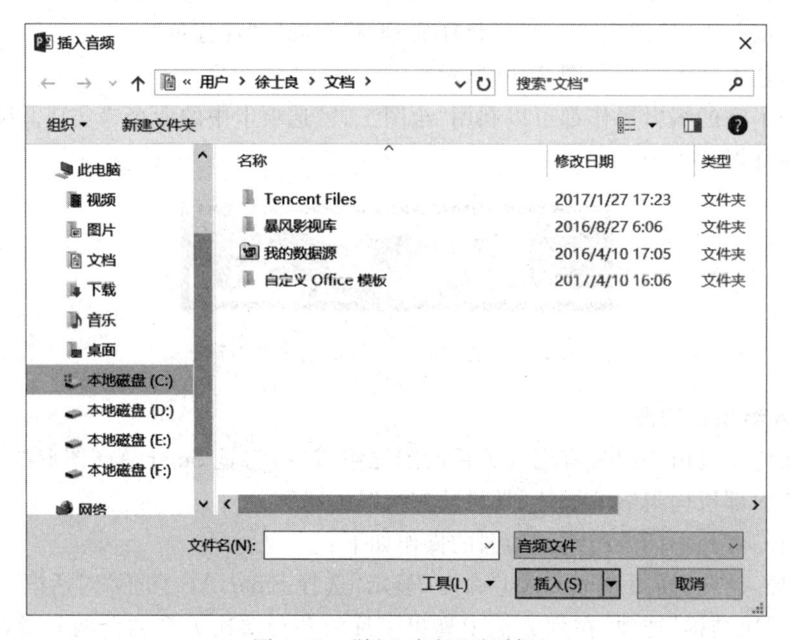

图 8.32 “插入音频”对话框

单击“插入”|“(媒体)音频”|“录制音频”命令，则可以使用麦克风录制音频，即在幻灯片中插入录音音频。

2. 声音的播放选项

当在幻灯片中选中插入的声音对象时，功能区显示“音频工具播放”选项卡，在该选项卡中有“音频工具播放”|“(音频选项)”命令组，如图 8.33 所示。在“音频工具播放”|“(音频选项)”命令组中，可以设置音量、何时开始播放及放映时是否隐藏声音图标等。如果在“开始”下拉列表中选择“自动”，则在放映幻灯片时就自动开始播放声音；如果选择“单击时”，则在幻灯片播放状态下，单击所显示幻灯片中的声音图标，声音即可播放。在一般情况下，当声音对象播放结束后，声音便消失。如果是循环播放，则要按 Esc 键或切换到另一张幻灯片后才停止播放。

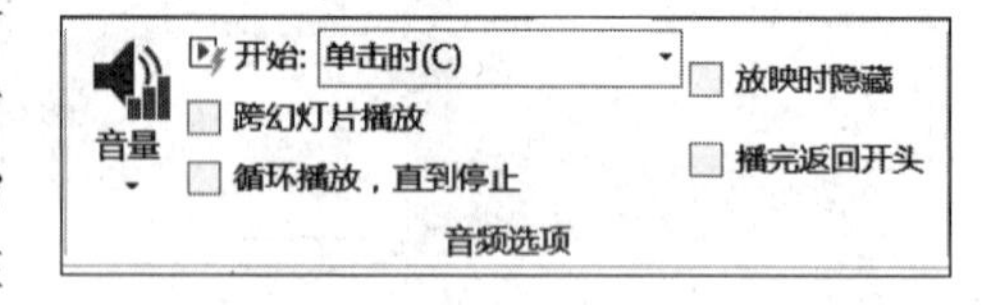

图 8.33 声音播放选项卡

3. 在幻灯片中插入视频

在幻灯片中插入视频的操作如下：

首先选中需要插入视频的幻灯片。然后单击“插入”|“(媒体)视频”|“PC 上的视频”命令，在“插入视频”对话框中选择要插入的视频文件。其过程与插入音频的情况相同。

单击“插入”|“(媒体)视频”|“联机视频”命令，可以在幻灯片中插入来自网站的视频。视频的播放与音频的播放方法相似。

8.5.5 插入数据图表

1. 图表的插入

在幻灯片中插入图表的操作过程如下。

(1) 选中需要插入图表的幻灯片，单击“插入”|“(插图)图表”命令，在“插入图表”对话框中选择图表的类型，单击“确定”。此时就在当前幻灯片中插入了选定类型的图表，并且在 Excel 2013 窗口中给出了图表的数据。

(2) 对数据图表中原有的样本数据(包括文字)进行修改，幻灯片中的图表随修改也在变化。在单元格中输入数据，以及对数据的编辑修改等操作，与 Excel 中的操作相同。

2. 格式化数据图表

所谓格式化数据图表，是指对数据图表中的文字和数据的格式进行必要的编辑与调整。要编辑数据图表中某单元格的数据，只需右击该单元格，然后在弹出的子菜单中选择相应的选项。其操作过程也与 Excel 相同。

3. 选择与更改图表类型

选择与更改图表类型的操作过程与 Excel 相同。

4. 设置图表选项

在图表中设置图表项(例如修改图表标题、X 与 Y 轴的标题、网格线、数据标志等)的操作也与 Excel 相同。

8.6 设置演示文稿的播放效果

8.6.1 设置动画效果

所谓幻灯片的动画效果，是指在播放一张幻灯片时，幻灯片中的不同对象(文本、图片、声音和图像等)的动态显示效果、各对象显示的先后顺序以及对象出现时的声音效果等。

1. 插入动画效果

为选定的对象插入动画效果有以下两种方法。

(1) 在“动画”|“(动画)”的列表框中单击需要的动画效果项目，此时就为选中的对象插入了一个动画效果，在该对象旁边的小方框内显示编号 1。

需要说明的是，用这种方法在一个对象上只能插入一个动画效果。

(2) 单击“动画”|“(高级动画)添加动画”命令，显示列表框如图 8.34 所示。在该列

表框中选择“进入”或“退出”或“强调”中的动画效果选项。如果单击列表框下的相应命令，可以显示更多的效果选项，此时就为选中的对象插入了一个动画效果，在该对象旁边的小方框内依次显示编号。用“添加动画”命令可以为一个对象插入多个动画效果。

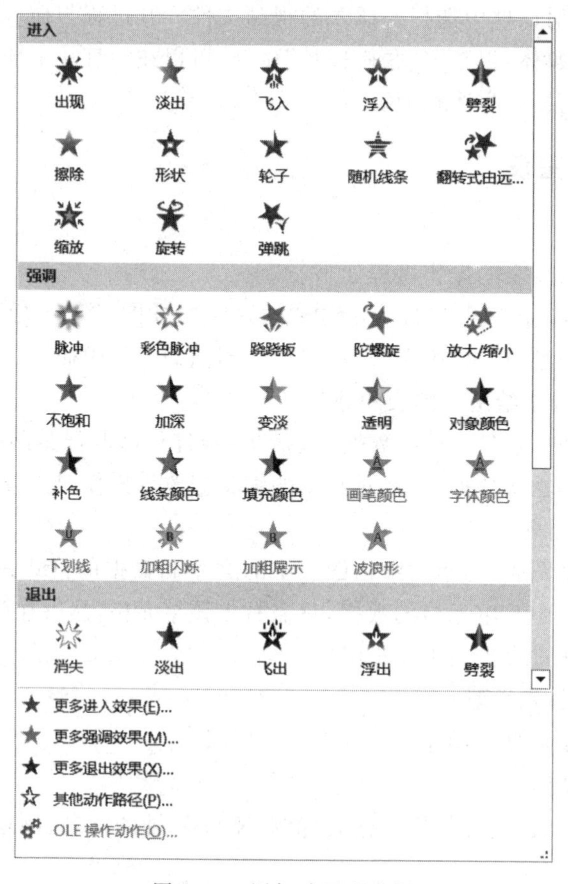

图 8.34　添加动画列表框

为对象插入的动画效果其选项是各不相同的。例如，“飞入”有方向的选择，而“轮子”有轮子形状的选择。因此，在插入动画效果后，还需通过效果选项来选择，并且不同的动画其选项是不同的。动画效果选项的选择方法是：选中(单击)一个动画效果编号，单击“动画”|“(动画)效果选项”命令，然后在下拉列表框中选择一种效果选项。

为选定的对象插入动画效果后，可以通过单击“动画”|“预览”命令，播放该对象的动画效果。

如果要取消幻灯片中对象的某个动画效果，则在选中该对象中的动画效果编号后，单击“动画”|“(动画)无”命令，该编号的动画效果即可取消。

2. 为动画设置动作参数

为动画设置动作参数是指设置动画各动作出现的顺序、触发条件以及每个动作的播放时间等。当选中了插入有动画效果的对象后，功能区将显示图 8.35 所示的“动画”|“(计时)”对话框用于设置动画动作参数。

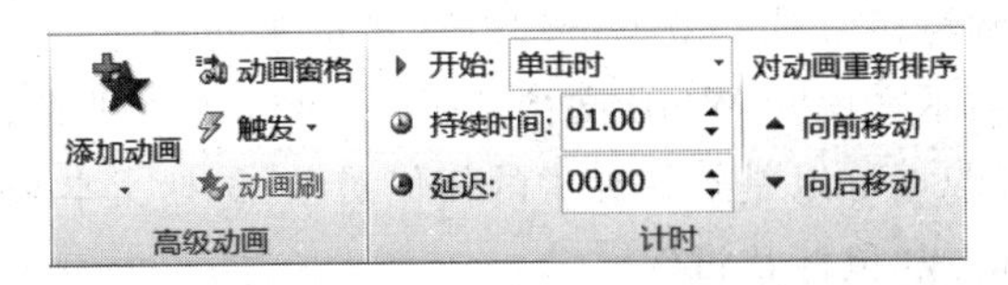

图 8.35　动画动作参数

(1) 动画排序

在一个对象上可以设置多个动画效果,开始时按照设置的顺序编号,播放时按编号顺序播放。但顺序(即编号)可以用"对动画重新排序"功能来改变,方法是:首先单击需要改变顺序的动画效果编号,然后单击"动画"|"(计时)向前移动或向后移动"命令。

必须指出,一张幻灯片中的多个对象的动画效果是统一排编号的,因此,一个对象的动画效果编号不一定是连续的。

(2) 动作开始

单击"开始"框中的下拉按钮,从下拉菜单中选择"单击时"或"与上一动画同时"或"上一动画之后"。

(3) 延迟与持续时间

分别在"持续时间"框与"延迟"框中调整时间。

8.6.2　设置幻灯片切换效果

PowerPoint 不仅允许用户对幻灯片中的具体对象进行动画效果设置,还允许用户对幻灯片在放映过程中的切换效果进行设置。

设置幻灯片切换方式的操作过程如下。

(1) 选择准备设置切换方式的幻灯片。

(2) 为幻灯片设置的切换效果其选项是各不相同的,因此,还需通过效果选项来选择。切换效果选项的选择方法是:单击"切换"|"(切换到此幻灯片)效果选项"命令,然后在下拉列表框中选择一种效果选项。

(3) 为幻灯片设置切换效果后,功能区将显示图 8.36 所示的"切换"|"(计时)"对话框用于设置换片参数。单击"声音"框中的下拉按钮,从下拉菜单中选择换片时的声音。调整"持续时间"中的时间。如果单击"全部应用",则表示当前幻灯片的切换效果适用于所有幻灯片。换片方式可以选择"单击鼠标时"或设置自动换片时间。

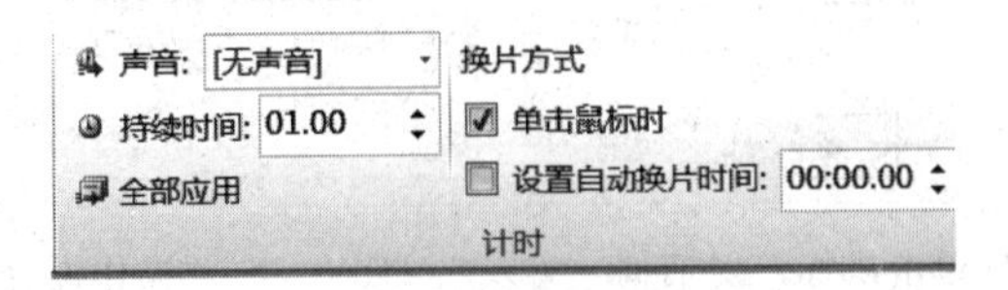

图 8.36　设置换片参数

8.6.3　创建交互式演示文稿

演示文稿在播放时,默认方式是按幻灯片的正常次序进行放映。PowerPoint 允许用户为幻灯片设计一种超链接方式：当单击幻灯片中的某对象时，能跳转到预先设定的任意一张幻灯片或其他演示文稿及 Word 文档，甚至还可以跳转到某个 Web 网页上。

创建超链接时，其起点可以是幻灯片中的任何对象(包括文本和图形)；激活超链接的方式可以是“单击鼠标”或“鼠标移过”。

如果为文本插入超链接，则在设置有超链接的文本上会自动添加下画线，并且其颜色为配色方案中指定的颜色。从超链接跳转到其他位置后，其颜色会改变，因此，可以通过颜色来分辨访问过的超链接。

1. 为幻灯片中的对象插入超链接

为幻灯片中的对象插入超链接的方法如下。

首先选中(即单击)幻灯片中需要设置超链接的对象(可以是文本)。然后单击“插入”|“(链接)动作”命令，显示“操作设置”对话框，如图 8.37 所示。

在“操作设置”对话框中单击“单击鼠标”标签，在“单击鼠标时的动作”选项中选中“超链接到”，并且在下拉列表框中选择链接到的位置(图中为“下一张幻灯片”)，最后单击“确定”按钮，如图 8.37 所示。

或者在“操作设置”对话框中单击“鼠标悬停”标签，在“鼠标移过时的动作”选项中选中“无动作”，并选中“播放声音”且下拉列表框中选择“爆炸”(即当鼠标移过被设置对象时，发出“爆炸”的声音。)，最后单击“确定”按钮，如图 8.38 表示。

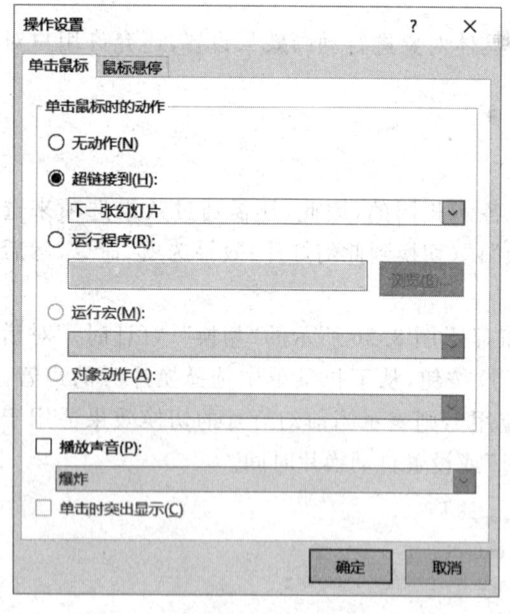

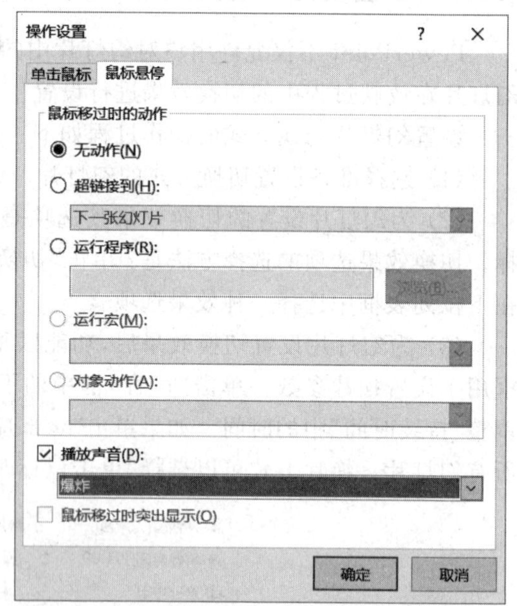

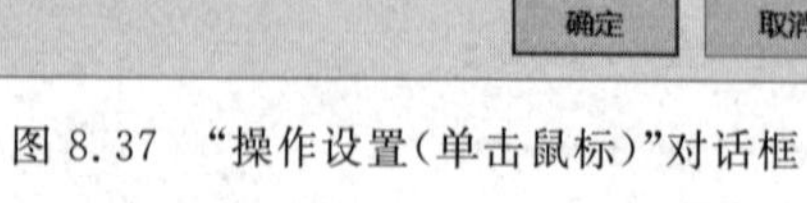

图 8.37 “操作设置(单击鼠标)”对话框

图 8.38 “操作设置(鼠标悬停)”对话框

必须说明的是，对同一个对象只能是一个“超链接”动作起作用，不可能对一个对象插入两个超链接动作，分别用“单击鼠标”和“鼠标移过”来激活。这是因为单击对象时，鼠标实际先要移到该对象，转去播放由“鼠标移过”选项卡中设置的超链接，已经不可能单击对象了。因此，在“动作设置”对话框中，“单击鼠标”与“移动鼠标”这两个激活条件，实际上

"移动鼠标"是优先的。要想"单击鼠标"起作用,"移动鼠标"必须"无动作",但可以加声音。

2. 在幻灯片中插入"动作按钮"并为之设置超链接

PowerPoint 提供了一组代表一定含义的动作按钮,可将其中的某个动作按钮插入到幻灯片中,并可以像其他对象一样为它设置超链接

在幻灯片中插入"动作按钮"并为之设置超链接的操作过程如下。

首先单击"插入"|"(插图)形状"命令,在下拉列表框的"动作按钮"图标中选择所需的动作按钮,如图 8.39 所示。然后单击该按钮,将鼠标移到幻灯片中放置该动作按钮的开始位置,按下鼠标左键,拖动鼠标,直到动作按钮的大小符合要求为止。此时显示"动作设置"对话框。在"操作设置"对话框中,单击"单击鼠标"或"鼠标移过"标签;然后在"超链接到"下拉列表中选择要链接到的位置;最后单击"确定"按钮。

图 8.39 动作按钮

8.6.4 设置幻灯片放映方式

PowerPoint 提供了各种不同的幻灯片放映方式。

设置幻灯片放映方式的操作方法如下:

单击"幻灯片放映"|"(设置)幻灯片放映"命令,显示"设置放映方式"对话框,如图 8.40 所示。在"设置放映方式"对话框中进行放映方式选项的设置。

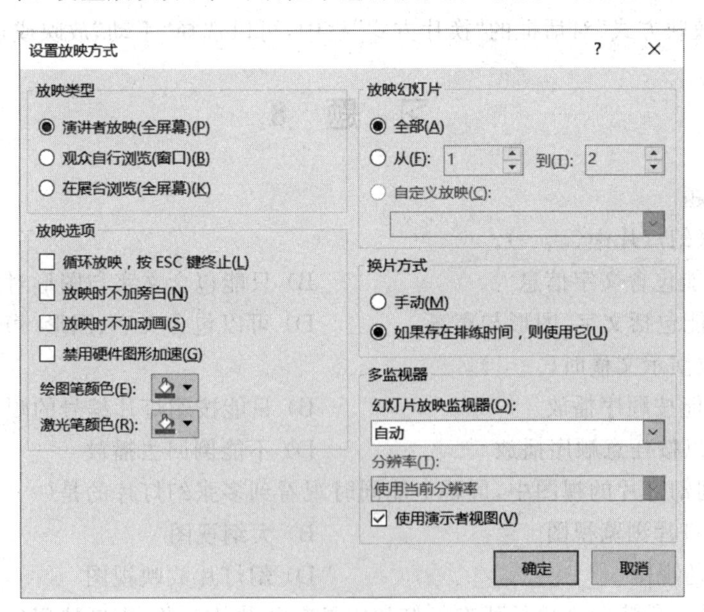

图 8.40 "设置放映方式"对话框

下面对"设置放映方式"对话框中的几种"放映类型"和"放映选项"进行说明。

1. 演讲者放映(全屏幕)

这是一种最常用的放映方式,可以将演示文稿进行全屏幕显示。在这种放映方式下,

既可以用人工方式放映,也可以用自动方式放映。

2. 观众自行浏览(窗口)

这是一种小规模演示的放映方式。在这种放映方式下,演示文稿只出现在一个小型窗口内,并在放映时提供移动、编辑、复制、打印幻灯片等命令;还可以利用滚动条从一张幻灯片移到另一张幻灯片,同时打开其他程序;也可以显示“Web”栏,以便浏览其他演示文稿和 Office 文档。

3. 在展台浏览(全屏幕)

在这种放映方式下,将自动放映演示文稿。若演示文稿结束,或者某张幻灯片已经闲置 5 分钟以上,都将自动重新开始放映。

4. 循环放映,按 Esc 键终止

如果选中这一选项,则在放映过程中,当最后一张幻灯片放映结束后,会自动转到第一张幻灯片进行播放。

5. 放映时不加旁白

如果选中这一选项,则在播放幻灯片的过程中不播放任何旁白。

6. 放映时不加动画

如果选中这一选项,则在播放幻灯片的过程中,原来设定的动画效果将不起作用。当取消选择“放映时不加动画”后,其动画效果又会起作用。

在“设置放映方式”对话框的“幻灯片”栏中,可以指定播放“全部”幻灯片;也可以指定从第几张幻灯片开始放映,到第几张幻灯片结束。

在“设置放映方式”对话框的“换片方式”栏中,可以选择“手动”放映或自动放映。

习 题 8

一、选择题

1. 在一张幻灯片中(　　)。

   A) 只能包含文字信息　　B) 只能包含文字与图形对象

   C) 只能包括文字、图形与声音　　D) 可以包含文字、图形、声音、影片等

2. 在播放演示文稿时(　　)。

   A) 只能按顺序播放　　B) 只能按幻灯片编号的顺序播放

   C) 可以按任意顺序播放　　D) 不能倒回去播放

3. 在下列幻灯片的视图中,屏幕上能同时观看到多张幻灯片的是(　　)。

   A) 幻灯片浏览视图　　B) 大纲视图

   C) 普通视图　　D) 幻灯片放映视图

4. 为了使一份演示文稿的所有幻灯片中具有公共的对象,则应使用(　　)。

   A) 自动版式　　B) 母版　　C) 备注幻灯片　　D) 大纲视图

5. 不能用于编辑演示文稿的是(　　)。

   A) 大纲视图左窗口　　B) 大纲视图右窗口

   C) 阅读视图　　D) 普通视图

6. 在 PowerPoint 演示文稿中，为了将一张“标题和内容”幻灯片改为“标题”幻灯片，应更改（　　）。

A）背景　　B）母版　　C）幻灯片版式　　D）主题样式

7. 在含有多个对象的幻灯片中，选定某个对象，利用“动画”|“飞入”后，效果为（　　）。

A）该幻灯片放映效果为飞入

B）该对象放映效果为飞入

C）下一张幻灯片放映效果为飞入

D）该幻灯片中的所有对象放映效果为飞入

二、填空题

1. 在 PowerPoint 提供的大纲视图中，窗口中包括大纲、幻灯片主画面和________视图。

2. 在 PowerPoint 中，可以输入文本的是普通视图和________。

三、操作题

将本书第 8 章的目录部分制作一份演示文稿。具体要求如下：

(1) 每节为一张幻灯片，章标题为独立的一张幻灯片，即该演示文稿共 7 张幻灯片。

(2) 幻灯片中的所有文本行前不要项目符号。

(3) 在章标题的幻灯片中，标题为章标题，项目为各节标题。

(4) 在各节的幻灯片中，标题为节标题，项目为各小节标题。

(5) 在所有幻灯片中，页眉为章标题，置于幻灯片的左上角，为斜体字，其字体大小自定。

(6) 所有幻灯片中的日期置于幻灯片的右上角。

(7) 所有幻灯片自动用自然数编号（在幻灯片的底部居中），并且在每张幻灯片中插入一个各不相同的剪贴画（自选）。

(8) 自选一种合适的幻灯片版式。

(9) 自选一种主题样式。

第9章 计算机网络

9.1 计算机网络概述

9.1.1 计算机网络的发展、组成与分类

1. 计算机网络的发展过程

随着计算机应用的深入，特别是家用计算机越来越普及，一方面希望众多用户能共享信息资源，另一方面也希望各计算机之间能互相传递信息进行通信。个人计算机的硬件和软件配置一般都比较低，其功能也有限，因此，要求大型与巨型计算机的硬件和软件资源以及它们所管理的信息资源应该为众多的微型计算机所共享，以便充分利用这些资源。基于这些原因，促使计算机向网络化发展，将分散的计算机连接成网，组成计算机网络。

计算机网络是现代通信技术与计算机技术相结合的产物。所谓计算机网络，就是把分布在不同地理区域的计算机与专门的外部设备用通信线路互连成一个规模大、功能强的网络系统，从而使众多的计算机可以方便地互相传递信息，共享硬件、软件、数据信息等资源。计算机网络技术是在20世纪60年代末、70年代初开始发展起来的，由于它符合社会发展的趋势，因此其发展的速度很快。目前，已经出现了许多局部网络产品，应用也已经比较普遍，尤其是在现代企业的管理中发挥着越来越重要的作用。实际上，像银行系统、商业系统、交通运输系统等单位，要真正实现自动化，具有快速反应能力，都离不开信息传输，离不开计算机网络。

计算机网络的发展过程大致可以分为以下三个阶段。

1）具有通信功能的单机系统

早期的计算机由于没有操作系统，用户只能亲自携带程序和数据用手工方式操作计算机。对远程用户，只能通过信件对程序和数据详细说明，委托计算中心的工作人员代替操作计算机。

20世纪60年代产生了具有脱机通信功能的批处理系统。从远程通信线路送来程序和数据后，先通过计算机的输入装置把它们记录到磁带等存储介质上，然后由操作员将它们输入到计算机内存中进行处理，最后处理的结果由输出设备发送到远地的站点。如果计算机具有通信控制功能，就可使远地点的输入、输出装置通过通信线路直接和计算机相连，从而摆脱操作员的干预，这称为联机系统。

2）具有通信功能的多机系统

在连接大量终端的联机系统中，主机的负载比较重，它既要承担大量的数据处理工作，又要承担频繁的通信工作；并且，通信线路的利用率也比较低，尤其终端离主机较远时更是如此。

为了克服上述两个缺点，可在主机前设置处理机，专门负责与终端的通信工作，使主机集中进行数据处理工作；并且在用户集中的地点设置线路集中器，并用低速通信线路与附近各用户终端相连接，然后用高速通信线路与前置处理机相连接。

集中器可以是逻辑电路，也可以是一台计算机，它不仅具有汇集终端信息的功能，还具有通信处理的信息压缩功能。

3）计算机网络

大型企业、事业单位或军事部门通常有多个计算中心分布在广阔的区域。这些计算中心除处理自己的日常业务外，还要求与其他计算中心之间交换信息，进行业务联系。我们把这种以传输信息为主要目的，并用通信线路将各处的计算机系统连接起来的计算机群称为计算机通信网络。

随着计算机通信网络的发展和应用，又提出了更高的要求。即某些计算机系统用户希望使用其他计算机系统中的资源，或者想与其他系统联合完成某项任务，这样就形成了以共享资源为目的的计算机网络，简称网络。

一个计算机系统连入网络以后，具有以下几个优点：

（1）共享资源。包括硬件、软件、数据等。

（2）提高可靠性。当一个资源出现故障时，可以使用另一个资源。

（3）分担负荷。当作业任务繁重时，可以让其他计算机系统分担一部分任务。

（4）实现实时管理。

从 20 世纪 80 年代末开始，计算机网络技术进入了新的发展阶段，它以光纤通信应用于计算机网络、多媒体技术、综合业务数字网络（ISDN）、人工智能网络的出现和发展为主要标志。20 世纪 90 年代至 21 世纪初是计算机网络高速发展的时期，计算机网络的应用向更高层次发展，尤其是 Internet 的建立，推动了计算机网络的飞速发展。据预测，计算机网络将具有以下几个特点：

（1）开放式的网络体系结构，使不同软硬件环境、不同网络协议的网可以互连，真正达到资源共享、数据通信和分布处理的目标。

（2）向高性能发展。追求高速、高可靠和高安全性，采用多媒体技术，提供文本、声音、图像等综合性服务。

（3）计算机网络的智能化，多方面提高网络的性能和综合的多功能服务，并更加合理地进行网络各种业务的管理，真正以分布和开放的形式向用户提供服务。

2. 计算机网络的组成

计算机网络主要由以下几部分组成：

（1）主机（host）。它是一个主要用于科学计算与数据处理的计算机系统。

（2）结点（node）。它是一个在通信线路和主机之间设置的通信线路控制处理机，主要是分担数据通信、数据处理的控制处理功能。

（3）通信线路。它主要包括连接各个结点的高速通信线路、电缆、双绞线或通信卫星等。

（4）调制解调器。在传送数据时，以原封不动的形式把来自终端的信息送入线路称为基带传输，这种方式适合于近距离传送。在远距离传送时，为防止信号畸变，一般采用频带传输，即将数字信号变换成便于在通信线路中传输的交流信号进行传输。此时在发送端由直流变成交流称为调制。在接收端由交流变成直流称为解调。兼有这两种功能的装置称为调制解调器(modem)。

使用不同频率的载波可以把调制解调后的信号变换到不同频率范围，这样在同一介质中可以同时传送多路信号，提高信道的利用率。

3. 计算机网络的分类

目前，计算机网络的品种很多，根据各种不同的联系原则，可以得到各种不同类型的计算机网络。因此，对计算机网络的分类方法也各不相同。例如，按照通信距离来划分，计算机网络可以分为局域网和广域网(也称远程网)；按照网络的拓扑结构来划分，可以分为环型网、星型网、总线型网等；按照通信传输的介质来划分，可以分为双绞线网、同轴电缆网、光纤网和卫星网等；按照信号频带占用方式来划分，又可以分为基带网和宽带网。

下面主要介绍局域网与广域网的概念。

1) 局域网(Local Area Network，LAN)

如果网络的服务区域在一个局部范围(一般在几十千米之内)，则称为局域网。在一个局域网中，可以有一台或多台主计算机以及多个工作站，各计算机系统、工作站之间可通过局域网进行各类数据的通信。

2) 广域网(Wide Area Network，WAN)

如果服务地区不局限于某一个地区，而是一个相当广阔的地区(例如各省市之间、全国甚至全球范围)的网络称为广域网。为实现远程通信，一般的计算机局域网可以连接到公共远程通信设备上，例如电报电话网、微波通信站或卫星通信站。在这种情况下，要求局域网应是开放式的，并具有与这些公共通信设备的接口。

9.1.2 网络传输介质

传输介质是网络中发送方与接收方之间的物理通路，它对网络数据通信的质量有很大的影响。常用的网络传输介质有以下四种。

1) 双绞线

双绞线是指普通电话线，它具有一定的传输频率和抗干扰能力，线路简单，价格低廉，传送信息的速度低于 10^6 b/s，通信距离为几百米。

2) 同轴电缆

同轴电缆由于其导线外面包有屏蔽层，抗干扰能力强，连接较简单，信息传送速度可达每秒几百兆位，因此，被中、高档局域网广泛采用。同轴电缆又分为基带方式和宽带方式两种。在采用基带方式时，数字信号直接加到电缆上，连接简单，传送速率低于10Mbps，距离可达几千米。在采用宽带方式时，信号要调制到高频载波上，传输速度可达每秒几百兆位，还可以进行视频信号传送。在需要传送图像、声音、数字等多种信息的局域网中，往往采用宽带同轴电缆。

3) 光缆(光导纤维)

光缆不受外界电磁场的影响，几乎具有无限制的带宽，可以实现每秒几十兆位的传送，尺寸小，重量轻，数据可传送几百千米，是一种十分理想的传输介质，但目前它的价格还比较昂贵。

4）无线通信

它主要用于广域网的通信，包括微波通信和卫星通信。微波通信中使用的微波是指频率高于300MHz的电磁波。由于它只能直线传播，因此，在长距离传送时，需要在中途设立一些中继站，构成微波中继系统。卫星通信是微波通信的一种特定通信形式，中继站设在地球赤道上面的同步卫星上。在赤道上空每隔120°设置一个同步通信卫星就可以进行全球的卫星通信，成为实现远程通信的有力手段。

9.1.3 网络拓扑结构

网络的拓扑结构是指网络连线及工作站点的分布形式。常见的网络拓扑结构有星型结构、环型结构、总线型结构、树型结构和网状结构五种。图9.1是这五种网络拓扑结构的示意图。

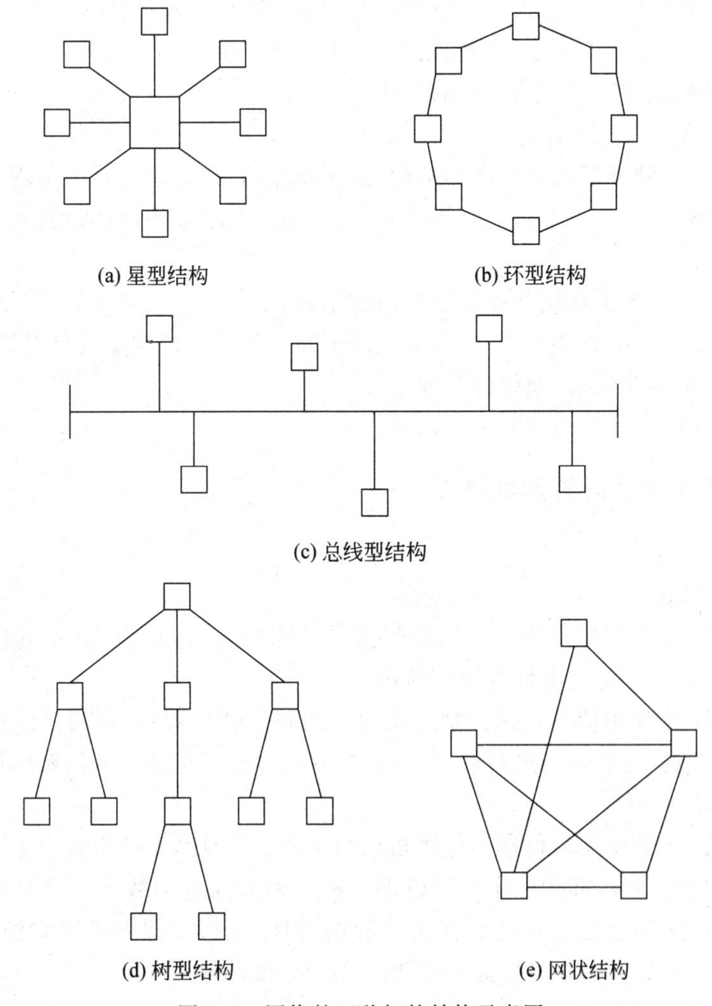

图9.1 网络的五种拓扑结构示意图

1）星型结构

星型结构是最早的通用网络拓扑结构形式。在这种结构中，每个工作站都通过连接线（电缆）与主控机相连，相邻工作站之间的通信都通过主控机进行，它是一种集中控制方式。这种结构要求主控机有极高的可靠性。它的优点是，当需要增加新的工作站时成本低，结构简单，控制处理也较方便。其缺点是，一旦主控机出现故障，系统将全部瘫痪，可靠性比较差。

2）环型结构

在这种结构中，各工作站的地位相同，互相顺序连接成一个闭合的环，数据可以单向或双向进行传送。这种结构的优点是，网络管理简单，通信设备和线路较为节省，而且还可以把多个环经过若干交接点互连，扩大连接范围。

3）总线型结构

在这种结构中，各个工作站均与一根总线相连。这种结构的优点是，工作站连入网络十分方便；两工作站之间的通信通过总线进行，与其他工作站无关；系统中某工作站一旦出现故障不会影响其他工作站之间的通信，即对系统影响很小。因此，这种结构的系统可靠性高，是目前局域网中最普遍采用的形式。

4）树型结构

这种结构是一种分层次的宝塔形结构，控制线路简单，管理也易于实现。它是一种集中分层的管理形式，但各工作站之间很少有信息流通，共享资源的能力较差。

5）网状结构

在这种结构中，各工作站互连成一个网状结构，没有主控机来主管，也不分层次，通信功能分散在组成网络的各个工作站中，是一种分布式的控制结构。它具有较高的可靠性，资源共享方便；但线路复杂，网络的管理也较困难。

局域网常用的拓扑结构主要是前四种。

9.1.4 网络数据通信与网络协议

1. 网络数据通信

1）数据的传送

（1）模拟数据-模拟信号传送。利用传感器获得的声音、压力、温度等模拟量可转化为电压或电流的变化，通过电话线进行传送。

（2）数字数据-模拟信号传送。发送端进行调制（调幅、调频、调相），使数字数据变成模拟信号进行传送，接收端再进行解调。因此，若双方计算机都安装调制解调器即可进行双向的数据通信。

（3）数字数据-数字信号传送。计算机中数字数据用0和1的组合表示，要进行传送，必须把它们变成电信号，即用一定电压值来表示0和1，这称为数字信号编码。

（4）模拟数据-数字信号传送。在实验数据处理、生产过程控制中常使用这种形式。计算机应用中采用A/D、D/A装置来实现模-数、数-模转换。

2）同步与异步通信

计算机网络通信采用同步和异步两种方式。

同步方式是一种传送效率较高的通信方式，它可以成块传送数据或字符。使收发双方同步的方法有以下两种：

(1) 二进制位的同步，或收发双方由传输专门的时钟脉冲保持同步。

(2) 数据帧的同步。这是当前使用比较广泛的同步方式。

异步方式在传送每一个字符以前要加上一位起始位(1)，字符后加一位校验位和1到2位的停止位(1)。不传送字符时连续发送1(高电位)，收方根据收到0到1的跳变判定起始位以取得同步。这种方式中，字符之间间隔可以不等，这种通信方式效率比同步方式低，但价格便宜且易于实现。

3) 传输速率

数据通信中的信道传输速率单位是位/秒(b/s)，称为比特率(bps，bit per second)。常用的标准有1200、2400、4800、9600、19 200、56Kb/s等。

另一种传输速率的表示方法称为波特率，它与比特率是两个不同的概念。所谓波特率是指每秒钟电位变化的次数，只有用二进制信号表示二进制数据时两者的值才相等。

4) 数据通信方式

按照数据传输方向，通信方式可分为单工通信、半双工通信和全双工通信三种。

(1) 单工通信是指通信线路上的数据只能按单一方向传送。

(2) 半双工通信是指一个通信线路上允许数据双向通信但不允许同时双向传送。

(3) 全双工通信是指一个通信线路上允许同时双向传送数据。在这种通信方式中，通信设备具有完全和独立的收、发功能，分别独立处理收和发的数据。

5) 分组交换技术

计算机网络中两点之间可以进行点对点的连接通信，但更一般的情况是需要经过多点之间的通信才能到达目的地。网络中两点之间的路由(route)可能有多条，为了有效利用通信网络进行信息传输，为此引入交换或转接的概念。

通信网络中有线路交换方式和存储交换方式两种。前者通过电话交换机进行，后者的交换机带有缓冲存储器。交换机先接收、存储，然后通过缓冲存储器再向对方发送，这就不易产生通信阻塞现象，并可以提高转发效率和线路利用率，传输可靠性比较高。

2. 网络协议

计算机网络中实现通信必须有一些约定，对速率、传输代码、代码结构、传输控制步骤、出错控制等制定标准。

为了使两个结点之间能进行对话，必须在它们之间建立通信工具(即接口)，使彼此之间能进行信息交换。接口包括两部分：一是硬件装置，功能是实现结点之间的信息传送；二是软件装置，功能是规定双方进行通信的约定。在通信过程中，双方对通信的各种约定称为通信控制规程或协议。协议通常由三部分组成：一是语义部分，用于决定双方对话的类型；二是语法部分，用于决定双方对话的格式；三是变换规则，用于决定通信双方的应答关系。

由于结点之间的联系可能是很复杂的，因此，在制定协议时，一般是把复杂成分分解成一些简单的成分，再将它们复合起来。最常用的复合方式是层次方式，即上一层可以调用下一层，而与再下一层不发生关系。通信协议的分层是这样规定的：把用户应用程序作为最高层，把物理通信线路作为最低层，将其间的协议处理分为若干层，规定每层处理的任务，也规定每层的接口标准。

由于世界各大型计算机厂商推出各自的网络体系结构，因而国际标准化组织(ISO)于1978年提出了开放系统互连参考模型，即著名的OSI(Open System Interconnection)。它将计算机网络体系结构的通信协议规定为七层，受到计算机界和通信业的极大关注。通过多年的发展和推进已成为各种计算机网络结构的靠拢标准。

下面简单介绍几个具体的协议。

1) ISO/OSI参考标准

国际标准化组织制定的OSI由七层组成，其规程内容有：通信双方如何及何时访问和分享传输介质；发送方和接收方如何进行联系和同步，指定信息传送的目的地(方向)，提供差错的检测和恢复手段，确保通信双方相互理解。

OSI参考模型从高层到低层依次是应用层、表示层、会话层、传输层、网络层、数据链路层和物理层。OSI要求双方通信只能在同级进行，实际通信是自上而下，经过物理及通信、再自下而上送到对等的层次。

(1) 物理层。本层提供机械、电气、功能和过程特征，使数据链路实体之间建立、保持和终止物理连接。它对通信介质、调制技术、传输速率、接插头等具体的特性加以说明，实现二进制位流的交换能力。

(2) 数据链路层。该层实现以帧为单位的数据块交换，包括帧的装配、分解及差错处理的管理，如果数据帧被破坏，则发送端能自动重发。因此帧是两个数据链路实体之间交换的数据单元。

(3) 网络层。该层主要进行控制两个实体间路径的选择，建立或拆除实体之间的连接。在局部网中往往两个实体间只有一条通道，不存在路径选择问题，但涉及几个局部网互连时就要选择路径。在网络层中交换的数据单元称为报文分组或包(packet)。它还具有阻塞控制、信息包顺序控制和网络记账功能。

(4) 传输层。本层提供两个会话实体(又称端-端、主机-主机)之间透明的数据传送，并进行差错恢复、流量控制等。该层实现独立于网络通信的端-端报文交换，为计算机结点之间的连接提供服务。

(5) 会话层。该层在协同操作的情况下支持结点间交互性活动，包括建立、识别、拆除用户进程间的连接，处理某些同步和恢复问题。为建立会话，双方的会话层应该核实对方是否有权参加会话，确定由哪一方支付通信费用，并在选择功能上(例如全双工还是半双工通信)取得一致。因此该层是用户连接到网络上的接口。

(6) 表示层。该层进行数据转换，提供标准的应用接口和通用的通信服务。例如文本压缩、数据编码和加密、文件格式转换，使双方均能认识对方数据的含义。

(7) 应用层。该层提供各种应用服务程序，如分布式数据库、分布式文件系统、电子邮件(E-mail)等，它是通信用户之间的窗口。

要注意的是，ISO的OSI仅是一个参考模型，并非是个标准，真正统一到这上面来还需做大量工作，不过世界上的通信组织、大的计算机公司制定的某些标准或自己的体系结构都在向OSI靠拢。

2) IEEE802 网络协议

IEEE802 为局部网络协议的一种标准，是国内外最为流行的。IEEE802 标准比较简单，它只覆盖 OSI 模型的最低两层，它是基于局域网的体系结构特点而制定的。局域网结构简单，几何形状规整，在网络中两结点之间通信都是直接的相邻结点之间的通信，不经过中间结点，因此不存在路由选择及拥塞问题。局域网常以多点方式工作，在网络上势必会存在多点同时访问的问题，因此，必然会遇到媒体多点访问控制问题和解决多点同时访问所引起的碰撞问题。

3) TCP/IP

TCP/IP(Transmission Control Protocol/Internet Protocol，传输控制协议/网际协议)是为美国 ARPA 网设计的，目的是使不同厂家生产的计算机能在共同网络环境下运行。它涉及异构网通信问题，要求 Internet 上的计算机均采用 TCP/IP 协议，UNIX 操作系统已把 TCP/IP 作为它的核心组成部分。

TCP/IP 具有以下几个特点：

(1) 支持不同操作系统的网上工作站和主机。

(2) 支持异种机互连，如 IBM、CDC 等主机及 CONVEX、DEC、HP、MIPS 等小型机和 SUN、SGI、HP 等工作站及各种微型计算机。

(3) 适用于 X.25 分组交换网、各种类型局域网、广播式卫星网、无线分组交换网等。

(4) 有很强的支持异种网互连能力。

(5) 能支持网上运行的 Oracle、Ingres 等数据库管理系统，为实现网络环境上分布式数据库提供基础。

TCP/IP 在网络体系结构上不同于 OSI 参考模型。

TCP 是 TCP/IP 中的核心部分，相当于 OSI 中的传输层。它规定一种可靠的数据信息流传递服务，网上两个结点间采用全双工通信，允许机器高效率地交换大量数据。TCP/IP 支持高层(应用层)的一些服务程序，传输协议包(如 FTP、TELNET、SMTP 等)都可在其上运行。

IP 协议又称互联网协议，是支持网间互连的数据报协议。它提供网间连接的完善功能，包括 IP 数据报规定互联网络范围内的地址格式。数据报的分段和拼装允许为不同的传输层协议(如 TCP 或 OSI 的传输层)服务，但却不负责连接的可靠性、流量控制和差错控制。

TCP/IP 协议与低层的数据链路层和物理层无关，这也是 TCP/IP 的重要特点。正因为如此，它能广泛支持由低两层协议构成的物理网络结构。目前已使用 TCP/IP 连接成洲际网、全国网与跨地区网。

TCP/IP 应用层有以下三个重要的服务软件：

(1) 简单远程终端协议 TELNET：允许用户从一个现场建立一条 TCP 连接到另一场地服务，把本地机器变成远程机器的一个仿真终端。

(2) 网际文件传送协议 FTP：FTP 授权用户登录到远程系统中以识别自己，列出远程系统上的目录，从远程机器或者向远程机器拷贝文件。

(3) 简单的邮件传送协议 SMTP：保证网上两个用户之间能相互传递邮件。

9.1.5 计算机网络的功能与应用

一般来说,计算机网络可以提供以下一些主要功能。

1. 资源共享

计算机的很多软、硬件资源是比较昂贵的,例如,规模大的计算中心、大容量的硬盘、数据库、某些应用软件以及特殊设备等。组建计算机网络的主要目标之一就是让网络中的各用户可以共享分散在不同地点的各种软、硬件资源。例如,在局域网中,服务器通常提供大容量的硬盘,用户不仅可以共享服务器硬盘中的文件,而且还可以独占服务器中的部分硬盘空间,这样,用户就可以在一个无盘的工作站上完成自己的任务。

2. 信息传输与集中处理

在计算机网络中,各计算机之间可以快速、可靠地互相传送各种信息。例如,利用计算机网络可以实现在一个地区甚至全国范围内进行信息系统的数据采集、加工处理、预测决策等工作。

3. 均衡负荷与分布处理

对于一些综合型的大任务,可以通过计算机网络采用适当的算法,将大任务分散到网络中的各计算机上进行分布式处理;也可以通过计算机网络用各地的计算机资源共同协作,进行重大科研项目的联合开发和研究。

4. 综合信息服务

通过计算机网络可以向全社会提供各种经济信息、科研情报和咨询服务。其中Internet上的环球信息网(World Wide Web,WWW)服务就是一个最典型也是最成功的例子。还例如,综合服务数据网络(ISDN)就是将电话、传真机、电视机和复印机等办公设备纳入计算机网络中,提供了数字、语音、图形图像等多种信息的传输。

5. 其他

计算机网络目前正处于迅速发展的阶段,网络技术的不断更新,进一步扩大了计算机网络的应用范围。除了前面提到的资源共享和信息传输等基本功能外,计算机网络还具有以下几个主要方面的应用。

1) 远程登录

所谓远程登录是指允许一个地点的用户与另一个地点的计算机上运行的应用程序进行交互对话。例如,某公司的数据库软件只能在IBM计算机上运行,而一个用户需要使用APPLE计算机访问这个数据库,则远程登录软件允许该用户使用APPLE计算机与IBM计算机连接并运行其数据库软件,而不用对程序本身做任何修改。

2) 传送电子邮件

计算机网络可以作为通信媒介,用户可以在自己的计算机上把电子邮件(E-mail)发送到世界各地,这些邮件中可以包括文字、声音、图形、图像等信息。

3) 电子数据交换

电子数据交换(EDI)是计算机网络在商业中的一种重要的应用形式。它以共同认可的数据格式,在贸易伙伴的计算机之间传输数据,代替了传统的贸易单据,从而节省了大量的人力和财力,提高了效率。

4）联机会议

利用计算机网络，人们可以通过个人计算机参加会议讨论。联机会议除了可以使用文字外，还可以传送声音和图像。

总之，计算机网络的应用范围非常广泛，它已经渗透到国民经济以及人们日常生活的各个方面。

9.2 局　域　网

9.2.1 局域网的概念

局域网是指将小区域内的各种通信设备互连在一起的通信网络。

从这个定义可以看出，局域网是一个通信网络，有时也称它为计算机局部网络。这里所说的数据通信设备是广义的，包括计算机、终端、各种外围设备等；所谓的小区域可以是一个建筑物内、一个校园或者大至几十千米直径的一个区域。

局域网的典型特性如下：

- 高数据传输率（0.1～100Mb/s）；
- 短距离（0.1～25km）；
- 低误码率（10^{-8}～10^{-11}）。

9.2.2 局域网的分类

局域网可分为以下三种类型，它们所采用的技术、应用范围和协议标准都是不同的。

(1) 局部区域网（LAN）：这是局域网中最普通的一种。

(2) 高速局部网（HSLN）：这种局域网的传送数据速率较高，除此之外，其他性能与LAN类似。它主要用于大的主机和高速外围设备的联网。

(3) 计算机交换机（CBX）：这是指采用线路交换技术的局域网。

表9.1对以上三种类型局域网的主要性能进行了比较。

表9.1 三种局域网的主要性能比较

特　性	LAN	HSLN	CBX
传输介质	双绞线、电缆、光纤	CATV电缆	双绞线
拓扑结构	总线型、环型、星型	总线	星型
传输速率	1～20Mb/s	50Mb/s	10.6～64Kb/s
最大距离	25km	1km	1km
交换技术	分组	分组	线路
接入网的设备数	几百～几千	几十	几百～几千

局域网具有广泛的应用。将基于个人计算机的智能工作站连成局域网可以共享文件和相互协同工作，还可以共享磁盘、打印机等资源，这类网络的关键问题是联网的费用要低。若将大型计算机连成局域网，可以共享计算机房中的贵重资源（如海量存储器等），这类网络关键在于要高速传输数据。用于办公室自动化的局域网也是一个广泛的应用领

域，其关键是要提高办公室的效率，综合声音、图像、图形的多媒体技术，使计算机网络的应用更加绚丽多彩。

LAN 主要有三种网络拓扑结构，即总线型结构、环型结构和星型结构。

9.2.3 局域网的基本组成

微机局域网(或环局域网)包括网络硬件和网络软件两大部分。它的基本组成有传输媒体、网络工作站、网络服务器、网卡、网间连接器、网络系统软件六个部分。

1. 传输介质

局域网中常用的传输介质有双绞线、同轴电缆(粗、细)、光纤、微波等。它们支持不同的网络类型，具有不同的传输速率和传输距离。

2. 网络工作站

工作站(workstation)是指连入网络的不同档次、不同型号的微机。它是网络中实际为用户操作的工作平台，通过插在微机上的网卡和连接电缆与网络服务器相连。工作站可选用 486、奔腾微机等。

3. 网络服务器

网络服务器是微机局域网的核心部件。网络操作系统是在网络服务器上运行的，网络服务器的效率直接影响整个网络的效率。因此，一般要用高档微机或专用服务器计算机作为网络服务器，它要求配置高速 CPU、大的内存容量与大容量硬盘，有时还需要配置用于信息备份的磁带机等。

网络服务器主要有以下四个作用：

(1) 运行网络操作系统，控制和协调网络中各微机之间的工作，最大限度地满足用户的要求，并做出及时响应和处理。

(2) 存储和管理网络中的共享资源，如数据库、文件、应用程序、磁盘空间、打印机、绘图仪等。

(3) 为各工作站的应用程序服务，如采用客户服务器(Client/Server)结构，使网络服务器不仅担当网络服务器，而且还担当应用程序服务器。

(4) 对网络活动进行监督及控制，对网络进行实际管理，分配系统资源，了解和调整系统运行状态，关闭、启动某些资源等。

4. 网卡

要把工作站、服务器等智能设备连入一个网络中，需要在设备上插入一块网络接口板，称为网卡。网卡通过总线与微机相连接，再通过电缆接口与网络传输媒体相连接。网卡上的电路提供通信协议的产生和检测，用以支持所对应的网络类型，网卡要与网络软件兼容。

5. 网间连接器

网间连接器允许两个微机局域网互联，以形成更大规模、更高性能的网络系统。常用的网间连接设备有以下三个。

1) 中继器(repeater)

当网络线路长度超过所用电缆段规定的长度时，可使用中继器来延长，也可以用中继器改变网络拓扑结构。

2）网桥（bridge）

用于连接两个同类型的局域网（运行相同网络操作系统的 LAN）。

3）网关（gateway）

当不同类型的局域网（运行不同的网络操作系统的 LAN）互联，或 LAN 与某主机系统（如 IBM、DEC 等主机）相连，或 LAN 要与另一个广域网（WAN）相连时，在网间必须配置网关。网关不仅具有路由器的功能，而且要处理因不同网络操作系统而引起的不同协议间的转换问题。

6. 网络系统软件

网络系统软件主要由服务器平台（服务器操作系统）、网络服务软件、工作站重定向软件、传输协议软件组成。

微机联网时有多种联网方式可以选择，而主要选择的应是网络操作系统。网络操作系统的水平决定着整个网络的水平。可以说，它是计算机软件加网络协议的集合，使所有网络用户都能透明有效地利用计算机网络的功能和资源。

9.3 Internet 简介

9.3.1 Internet 信息服务方式

Internet 是美国信息高速公路主干网，是当今世界上最大的信息网。

下面先介绍关于 Internet 网址的概念。

Internet 上的电子地址通常是由一种被称为域名系统（Domain Name System，DNS）的国际协定来创建的。DNS 规定名字要从左到右构造，表示的范围从小到大。一个名字由若干元素或标号组成，由@或. 分开。例如，sun@king. cs. tsinghua. edu. cn 从右向左可解释为：中国教育机构清华大学计算机系代号为 king 的主机上的 sun 用户账号。一个名字的最右端的标号是域名，除美国之外，它通常表示一个国家或地区。在美国，通常用 edu 表示教育机构，com 表示商业和工业，gov 表示政府部门，mil 表示军事部门，org 表示用户组织等。

DNS 除提供一种逻辑方法产生名字外，还提供了另一种看不见但更基本的标识方法，即所谓 IP 地址（Internet Protocol address），它与 DNS 名是对应的。IP 地址由四段组成，每段的取值范围是 1～255。与 DNS 名相反，它从左到右表示的范围是从大到小。例如，在 IP 地址 166. 111. 810. 41 中，166. 111 表示清华大学，89 表示计算机系，41 表示 king 主机。上面例子中的 DNS 名也可以表示成：sun@[166. 111. 810. 41]，其中加方括号是为了与 DNS 名区分。

Internet 的信息服务方式可分为基本服务和扩充服务两种。

1. 基本服务方式

基本服务方式是指 TCP/IP 协议所包括的基本功能。它主要有以下二种。

1）电子邮件（E-mail）

电子邮件是 Internet 的主要用途之一。E-mail（Electronic Mail）是从一台计算机的用户向另一台计算机的用户发送信息的一种方式。该信息由一组标题行与信息体组成，前者告诉计算机系统把信息传给谁，后者则可以包含任何文本、文件甚至图片和声音。

只要知道对方的 E-mail 地址，用户就可以通过网络方便地接收和转发信件，还可以同时向多个用户传送信件。

2）文件传输

FTP(File Transfer Protocol，文件传输协议)是用于以交互方式访问远程计算机的文件目录并与之交换文件的一种方式。用这种方式可直接进行文字和非文字信息的双向传输，非文字信息包括计算机程序、图像、照片、音乐、录像等；还可以使用各种索引服务进行查找。

Internet 上的大部分计算机都支持 FTP。但需要指出的是，FTP 并没有统一的标准，除一些主要命令外，各种不同平台上的 FTP 可能有差别。

3）远程登录

该服务用于在网络环境下实现资源的共享。利用远程登录，可以把一台终端变成另一台主机的远程终端，从而使用该主机系统允许外部用户使用的任何资源。它采用 Telnet 协议，可使多台计算机共同完成一个较大的任务。

借助 Telnet，你可以登录访问远程计算机，在远程主机上执行命令，其效果如同在本地登录时一样。在这种情况下，你的计算机就相当于远程主机的一个终端。

2. 扩展服务方式

扩展服务方式是指在 TCP/IP 协议基本功能的支持下，由某些专用的应用软件或用户接口提供的接口方式。它们主要有以下四类。

1）基于电子邮件的服务

这种服务主要有以下三种：

(1) 电子公告板(BBS)

电子公告板是 Internet 上最常用的方式之一。只要用户通过某种连接手段(如远程登录)与电子公告板服务的主机相连，即可阅读 BBS 上公布的任何信息，用户也可以在 BBS 上发布自己的信息供别人阅读。

(2) 新闻群组

它是一种专题讨论性质的服务，每一个组都有一个名字反映该组谈论的内容。例如，comp 是关于计算机的话题，sci 是关于自然科学各分支的话题，news 是关于网络 news 软件及 news 读者的议论，rec 是关于娱乐活动的情报和评论，soc 是关于社会现象及社会科学各分支的话题，talk 为热门话题，misc 为其他。

(3) 电子杂志

电子杂志是一种电子出版物，内容极其丰富，从美国中央情报局的 *World Facts* 到《莎士比亚全集》及《福尔摩斯探案集》等都可以坐在屏幕前阅读，其杂志出版速度远快于印刷版本。

2）名录服务

它分为白页服务和黄页服务两种。前者可查找人名或机构的 E-mail 地址，后者可查找提供各种服务的主机 IP 地址。

Whoes 和 Netfind 属于白页服务。X.500 是基于 ISO/OSI 标准的分布式名录服务系统，它同时提供白页和黄页两种服务，同时还可以查阅 Internet 上的各种资源，对用户是完全透明的。

3）索引服务

Archie 是利用关键字查找信息源的工具。用户提供关键字（keyword）后，系统可提供有关文件所在的主机 IP 地址、文件目录和文件名。

Veronica 功能与 Archie 相似，但其对象是所有的 Gopher 服务器，可以直接获得所查询的信息而不是索引。Jughead 功能与 Veronica 相仿，但其查找范围有限。

WAIS 是广域网信息服务的缩写，它可采用自然语言关键字检索方法对 Internet 的文本数据库进行检索，可联机浏览文件。

4）交互式服务

Gopher 是一种基于多种菜单的交互式检索工具，其最大优点是信息资源的存放地址和存储方式对用户完全透明，主菜单共有 18 项，主菜单下又包括子菜单。例如，Directory-lists 下面就有 Anonymbus.ftp 的场点和全世界图书馆的情报。同时 Gopher 中还具有贴书签及按书签检索的功能，以方便用户使用。

WWW 是一种基于超文本文件的多媒体检索工具，也是目前最受欢迎、最先进的服务方式之一。

9.3.2 电子邮件

电子邮件是 Internet 所有服务中最为广泛使用的一种。一个用户通过连接全世界的 Internet，可将邮件传送到世界范围内的任何一个有 E-mail 地址的用户。实际上就是一个用户将账户上的文件通过 Internet 送至另一个用户的账户。

E-mail 电子邮件服务具有其他通信工具无法相比的优越性。邮件布景可以用来传送文字，还可以传送图形文件；不必使用纸张，降低了邮件费用，有益于环境保护。电子邮件服务最大的优点在于，它大大缩短了邮件投寄的时间；同时对于收信人来讲，无论是否在家，只要信件送至其信箱内，就可以在世界范围内任何一台加入 Internet 的计算机上看到这封信。

用户的 E-mail 是否能到达目的地，基本上取决于其是否建立了正确的地址。E-mail 地址通常要比通常见到的简单邮件地址复杂。因为 E-mail 的领域比 Internet 要大，而且 E-mail 需要针对人设置地址，而不仅针对机器，E-mail 地址里有时也包括了个人姓名。

E-mail 地址基本上由两部分组成，一般由“@”区分开。“@”前面的部分通常指用户名，即与服务器连机时应输入的名字；“@”后面的部分为区域名，一般就是服务器的名字。如果同一区域内的用户（也就是使用统一服务器的用户）之间通信，输入地址时可以把区域名省略。

9.3.3 浏览器的操作

文档问世不久，Internet 中的 HTML 文档就数以百万计，因此可以简便有效地查找和阅读的工具也就应运而生了。

WWW 全称为 Word-Wide Wed(全球信息网),简称"3W"。它是 Internet 上提供的一种高级浏览服务。它采用超文本和超媒体的信息组织方式,将信息的链接扩展到整个 Internet 上,即允许一台计算机上某文档中的菜单指向存储于另一台计算机的文档,用户通过一个入口进去,便可以透明地从一台计算机跳转到另外一台计算机上。

WWW 的目的是帮助用户在 Internet 上以统一的方式去获取不同地点、不同存取方式、不同检索方式、不同表达形式的各种各样的信息资源。从本质上讲,它是超媒体思想在网络上的实现,WWW 支持跨计算机的信息连接。

WWW 服务器上存储的是 HTML(Hypertext Markup Language)文档。客户软件向服务器发出请求,并接收服务器发来的 HTML 文档,通过客户软件的表达,以生动的方式呈现在用户面前。在 Internet 世界里,有许许多多的 Web 服务器。它们是 HTML 文档的载体,是生动世界的载体;而客户软件则通过对 HTML 文档的解释,将世界生动地表现出来。

对于每个要表现的 HTML 内容,或者说逻辑独立的信息单位,我们称之为"页面";而"主页面"往往是指第一页,即 Home Page。

目前市场上流行许多版本的 WWW 浏览器,其中备受推崇的便是 Netscape 公司开发的 Netscape Navigator(简称 Netscape 浏览器)和 Microsoft 公司开发的 Microsoft Internet Explorer(简称 IE 浏览器)。

Web 浏览器不仅可以浏览文档,还可以把喜欢的文档保存下来。利用 File 菜单下的"Save As…"便可以将当前的 Web 页的 HTML 格式的文档保存到指定的目录下。File 菜单中的"Open File…"菜单项还可以将本地的 HTML 文档打开,显示成 Web 页的形式。

1. 如何使用 Netscape 浏览器

图 9.2 是 Netscape 浏览器的一个基本框架。在浏览器界面中,上部是命令区,有各种菜单。其中最为关键的是 Location,该行是输入所要浏览的站点或 Home Page 地址的地方。同时,Netscape 浏览器也提供了一些很好的可供选择的访问站址,比如 Lookup、New&Cool 等。中间部分是显示区,Web 文档在这里显示。底部则是状态显示区,如 Web 文档下载过程(即从远程服务器上将文档传输过来的进展状况),或者是内容的热点提示等。

命令区中各个工具按钮的作用如下:

- Back:返回到刚刚浏览过的上一页。
- Forward:转到刚刚浏览过的下一页。
- Reload:重新链接当前页。
- Home:回到 Netscape 定义的主页位置(此地址是由用户自己定义的一个初始链接地址。当用户打开 Netscape 时,Netscape 将自动链接到该网址上去。用户没有定义时,一般缺省为"错误!未定义书签!"。
- Search:寻找网络信息。将下载 Netscape 主页上的信息。
- Guide:下载"错误!未定义书签!"主页上的信息,在该主页可以找到各个感兴趣的站点。

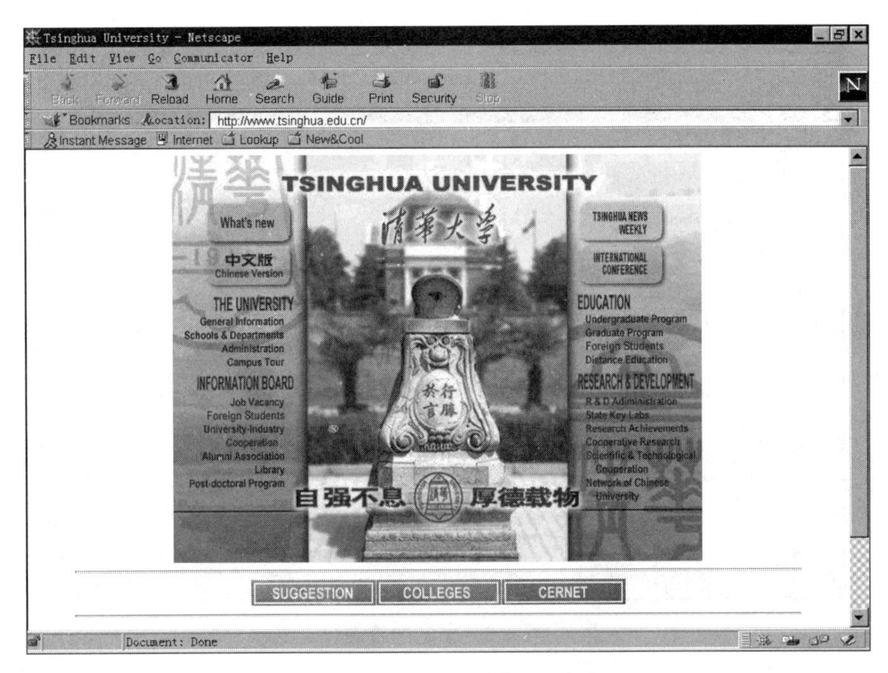

图 9.2　Netscape 浏览器的框架

- Print：打印本页。
- Stop：停止本页的下载。断开链接。

由于 Web 文档的机制是超链接模式，而我们在沿着链接浏览一段时间以后往往希望能重新回到某个网点上来。这就需要对原网点做些记号。这个记号的实现方式就是设置书签。

Netscape 的书签机制是一件非常好的事情，它事实上是在内存中开辟一片空间，将书签的一些内容存储于此。当要回到书签所指地方时，先将书签中记录的各种标记搬出来，因此省去了许多一步步查找的麻烦，显示速度明显加快。

1）设置书签

设置书签很简单，菜单栏中有 Bookmarks 菜单，选择 Add Bookmarks 便会将当前显示的 Web 文档加到书签组中。

2）管理书签

书签多了，就出现了管理问题。比如体育类的热门 Web 网点的书签要放在一起，金融类的热门 Web 网点的书签应放在一起，教育类的热门 Web 网点的书签也要放在一起。选择 Bookmarks 菜单下的 Edit Bookmards 便可以进入书签的管理窗口，如图 9.3 所示。

通过此窗口可以设置不同的书签夹（类似于子目录），并通过书本拖放，将书签归于不同书签夹中。

2. 如何使用 IE 浏览器

IE 浏览器的框架如图 9.4 所示。

IE 浏览器的界面与 Netscape 浏览器的界面结构非常类似，上部是命令区，有各种菜

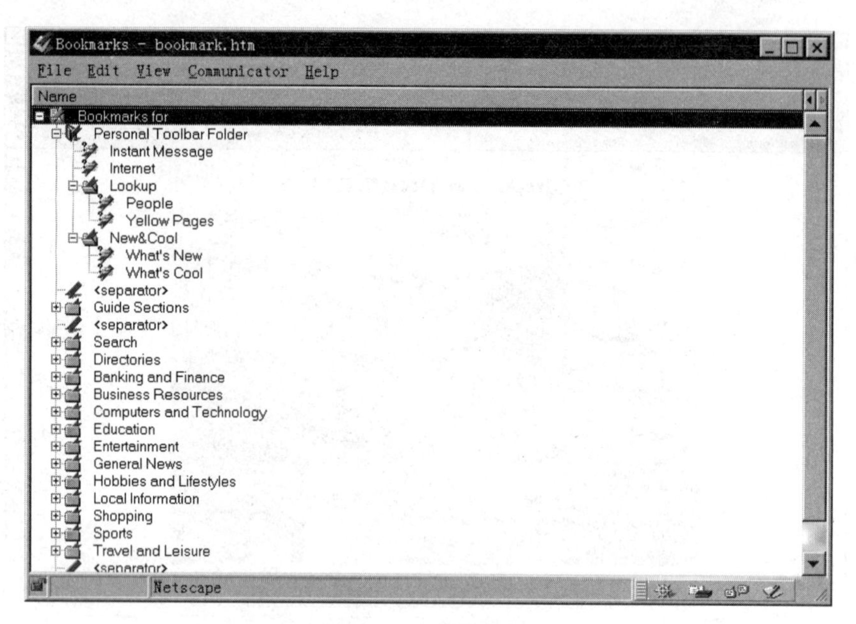

图 9.3 书签的管理

图 9.4 IE 浏览器的框架

单。其中最为关键的是“地址”,该行是输入所要浏览的站点或 Home Page 地址的地方。中间部分是显示区,Web 文档在这里显示。底部则是状态显示区,如 Web 文档下载过程(即从远程服务器上将文档传输过来的进展状况),或者是内容的热点提示等。

例如单击菜单栏中的收藏、历史时,将在中部显示区的左侧出现相应的收藏夹、历史记录夹等。其中:

收藏夹类似于 Netscape 浏览器中的书签夹,可收藏一些常用的 WWW 地址。

历史记录夹中按时间顺序存放最近一段时间内曾打开过的网页地址。

习 题 9

一、选择题

1. 计算机网络最突出的优点是(　　)。

   A) 精度高　　B) 内存容量大　　C) 运算速度快　　D) 共享资源

2. Novell 网使用的网络操作系统是(　　)。

   A) ISDN　　B) CERNET　　C) Netware　　D) UNIX

3. WWW 的中文名称为(　　)。

   A) 国际互联网　　B) 环球信息网

   C) 综合服务数据网　　D) 电子数据交换

4. 局域网的英文缩写为(　　)。

   A) LAN　　B) WAN　　C) ISDN　　D) NCFC

5. 为了进行全球卫星通信,在赤道上空的同步通信卫星之间间隔应为(　　)。

   A) 60°　　B) 90°　　C) 120°　　D) 150°

6. 制定各种传输控制规程(即协议)OSI 的国际标准化组织的英文名称缩写是(　　)。

   A) INTEL　　B) IBM　　C) ARPA　　D) ISO

7. 用于连接两个相同类型局域网的连接设备称为(　　)。

   A) 网卡　　B) 网关　　C) 网桥　　D) 中继器

8. 如果两个局域网运行的网络操作系统不同,为了要将它们互联,则须配置(　　)。

   A) 网卡　　B) 网关　　C) 网桥　　D) 中继器

9. 属于集中控制方式的网络拓扑结构是(　　)结构。

   A) 星型　　B) 环型　　C) 总线型　　D) 树型

10. 下列传输介质中,带宽最大的是(　　)。

    A) 双绞线　　B) 同轴电缆　　C) 光缆　　D) 无线

11. EDI 的中文名称是(　　)。

    A) 电子邮件　　B) 联机会议　　C) 综合信息服务　　D) 电子数据交换

12. 当数字信号以基带方式通过同轴电缆进行传输时,其传输速率(　　)兆位。

    A) 低于每秒 10　　B) 高于每秒 10

    C) 每秒几百　　D) 每秒 10～100

13. 双绞线的通信距离为(　　)。

    A) 几十米　　B) 几百米　　C) 几百千米　　D) 几十千米

14. 微波通信中使用的微波实际上是一种电磁波,它的频率(　　)。

    A) 高于 3MHz　　B) 高于 30MHz　　C) 高于 300MHz　　D) 低于 3MHz

15. 下列各网络中,属于局域网的是(　　)。

    A) Internet　　B) CERNET　　C) NCFC　　D) Novell

16. 在电子邮件中所包含的信息(　　)。

    A) 只能是文字

B）只能是文字与图形、图像信息

C）只能是文字与声音信息

D）可以是文字、声音和图形、图像信息

17. 在计算机网络通信中，属于同步方式的是（　　）。

A）收发双方传输专门的时钟脉冲

B）传送字符前加起始位

C）传送字符后加停止位

D）传送字符前加起始位，传送字符后加停止位

18. 为了把工作站或服务器等智能设备连入一个网络中，需要在设备上插入一块网络接口板，这块网络接口板称为（　　）。

A）网卡　　B）网关　　C）网桥　　D）网间连接器

19. 所谓传输控制规程（即通信协议）是指（　　）。

A）对数据传输方向的约定

B）对信息传输范围的约定

C）对传输数据量的规定

D）对数据传输速率、传输代码、代码结构、传输控制步骤以及出错控制等方面的约定

20. 在下列各网络结构中，共享资源能力最差的是（　　）结构。

A）网状　　B）树型　　C）总线型　　D）星型

21. 在局域网中，运行网络操作系统的设备是（　　）。

A）网络工作站　　B）网络服务器　　B）网卡　　D）网桥

22. 计算机网络分为局域网与广域网，其划分的依据是（　　）。

A）通信传输的介质　　B）网络的拓扑结构

C）信号频带的占用方式　　D）通信的距离

23. 数据通信中的信道传输速率单位是比特率（bps），bps 表示（　　）。

A）位/秒　　B）字节/秒　　C）K 位/秒　　D）K 字节/秒

24. 局域网最大传输距离为（　　）。

A）几百米到几千米　　B）几十千米

C）几百千米　　D）几千千米

25. 下列叙述中错误的是（　　）。

A）网络工作站是用户执行网络命令和应用程序的设备

B）在每个网络工作站上都应配置网卡，以便与网络连接

C）Netware 网络系统支持 Ethernet 网络接口板

D）Novell 网不支持 UNIX 文件系统

26. 支持 Internet 扩展服务的协议是（　　）。

A）OSI　　B）IPX/SPX　　C）TCP/IP　　D）CSMA/CD

27. Internet 提供的服务方式分为基本服务方式和扩展服务方式，下列属于基本服务方式的是（　　）。

A) 远程登录　　B) 名录服务　　C) 索引服务　　D) 交互式服务

28. OSI 将计算机网络体系结构的通信协议规定为(　　)层。

A) 5　　B) 6　　C) 7　　D) 8

29. IEEE 802 网络协议只覆盖 OSI 的(　　)。

A) 应用层与传输层　　B) 应用层与网络层

C) 数据链路层与物理层　　D) 应用层与物理层

30. TCP/IP 协议中的 TCP 相当于 OSI 中的(　　)。

A) 应用层　　B) 网络层　　C) 物理层　　D) 传输层

31. 计算机网络中的结点是指(　　)。

A) 网络工作站

B) 在通信线路与主机之间设置的通信线路控制处理机

C) 为延长传输距离而设立的中继站

D) 传输介质的连接点

32. 在 Internet 的基本服务功能中,远程登录所使用的命令是(　　)。

A) ftp　　B) telnet　　C) mail　　D) open

33. 在 Internet 的基本服务功能中,文件传输所使用的命令是(　　)。

A) ftp　　B) telnet　　C) mail　　D) open

34. 调制解调器的功能是(　　)。

A) 将数字信号转换成交流信号

B) 将交流信号转换成数字信号

C) 兼有 A)与 B)的功能

D) 使用不同频率的载波将信号变换到不同频率范围

二、填空题

1. 计算机网络按通信距离来划分,可以分为__(1)__和__(2)__;Novell 网属于__(3)__,Internet 属于__(4)__。

2. 局域网主要分为三种类型,它们分别为__(1)__、__(2)__和__(3)__。

3. 局域网的拓扑结构主要有__(1)__、__(2)__、__(3)__三种。

三、思考题

1. 什么是计算机网络? 它有哪些功能?

2. 什么是计算机局域网? 它由哪几部分组成?

3. 什么是网络的拓扑结构? 常见的拓扑结构有哪几种?

4. 计算机网络的传输介质有哪些?

5. Novell 网有什么特点?

第10章　多媒体技术基础

10.1　多媒体技术的基本概念

10.1.1　什么叫媒体

多媒体技术中的媒体主要是指信息的表示形式。在计算机领域中，所谓媒体主要有以下几种形式。

(1) 感觉媒体。感觉媒体实际上是信息的自然表示形式，它们直接作用于人的感官，使人能直接产生感觉。例如，人类的各种语言、音乐，自然界的各种声音、图形、静止或运动的图像，计算机系统中的文件、数据和文字等。

(2) 表示媒体。表示媒体是指信息在计算机中的表示，通常是信息的各种编码。例如，字符的ASCII码与汉字的编码都属于表示媒体。又例如，语音编码、图像编码等也都是为了加工、处理和传输感觉媒体而人为地进行研究、构造出来的一类媒体。

(3) 表现媒体。表现媒体是指感觉媒体与计算机之间的界面。信息需要用计算机来处理，计算机处理的结果还需要输出，因此，表现媒体实际上是用于输入与输出信息的设备，如键盘、摄像机、光笔、话筒、显示器、喇叭、打印机等。

(4) 存储媒体。存储媒体用于存放表示媒体，即存放感觉媒体数字化后的代码。因此，存储媒体实际上是存储信息的实体，常见的存储媒体主要有磁带、磁盘和CD-ROM等。

(5) 传输媒体。传输媒体实际上是传输介质，它是将媒体从一处传送到另一处的物理载体，如双绞线、同轴电缆、光纤等。

10.1.2　多媒体技术的基本特征

多媒体技术是指利用计算机技术把文字、声音、图形和图像等多种媒体综合一体化，使它们建立起逻辑联系，并能进行加工处理的技术。这里所说的“加工处理”主要是指对这些媒体的录入，对信息进行压缩和解压缩、存储、显示、传输等。

多媒体技术具有以下一些基本特征。

(1) 综合性。多媒体技术的综合性是指将计算机、声像、通信技术合为一体，是计算机、电视机、录像机、录音机、音响、游戏机、传真机等性能的大综合，将多种媒体有机地组织在一起，共同表达一个完整的多媒体信息，使声、文、图、像一体化。例如，通过一张古籍光盘可以看到唐诗、宋词、红楼梦等名著的全部文字，还配有赏心悦目的背景音乐和画面，伴随着悦耳的朗读，时而还配合有人物活动的动画，甚至还可以插入一段影视片断，使人通过多种感官获取知识，并得到全身心的享受。

(2) 交互性。交互性是指人和计算机能“对话”，以便进行人工干预控制。交互性是多媒体技术的关键特征。例如，在上述那张光盘中，用户可以自选字体、颜色、阅读速度以及是否要配音乐等；还可以自设“书签”，以便于进行前翻后找；根据作者、年代、书名等进行检索，从而可以快速找到所需要的文章等。

电视机虽然也具有视听功能，但它没有交互性，使用者只能被动地接受屏幕上传来的信息。例如，在看电视球赛时，观众只能听着解说员的解说，看着摄影师为观众拍摄的画面，别无选择。作为一个好的多媒体节目，应该有互动设计，可以让用户选择听解说员的解说或专家的评论，还可以选择从不同的角度观赛。当对某个球员发生兴趣时，不用被动地等待解说员的解说，可以轻松地调出该球员的个人简介等，这样就使看节目的人有更大、更自由的选择权和更多角度的观察点。因此，电视机不能称为多媒体设备。一般来说，多媒体除了具有视听功能外，还应具备交互性。

(3) 数字化。数字化是指多媒体中的各个单媒体都以数字形式存放在计算机中。

(4) 实时性。多媒体技术是多种媒体集成的技术，在这些媒体中，有些媒体(如声音和图像)是与时间密切相关的，这就决定了多媒体技术必须要支持实时处理。

多媒体技术是基于计算机技术的综合技术，它包括数字信号处理技术、音频和视频技术、计算机硬件和软件技术、人工智能和模式识别技术、通信和图像技术等。它是正处于发展过程中的跨学科的综合性高新技术。

10.1.3 多媒体技术的应用

多媒体技术的应用主要体现在以下几个方面。

(1) 教育与培训。多媒体技术为丰富多彩的教学方式又增添了一种新的手段。多媒体技术可以将课文、图表、声音、动画、影片和录像等组合在一起构成教育产品，这种图、文、声、像并茂的场景将大大提高学生的学习兴趣和接受能力，并且可以方便地进行交互式的指导和因材施教。例如用于军事、体育、医学、驾驶等各方面培训的多媒体计算机，不仅可以使受训者在生动直观、逼真的场景中完成训练过程，而且能够设置各种复杂环境，提高受训人员对困难和突发事件的应付能力，并能自动评测学员的学习成绩。

(2) 商业领域。多媒体技术在商业领域中的应用也是十分广泛的。例如，多媒体技术用于商品广告、商品展示、商业演讲等方面，使人们有一种身临其境的感觉。

(3) 信息领域。利用 CD-ROM 大容量的存储空间，与多媒体声像功能结合，可以提供大量的信息产品，如百科全书、地图系统、旅游指南等电子工具，还有电子出版物、多媒体电子邮件、多媒体会议、计算机对多媒体的支持、电脑购物等都是多媒体在信息领域中的应用。

(4) 娱乐与服务。多媒体技术用于计算机后，使声音、图像、文字融于一体。用计算机既能听音乐，又能看影视节目，使家庭文化生活进入到一个更加美妙的境地。多媒体计算机还可以为家庭提供全方位的服务，如家庭教师、家庭医生、家庭商场等。

10.2 多媒体计算机系统

10.2.1 多媒体基本元素

多媒体的元素种类很多,表现的方式也很多,将各种元素进行综合,充分发挥各种元素之所长,就可以形成一个完美的多媒体节目。

在一般的多媒体节目中,展示给用户的元素主要包括以下几个方面。

(1) 文本(text)。文本主要指汉字、英文等。文本的特性有字体(如汉字中的宋体、隶书、楷体等,英文中的 System 字体、Times New Roman 字体等)、字号(如 10 号字、12 号字等)和格式(如黑体、斜体等)等。

(2) 图形(graphic)。图形指由点、线、面组成的二维和三维图形。图形可以是黑白的或彩色的。

(3) 静止的图像(still image)。静止的图像是指书上或其他印刷品上的图片、幻灯片和绘画作品等。照片也属于静止的图像。

(4) 动画(animation)。动画包括卡通、活页动画和连环图画等。

(5) 影片(video)。它主要包括录像带和电影带等。

(6) 音响效果(sound)。它包括各种各样的音响效果,如动物的鸣叫、雷电的声音、东西碰撞的声音等。

(7) 音乐(music)。它包括各种歌曲、乐曲等。

(8) 交互问答(interaction)。它包括对话、问答、按钮、指示等。

10.2.2 多媒体计算机系统的基本组成

多媒体计算机系统是指能综合处理多媒体信息,使多种信息建立联系,并具有交互性的计算机系统。

多媒体计算机系统一般由多媒体计算机硬件系统和多媒体计算机软件系统组成。

1. 多媒体计算机硬件系统

多媒体计算机硬件系统主要包括以下几部分:

(1) 多媒体主机,如个人机、工作站、超级微机等。

(2) 多媒体输入设备,如摄像机、电视机、麦克风、录像机、录音机、视盘、扫描仪、CD-ROM 等。

(3) 多媒体输出设备,如打印机、绘图仪、音响、电视机、喇叭、录音机、录像机、高分辨率屏幕等。

(4) 多媒体存储设备,如硬盘、光盘、磁带等。

(5) 多媒体功能卡,如视频卡、声音卡、压缩卡、家电控制卡、通信卡等。

(6) 操纵控制设备,如鼠标器、操纵杆、键盘、触摸屏等。

2. 多媒体计算机软件系统

多媒体计算机的软件系统是以操作系统为基础的。除此之外,还有多媒体数据库管理系统、多媒体压缩/解压缩软件、多媒体声像同步软件、多媒体通信软件等。特别需要指出的是，多媒体系统在不同领域中的应用需要有多种开发工具，而多媒体开发和创作工具为多媒体系统提供了方便直观的创作途经，一些多媒体开发软件包提供了图形、色彩板、声音、动画、图像及各种媒体文件的转换与编辑手段。

10.2.3　多媒体计算机的 MPC 标准

多媒体计算机的硬件结构与一般的计算机并没有本质区别，不同的只是多媒体计算机比一般计算机要多一些软硬件的配置而已。对于一般的多媒体计算机来说，其硬件结构可以归纳为以下几个方面：

- 一个功能强大、速度快的中央处理器。
- 大量的内部存储器空间。
- 高分辨率的显示接口和设备。
- 可处理音频的接口和设备。
- 可处理图像的接口和设备。
- 可存放大量数据的外部存储器等。

1990 年由微软公司联合一些主要的个人计算机厂商组成了多媒体个人计算机市场联盟(Multimedia PC Marketing Council，MPC)。建立这个联盟的主要目的是建立多媒体个人计算机系统的硬件最低功能标准，即 MPC 标准，利用微软的 Windows 为操作系统，以 PC 现有的广大市场，作为推动多媒体发展的基础。

MPC 规定多媒体计算机应包括 5 个基本的单元：个人计算机、只读光盘驱动器、声卡、Microsoft Windows 操作系统及扩音器与耳机，并对 CPU、存储器容量和屏幕显示功能等规定了最低的规格标准，经过检验符合这些规定的个人计算机均可获得 MPC 的认证，并可使用 MPC 识别标志。

1990 年 MPC 制定了 MPC1 标准，规定了多媒体计算机(MPC) 的硬件配置最低标准如下：

- 微处理器(CPU)：386SX /16。
- 内存(RAM)：2MB。
- 硬盘：30MB。
- 显示器分辨率：640×480 像素，16 色(建议采用 256 色)。
- 光盘驱动器(CD-ROM)速度：每秒 150KB，即单倍速光驱，最大搜寻时间为 1 秒。
- 声卡：8 位、8 个合成音，MIDI 具有混音功能。
- 输入输出端口(I/O)：MIDI I/O、串口、并口、游戏杆端口。

1993 年 5 月又公布了第二代 MPC 最低标准，即 MPC2 标准：

- 微处理器(CPU)：486SX /25。
- 内存(RAM)：4MB。
- 硬盘：160MB。
- 显示器分辨率：640×480 像素，65 536 色。

- 光盘驱动器(CD-ROM)速度：每秒 300KB，即双倍速光驱，最大搜寻时间为 400ms，具有音像同步功能。
- 声卡：16 位、8 个合成音，MIDI 具有混音功能。
- 输入输出端口(I/O)：MIDI I/O、串口、并口、游戏杆端口。

MPC 第三代的标准是在 1995 年 6 月制定的，MPC3 提供全屏幕、全动态(30fps，即每秒 30 帧)视频及增强版的 CD 音质的视频硬件标准。声卡的主要变化是声卡的 MIDI 功能部分，用波表合成器(Wavetable Lookup Synthesizer)替代原来的 FM 合成器。

FM 合成采用操作符组合成正弦波形模拟各种乐器的声音，FM 合成声音表现出空洞的不真实的音质。而波表中包含提前录制的乐器的真实样本，它以数字格式将每种采样声音存储到内存。所以，波表的音频质量与 CD 相同或更好(例如，CD 标准为 44.1kHz，但有的波表声卡可以达到 48kHz)。

MPC3 并没有取代 MPC1 及 MPC2 标准，而是制定了一个更新的操作平台，可以执行增强的多媒体功能，由于多媒体视频硬件结构的快速发展，第一次将视频播放的功能纳入 MPC 规格。从 MPC1 到 MPC3 标准的制定，是向高的存储器及存储容量、快速的运算速度及高质量的视频音频的规格发展。MPC3 规定的最低功能要求如下：

- 微处理器(CPU)：与 75MHz Pentium TM(奔腾)同等级的 X86 系列。
- 内存(RAM)：8MB。
- 硬盘：450MB。
- 显示器分辨率：640×480 像素，16M 色。
- 光盘驱动器(CD-ROM)速度：每秒 600KB，即四倍速光驱，最大搜寻时间为 200ms，具有音像同步功能。
- 视频播放：352×240 30fps(或 352×288 25fps)，15 位/像素。
- 声卡：16 位，波表(Wavetable)MIDI。
- 输入输出端口(I/O)：MIDI I/O、串口、并口、游戏杆端口。

10.2.4 多媒体计算机的主要硬件设备

为了构成一个多媒体计算机系统，在绝大多数情况下，可以从实际出发，以通用的微型计算机为基础，适当增加升级部件后扩充成一台多媒体计算机。常用的升级部件有以下几个。

1. CD-ROM

CD-ROM 一般指小型只读光盘存储器。通常，CD-ROM 这个词既可以代表 CD-ROM 光盘，也可以代表 CD-ROM 驱动器，还可以是 CD-ROM 光盘和 CD-ROM 驱动器的总称。

CD-ROM 光盘片的存储容量是很大的，一片 CD-ROM 光盘可以存储 680MB 的文字、声音和图像信息。而多媒体信息所需要的存储量是很大的，特别是声音和图像文件，即使经过压缩后，其数据量仍然是很可观的。因此，为了能实现一般的多媒体演示，CD-ROM 是首选的存储部件。

光盘驱动器一般指 CD-ROM 驱动器。它与磁盘驱动器一样，是用于读取 CD-ROM 光盘上的信息的装置。CD-ROM 驱动器的主要性能指标是数据的传输率，其中单倍速 CD-ROM 驱动器的数据传输率为 150KB/s。目前常用 CD-ROM 驱动器一般都在 56 倍速以上，其数据传输率为 56×150KB/s。

2. 声卡

声卡也称音频卡。声卡可以将模拟波形的声音转换成声音的数字信息；还可以将经计算机处理后的声音的数字信息转换成模拟信息，最后输出到音响设备。

要让一台普通的计算机能够录制和播放声音，就需要给计算机插上一块声卡。声卡的采样频率范围一般在 5～44.1kHz 之间，采用 8 位或 16 位采样，单声道或双声道(立体声)录放。

高质量的音乐文件要占据很大的硬盘空间，因此，理想的声卡应能对声音信号进行压缩。ADPCM 压缩标准可将文件压缩至原来大小的四分之一，MPEG 标准可压缩至十二分之一。

MIDI 音乐在各种游戏和多媒体光盘上很常见。市场上有的声卡采用 FM 合成技术来演奏 MIDI，由于这是一种模拟乐器的方法，因此，音色与真实乐器有所不同。但如果采用波表合成技术实现 MIDI 合成，由于它使用存储在声卡 ROM 中的真实乐器的数字化录音，所以能够产生更饱满、更逼真的音效。

3. 音箱

音箱是多媒体系统的重要组成部分，无论声卡多么好，使用劣质音箱的话，放出来的声音也会令人失望。有些多媒体一体化的计算机把音箱内置于显示器或系统主机箱内，这样极大地减少了用户安装的麻烦，同时，也减少了机箱外杂乱的电缆线。但要收听高品质的音乐时，这种音箱有时不一定能满足用户的要求。

人的耳朵只能听到 20～20 000Hz 范围的声音，所以，一般情况下，一个声响系统能否把这个范围的声音完整地重现，是衡量这个声响系统质量高低的标志。一般来说，一个音箱如果具有 60～2000Hz 的频响范围，就完全能够达到 Hi-Fi 级别，经它播出的声音层次清晰、动感强烈、音效逼真。

从理论上说，音箱的大小与音质没有根本的关系，世界上知名度很高的英国 ROGERS3/5A，就是体积较小的音箱，但很多录音公司和电台都用它作为监听音箱。小型音箱定位准确、分析力强，大型音箱声场宏大、气势辉煌，可以说各具特色，购买时，用户可根据自己的意愿来挑选。

最好选用具有防磁功能的音箱，这样，在音箱工作时，就不会对显示器和电视产生电磁干扰，或者破坏软盘或硬盘上的数据。音箱本身如果是防磁音箱，那么，把它们和计算机的显示器或电视机摆放在一起也没有关系，但如果不是防磁音箱，那么最好离开显示器或电视机 50cm 左右。

音箱有无源音箱和有源音箱两种。所谓有源音箱就是在音箱内装有功率放大器的音箱。顾名思义，无源音箱就是在音箱内未装功率放大器的音箱。一般来说，功率大的音箱都是有源音箱。一般的声卡只提供前级放大器，所以，要获得比较大的音量或更好的音质，应该选用有源音箱。

4. 视频卡

多媒体视频卡主要以视频芯片为核心，提供视频加速、视频播放及视频捕捉等功能。

从处理的图像资料的类型考虑，多媒体视频卡可以分为绘图和视频两类。绘图视频卡是具有绘图功能的多媒体视频卡，而另一类仅处理视频数据。绘图视频卡主要面向绘图方面的专业市场。

普通视频卡在家庭中更受欢迎。这一类视频卡按功能又可以分为视频捕捉卡（Video Capture Adaptor）、视频播放卡（Video Broadcasting Adaptor）、视频播放/捕捉卡及视频转换卡等。捕捉功能主要是用来搭配视频编辑软件使用的。我们通常在市场上见到的MPEG卡（又称为解压缩卡）是视频播放卡。

多媒体出版物由于采用了大量的图像、声音，数据量比传统以文字为主的出版物要大数百倍，所以数据的压缩及还原成了多媒体发展的一项关键技术。

MPEG可以通过软件来实现，也可以通过硬件来实现。目前软件MPEG多应用于绘图视频播放卡，在奔腾90以上的机器上每秒可以播放20～25张各种MPEG视频节目，这样的视频质量已可以为一般消费者所接受，它在价格上比硬件MPEG卡有优势。软件MPEG技术的缺点是：

(1) MPEG软件占用了CPU大部分的时间，使PC机仅能执行播放功能，无法实现多任务功能。

(2) 如果在比奔腾90档次低的PC机上运行，则无法达到用户可以接受的视频质量。

(3) 无法执行交互式OMI的标准。

但从大部分用户使用MPEG播放功能的情况来看，一般用户在观看MPEG节目时，不大会同时执行其他应用程序，也就是说，此时能否实现多任务功能是无关紧要的。所以，有人预测，奔腾90以上的PC市场将会以软件MPEG为主；而对于那些CPU速度低于奔腾90的用户来说，硬件MPEG卡仍为首选。

一个优秀的MPEG卡应具备以下一些功能：

(1) 对不同的读取格式、软件平台以及硬件都具有兼容性。目前的MPEG卡一般都具备播放VCD、CD-I和卡拉OK CD的功能，还应能实时调用以MPEG方式压缩的后缀为MPG的文件。

(2) 在Windows或DOS上能运行。

(3) 交互式和视频叠加功能。视频叠加功能可满足用户在屏幕的任何位置、任意大小，以真彩色模式实现动态图像的播放。在播放过程中，用户仍可用计算机进行其他工作。

(4) 具有良好的操作界面和视窗。

5. 调制解调器

用户为了实现网络功能，还需要安装一块传真与调制解调器卡或分立的调制解调器。

目前，很多厂家已把调制解调器的功能与声卡的功能结合在一起，例如 ObJIX Multimedia 公司的 Media Manager 和 Boca Research 公司的 SoundExpression 14.4VSp。

Media Manager 利用 DSP 技术，使用户可以动态设置 Media Manager 充当 14.4Kbps 的调制解调器或声霸卡兼容声卡的角色。用户还可以通过软件升级该卡的功能。这就是说，只需借助一张软盘，就可以把 Media Manager 升级为 210.8Kbps 的调制解调器。SoundExpression 14.4VSp 没有借助 DSP 技术，它利用分立元件实现两卡合一，提供了与声霸卡兼容的声卡功能、MIDI 功能、语音邮件功能(最多 1000 个邮箱)、电话转发及呼叫、传真和数据传输功能等。

10.3 Windows 的多媒体功能

10.3.1 多媒体文件

1. WAV 声音文件

平时从收音机或其他音响设备中听到的声音都是连续的模拟信号，即在时间上是连续的信号。但是，计算机只能识别离散的数字信号。所以，要让计算机能够录放声音，必须把外部的连续的声音信号转换成离散的数字信号。如图 10.1(a)是一个声音信号的连续波形，在这条曲线上标出了一些等时间间隔的点。如果只记录这几个不连续的点，结果就如图 10.1(b)所示。

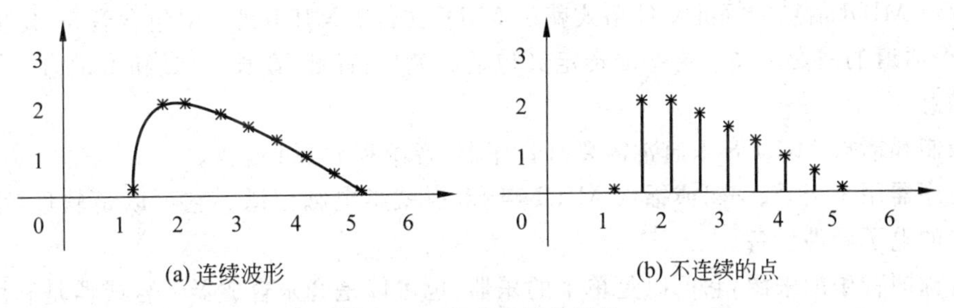

图 10.1 声音信号的采样

这种按照等时间间隔取值的过程称为采样，即采集样本。经采样后，模拟的声音信号就变成了离散的数字信号。

模拟-数字转换器(即 A/D) 可以把模拟的声音信号转换成离散的数字声音信号。数字-模拟转换器(即 D/A) 可以把离散的数字声音信号恢复成连续的声音信号。声卡上一般都同时带有模拟-数字转换器和数字-模拟转换器。因为计算机只能处理不连续的数字信号，所以，当把外部声音录入计算机时，首先要把连续信号转换为数字信号；而扬声器等设备只能播放连续的声音信号，所以，如果要把计算机里的声音文件播放出来，就需要把数字信号转换回模拟连续信号。在计算机里，以 WAV 为文件扩展名的数字语音文件，称为 WAV 文件。WAV 是英文 wave(波，声波)的前三个字母。声音信号也是一种波，对连续的声音信号进行采样就可以得到 WAV 文件，WAV 文件的名称即由此而来。

声音既然是一种波，它也就具有波的三个要素，即声波的振幅、声波振动的周期和声波振动的频率，其中声波振动的频率是它的周期的倒数。对声音信号进行采样所得到的值是声波的幅度大小，可以表示出声音的强弱。声波振动的频率不同，表现出来的声调的高低也就不同。声波振动频率越高，声调也就越高；反之，频率越低，声调也就越低。并不是所有的声波我们都能听得到。人类能够听到的声波的频率范围在20Hz～20kHz之间。低于20Hz或高于20kHz的声音，我们都无法听到。自然界的很多动物能听到或者说感觉到低于20Hz或高于20kHz的声音。

当对一个音源进行录音采样时，所用的采样频率必须至少是其中最高频率的两倍。这样才能保证将来播放这段录音时，不至于造成声音失真。举例来说，如果一个音源的最高频率是600Hz，那么，采样频率至少要是1200Hz。

2. MIDI 声音文件

MIDI 是英文 Musical Instrument Digital Interface（乐器数字接口）的缩写，国内常把它翻译成“迷笛”。这个词被用来泛指数字音乐的国际标准。这个标准规定了不同厂家的电子乐器与计算机连接的电缆和硬件，同时还规定了从一个设备传送数据到另一个设备的通信协议。这样，通过这个标准，一台计算机只要配备了一块能处理 MIDI 信息的声卡，这台计算机也就成了一台 MIDI 设备。

MIDI 设备一般有三个端口：IN、OUT 和 THRU。IN 为输入，OUT 为输出，THRU 是用来扩充 MIDI 与其他设备的连接用的。

存放 MIDI 信息的标准文件格式就是 MIDI 文件。MIDI 文件中包含音符、定时和多达16个通道的演奏定义。这些演奏定义包括通道号、音键、音长、音量和击键力度等演奏音符信息。

录制和播放 MIDI 音乐通常需要有音序器、音源和 MIDI 键盘。

音序器用来记录、编辑或播放 MIDI 声音，也就是电脑记谱。它可以是软件，也可以是昂贵的电子硬件设备。

音源即音乐的来源，它可以是单个的乐器，也可以是音乐合成器。合成器是利用数字信号处理器或其他芯片来产生音乐或声音的电子装置。合成器能产生不同类型的乐器的声音，如钢琴、萨克斯管、鼓等。这就是说，从电子琴上记录的音乐不仅可在电子琴上播放，也可以很容易地用萨克斯管或长笛的音色来播放。

在录下 MIDI 文件后，用户可以把 MIDI 消息送回原来的设备。比如，把从电子琴录下的 MIDI 音乐仍送回电子琴，让电子琴来演奏；也可以直接让声卡上附带的合成器来产生相应的声音。

MIDI 键盘相当于一个乐谱输入器。MIDI 键盘与普通的电子琴的键盘很相似，不同的是 MIDI 键盘本身不发声。MIDI 键盘通过 MIDI 电缆与计算机相连。当用户按下或抬起 MIDI 键盘上的某一个键时，这个动作就会通过 MIDI 电缆传给音序器。音序器根据用户的设置情况决定，是把这个乐谱存储起来还是通过声卡播放它。

MIDI 的录制有两种方式，一种是同步实时录制，另一种是单步录制。实时录制是指将 MIDI 乐器与音序器直接相连，由 MIDI 乐手按曲谱演奏，音序器在乐手演奏的同时录制下 MIDI 乐器发出的 MIDI 消息。使用单步的录制方式时，用户可以像输入文本一样，一个音符、一个音符地创作。

3. AVI 视频文件

视频文件是一个存储真实电影的文件。视频文件的内容包括视频数据(电影的图像)和音频数据(电影中的伴音，包括音乐和对话等)。在一台多媒体计算机上播放一个视频文件的时候，在显示器上将会看到电影的图像，并且从音箱中听到电影的伴音。这好像在电影院中看到的电影一样，图像和声音是同步的。

在 Windows 中使用的视频文件被称为 AVI(Audio/Video Interleave，音频视频交织)文件。

Windows 用 AVI 格式来存储视频文件，这种格式支持视频图像和音频数据的交织组织方式。也就是说，视频图像和音频数据在文件中是以交织方式存储的，如图 10.2 所示。由图 10.2 可以看出，这样的组织方式与传统的电影胶片很类似，即在播放图像的同时，伴音声道也一起播放。

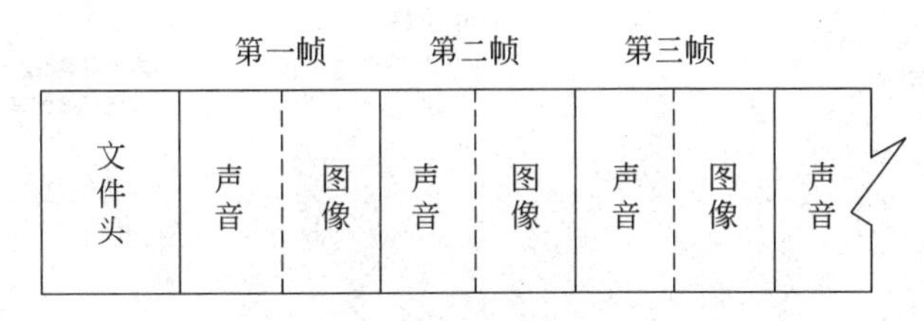

图 10.2 AVI 文件格式示意图

就像 WAV 文件在 Windows 中用来播放波形声音文件一样，AVI 文件被用来在 Windows 中播放电影。

在 Windows 环境下处理视频信号可以采用 Video For Windows(Windows 环境下的视频服务)工具软件。这个软件是由微软公司开发的，有以下特点：

(1) 可以播放存储在硬盘或 CD-ROM 上的视频信号。

(2) 在多媒体计算机上播放视频信号时只需要占用很少的内存。这是因为播放程序可以一边读出视频信号，一边进行播放，而无须预先把庞大的视频文件装入内存。

(3) 播放启动速度快。这是因为程序只需要在指定的时间内访问很少数量的视频图像和部分音频数据。

(4) 具有视频压缩功能。

Video For Windows 使用户不必增加硬件设备，就可以在多媒体计算机上播放运动的视频图像。此外，用户还可以利用 Video For Windows 软件来建立插有视频图像的演示程序，制作动画和多媒体幻灯片等。

Video For Windows 为用户提供了 VidCap、VidEdit、MediaPlayer、BitEdit、PalEdit 和 WaveEdit 等工具，用户通过这些工具可以实现视频图像的播放、视频图像的截取和视频图像的编辑等功能。

10.3.2 多媒体播放机

Windows Media Player 是 Windows 提供的一个多媒体应用程序。多媒体播放机不仅能播放WAV声音文件和MIDI文件，还可以运行录像机、激光视盘机和数字音频磁带机上的多媒体应用软件。

在Windows 7中，单击“开始”|“Windows Media Player”命令，或单击“开始”|“所有程序”|“Windows Media Player”命令，就显示“Windows Media Player”窗口如图10.3所示。

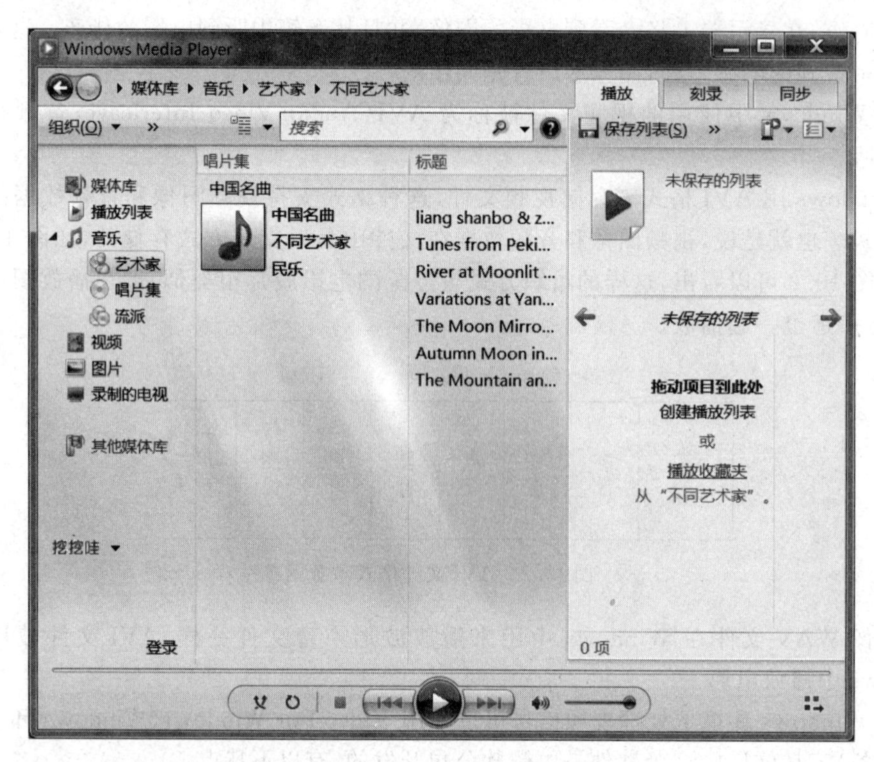

图10.3　Windows Media Player窗口

Windows Media Player是一种通用的多媒体播放机，可用于接收以当前最流行的格式制作的音频、视频和混合型多媒体文件。在Windows Media Player窗口中显示了4种“媒体库”，可以从“音乐”“视频”“图片”与“录制的电视”中查找所需要的多媒体文件进行播放。

10.3.3　多媒体娱乐中心

Windows Media Center是一个涵盖Windows Media Player的超集。它除了能够提供Windows Media Player的全部功能，还在娱乐功能上进行了全新的打造。它通过一系列全新的娱乐软件和硬件，为用户提供了音频和视频，包括图片、音乐、电视、电影欣赏到通信交流等全方位的服务。

在Windows 7中，单击“开始”|Windows Media Center命令，或单击“开始”|“所有程序”|Windows Media Center命令，就显示Windows Media Center窗口如图10.4所示。

图 10.4 Windows Media Center 窗口

习 题 10

一、选择题

1. 所谓媒体是指(　　)。

   A) 计算机的输入输出信息　　B) 计算机屏幕显示的信息

   C) 表示和传播信息的载体　　D) 各种信息的编码

2. 在多媒体计算机系统中,CD-ROM 属于(　　)媒体。

   A) 感觉　　B) 表示　　C) 表现　　D) 存储

3. 下列叙述中正确的是(　　)。

   A) 多媒体信息只能进行处理而不能传输

   B) 通过计算机网络只能传送文字信息

   C) 通过计算机网络只能传送文字与声音信息

   D) 通过计算机网络可以传送所有的多媒体信息

4. 在多媒体计算机系统中,键盘属于(　　)媒体。

   A) 感觉　　B) 表示　　C) 表现　　D) 存储

5. 在多媒体计算机系统中,字符的 ASCII 码属于(　　)媒体。

   A) 感觉　　B) 表示　　C) 表现　　D) 存储

6. 多媒体计算机系统由(　　)组成。

   A) 计算机系统和各种媒体

   B) 多媒体计算机硬件系统和多媒体计算机软件系统

   C) 计算机系统和多媒体输入输出设备

   D) 计算机和多媒体操作系统

7. 在 Windows 下建立的文件中，(　　)。

A) 只能包含字符

B) 只能包含字符与图片

C) 只能包含字符、图片与声音

D) 可以包含字符、图片、声音与其他对象

二、填空题

1. 在计算机领域中，媒体分为感觉媒体、表示媒体、表现媒体、存储媒体、传输媒体，则声音属于__(1)__，双绞线属于__(2)__，显示器属于__(3)__。

2. 多媒体技术的基本特征有__(1)__、__(2)__、__(3)__、__(4)__。

参考文献

[1] Brian K. Williams Stacey C. Sawyer. 徐士良，等译. 信息技术教程. 6版. 北京：清华大学出版社，2005.

[2] 徐士良，等. 计算机公共基础. 8版. 北京：清华大学出版社，2016.

[3] 卢湘鸿. 计算机应用教程. 9版. 北京：清华大学出版社，2017.

附录A　基本ASCII码表

字　符	十进制码	八进制码	十六进制码	字　符	十进制码	八进制码	十六进制码
SP(空格)	32	40	20	C	67	103	43
!	33	41	21	D	68	104	44
"	34	42	22	E	69	105	45
#	35	43	23	F	70	106	46
$	36	44	24	G	71	107	47
%	37	45	25	H	72	110	48
&	38	46	26	I	73	111	49
'	39	47	27	J	74	112	4A
(	40	50	28	K	75	113	4B
)	41	51	29	L	76	114	4C
*	42	52	2A	M	77	115	4D
+	43	53	2B	N	78	116	4E
,	44	54	2C	O	79	117	4F
—	45	55	2D	P	80	120	50
.	46	56	2E	Q	81	121	51
/	47	57	2F	R	82	122	52
0	48	60	30	S	83	123	53
1	49	61	31	T	84	124	54
2	50	62	32	U	85	125	55
3	51	63	33	V	86	126	56
4	52	64	34	W	87	127	57
5	53	65	35	X	88	130	58
6	54	66	36	Y	89	131	59
7	55	67	37	Z	90	132	5A
8	56	70	38	]	91	133	5B
9	57	71	39	\	92	134	5C
:	58	72	3A	[	93	135	5D
;	59	73	3B	^	94	136	5E
<	60	74	3C	_	95	137	5F
=	61	75	3D	`	96	140	60
>	62	76	3E	a	97	141	61
?	63	77	3F	b	98	142	62
@	64	100	40	c	99	143	63
A	65	101	41	d	100	144	64
B	66	102	42	e	101	145	65

续表

字　符	十进制码	八进制码	十六进制码	字　符	十进制码	八进制码	十六进制码
f	102	146	66	s	115	163	73
g	103	147	67	t	116	164	74
h	104	150	68	u	117	165	75
i	105	151	69	v	118	166	76
j	106	152	6A	w	119	167	77
k	107	153	6B	x	120	170	78
l	108	154	6C	y	121	171	79
m	109	155	6D	z	122	172	7A
n	110	156	6E	{	123	173	7B
o	111	157	6F	|	124	174	7C
p	112	160	70	}	125	175	7D
q	113	161	71	~	126	176	7E
r	114	162	72				

质检5